D0308418

Saisons

I

LA NEIGE

La réalisation de cet ouvrage a été rendue possible grâce à des subventions du ministère de la Culture et des Communications du Québec et du Conseil des Arts du Canada.

Composition : Monique Dionne
Mise en pages : Constance Havard
Maquette de la couverture : Raymond Martin
Illustration : Giacomo Balla, *Un enfant court le long du balcon*, 1912.

Distribution :

Canada
Diffusion Prologue
1650, boul. Louis-Bertrand
Boisbriand (Québec)
J7E 4H4
Tél. : (514) 434-0306
Téléc. : (514) 434-2627

Europe francophone
La Librairie du Québec
30, rue Gay-Lussac
75005 Paris
France
Tél. : (1) 43 54 49 02
Téléc. : (1) 43 54 39 15

Dépôt légal : B.N.Q. et B.N.C., 3e trimestre 1996
ISBN : 2-89031-251-8
Imprimé au Canada

Pierre Gélinas

Saisons

I

LA NEIGE

Triptyque

Préface

UN REVENANT

à Louis Lefebvre

Une fois que le lecteur aura parcouru ce nouveau roman de Pierre Gélinas, il sera sûrement convaincu d'être entré en relation avec un très grand livre, complexe, difficile, exigeant, ne se conformant en rien aux règles et aux normes standardisées qui régissent la production des best-sellers pas plus qu'à celles qui président à la fabrication des petits romans sous forme d'instantanés, de vidéo-clips qui expriment souvent plaisamment l'air du temps actuel.

Dans *La neige*, il s'agit en effet de tout autre chose. Le récit propose, à travers une fiction remarquablement orchestrée, une réflexion sur le pouvoir dans la société moderne et sur la situation de l'homme contemporain. Elle est accompagnée d'une méditation sur le temps comme éternel retour, recommencement sans fin de l'expérience humaine dans ce qu'elle a de fondamental. En cela le roman appartient incontestablement au registre de la «grande littérature», celle qui donne à penser, qui transforme notre façon de voir le monde et de nous y situer.

Ce que le lecteur sait sans doute moins, sauf s'il appartient aux générations des plus de cinquante ans, c'est que son auteur est en quelque sorte un «revenant».

Pierre Gélinas est en effet l'auteur de deux romans écrits dans le tournant des années 1960 : *Les vivants, les morts et les autres* lui valut le Prix du Cercle du Livre de France en 1959, et *L'or des Indes* fut publié en 1962. C'est donc après un silence de plus de trente ans qu'il revient à la pratique de l'écriture, ce qui en soi constitue un événement exceptionnel dans notre littérature; lorsqu'on s'écarte de la scène littéraire, en effet, il semble bien que ce soit pour toujours. Ce retour, dans la circonstance, s'apparente à rien de moins qu'à une résurrection, Gélinas étant considéré par le milieu culturel comme mort et enterré depuis longtemps, y compris par certains éditeurs qui ont pris connaissance de ce manuscrit et à qui le nom de l'auteur n'évoquait pratiquement rien.

Cette absence de reconnaissance atteste aussi de la singularité de cet écrivain inclassable. Gélinas ne possède pas le profil de l'écrivain québécois typique, pas plus aujourd'hui que lors de la parution de ses premiers romans. Lorsqu'il les écrit à la fin des années 1950, il vient tout juste de quitter le parti communiste à la suite des révélations du rapport Khroutchev sur les crimes de Staline en 1956. Dans le parti, il occupait une position centrale en tant que directeur du journal *Combat* et responsable des questions culturelles. Il s'y était engagé tôt, au tout début de la vingtaine, dans la foulée de son travail comme journaliste au *Jour*, puis à Radio-Canada.

Par cet engagement, il se démarque des intellectuels et écrivains de sa génération, réformistes bon teint pour la plupart, n'osant pas rompre radicalement avec leur milieu et pratiquant une littérature introspective axée sur l'exploration méticuleuse d'un moi crucifié, partagé entre Dieu et Satan, la Grâce et la Faute. Gélinas, qui n'a pas fréquenté les bonnes écoles, qui n'a pas été formé dans les fameuses serres chaudes des Jésuites de Brébeuf ou de Sainte-Marie, qui est venu à la littérature en autodidacte, qui a appris la vie par contact direct et souvent brutal, échappe à cette emprise, produisant des romans qui, loin de la tradition dominante à l'époque du roman psychologique, appartiennent plutôt à celle du réalisme critique.

Cela est très net dans *Les vivants, les morts et les autres*, roman d'apprentissage mettant en scène un jeune homme qui découvre la réalité crue de l'exploitation sociale et qui s'engage par conviction syndicale d'abord, puis par adhésion aux thèses communistes. Le récit retrace son parcours, depuis les premiers enthousiasmes jusqu'à la désillusion finale provoquée par sa prise de conscience des contradictions qui traversent le discours et les pratiques des communistes. Dans *L'or des Indes*, roman plus moderne par la forme – éclatée, fragmentaire –, l'écrivain poursuit l'interrogation amorcée dans *Les vivants, les morts et les autres*, mettant cette fois en question, à travers la quête de son héros principal venu chercher fortune aux Antilles, les fondements de la culture judéo- chrétienne occidentale, encore largement dominante dans le Québec d'alors.

Dans les deux cas, on est confrontés à des héros tout à fait extérieurs à l'ordinaire petit-bourgeois, évoluant dans des espaces sociaux qui eux-mêmes lui sont étrangers. Le cadre sociétal du premier roman est celui du prolétariat canadien-français dont l'auteur privilégie la frange militante, la plaçant résolument au cœur de l'action du récit; les Antilles britanniques, réalité coloniale en ébullition, encadrent de même la quête d'authenticité et de vérité du héros-narrateur de *L'or des Indes*. Et le créateur de ces univers non conventionnels est lui-même atypique par son capital social, sa trajectoire professionnelle et ses engagements.

C'est ce qui explique sans doute l'accueil mitigé de la critique de l'époque. Celle-ci attend des romans psychologiques conformes aux valeurs auxquelles elle s'identifie ou des récits expérimentaux, innovateurs sur le plan formel. Elle ne trouve donc pas son compte dans les romans de Gélinas qui n'ont pas grand-chose à voir avec le récit d'analyse du cas de conscience et guère plus avec les préoccupations esthétisantes des nouveaux romanciers. Elle leur reconnaît quelque mérite, bien sûr, admet que l'auteur sait écrire mais tient ses récits – et surtout le premier – pour des témoignages, intéressants pour leur valeur documentaire mais limités sur le plan littéraire. Ce faisant, elle les écarte d'une reconnaissance proprement esthétique et marginalise leur auteur qui, bien que ne manquant pas de talent, ne parviendrait pas à s'affirmer comme un véritable romancier. Elle lui préfère des valeurs plus sûres, les romanciers psychologiques d'obédience catholique d'abord, puis les étoiles montantes comme un Jacques Godbout qui publie également en 1962 *L'aquarium*, roman à thématique coloniale qui sera mieux reçu que *L'or des Indes*, sans doute parce que davantage apparenté au nouveau roman francais et aux humeurs du temps que cet auteur sait déjà sentir avec le flair extraordinaire qui le caractérise depuis lors.

Cet accueil en demi-teintes est-il responsable du silence dans lequel s'est enfermé Gélinas depuis trente ans? A-t-il remis en cause sa conception de la littérature au point de renoncer à écrire? Lui seul pourrait répondre à cette question comme à toutes celles qui pourraient concerner sa trajectoire depuis le début des années 1960. Citoyen activement engagé sur la scène publique, politique et culturelle durant une vingtaine d'années, de l'après-guerre jusqu'à la publication de *L'or des Indes*, il semble s'être évaporé depuis lors, n'ayant plus pour ainsi dire d'existence officielle tout en connaissant, semble-t-il, plusieurs «vies successives» sur les plans professionnel et personnel, à propos desquelles il n'est guère bavard, conservant une discrétion et une réserve qui sont également des traits de caractère majeurs de ses personnages de fiction.

J'ai fait sa connaissance à l'UQAM où il était employé au Service des publications durant les années 1980; nos échanges ont été essentiellement professionnels, chaleureux sur le plan du travail mais s'y limitant malgré quelques tentatives plutôt infructueuses de lui faire évoquer son passé, son engagement dans le P.C., son rapport à Jacques Ferron et au milieu littéraire de la période de la «grande noirceur». Pour des raisons qui lui appartiennent, Gélinas préfère demeurer discret, sinon secret, sur cette époque aussi bien que sur son parcours ultérieur, ce qu'on peut regretter car il pourrait sûrement nous en fournir un témoignage révélateur. Mais c'est son choix et il s'y tient avec vigueur; c'est d'une certaine manière tout à son honneur dans un moment où il n'y en a que pour les confidences des bavards de toutes espèces.

Il fait donc sa rentrée en force avec ce roman que les éditions Triptyque ont bien voulu accueillir après qu'il ait été refusé, il faut le reconnaître, par les maisons d'édition les plus prestigieuses de Montréal, à mon grand étonnement d'ailleurs mais sans que ces refus ne causent trop de surprises à Gélinas qui, là-dessus comme sur le reste, fait montre d'une très grande modestie et d'un stoïcisme certain. À en croire les lecteurs spécialisés des maisons d'édition concernées, *La neige* serait un roman anachronique, évoquant une réalité qui n'intéresserait pas nos contemporains dans un cadre narratif jugé parfois trop classique, trop conventionnel, ou à l'inverse trop éclaté et désorientant pour un lecteur à qui on ne fournirait pas les moyens de s'y retrouver. Bref, à nouveau, et pour des raisons en partie différentes de celles évoquées il y a trente ans, le récit de Gélinas ne serait toujours pas au goût du jour ni adapté à l'humeur capricieuse des lecteurs d'aujourd'hui.

C'est là un jugement qui m'apparaît discutable; voici pourquoi.

Il est vrai que ce roman, premier volet d'une suite ambitieuse en cours de réalisation, s'inscrit tout naturellement dans les traces des récits publiés il y a trente ans et par cela même pourrait n'offrir rien de bien nouveau. Il comporte, comme *Les vivants, les morts et les autres*, une incontestable dimension sociale tout en ne constituant pas un roman d'apprentissage, proposant plutôt une représentation d'ensemble de la société embrassée dans toute sa complexité. Son propos, d'une manière renouvelée, demeure en effet pour une large part politique, centré sur la signification et les limites du pouvoir dans la société moderne. Cette réflexion est portée, sur le plan formel, par une composition décentrée, fragmentaire, qui rappelle irrésistiblement *L'or des Indes* tout en possédant une unité et une cohérence puissantes qui faisaient parfois défaut à ce roman. En somme, Gélinas propose une sorte de synthèse des «acquis» de ses premiers récits, retenant la rigueur et l'acuité de l'analyse sociale de l'un, la souplesse architecturale de l'autre, et fusionnant ces deux aspects dans une intrigue de type policier encadrant alertement les deux dimensions centrales – sociale et philosophique – de l'œuvre.

L'intrigue du roman, sans relever d'un scénario policier classique, s'y apparente par l'importance qu'elle accorde à l'action et par les effets de suspense qu'elle sait ménager pour garder les lecteurs à l'affût. Elle est toutefois, et d'entrée de jeu, fortement connotée politiquement dans la mesure où elle met au centre de la représentation, en relation d'opposition, une organisation sociale et politique néo-fasciste et l'ensemble des pouvoirs, officiels autant qu'occultes, qui dominent et contrôlent la société. Le pouvoir politique officiel est représenté par une première ministre à la main de fer, qui dirige le Québec sur un mode autocratique. Ce pouvoir officiel s'appuie lui-même sur des services de police importants et diversifiés en relation à la fois de complémentarité et de concurrence; le roman décrit remarquablement cet univers secret dans ses multiples composantes, le jeu des alliances sur lequel il repose, les luttes de pouvoir auxquelles il donne lieu. C'est ce pouvoir bicéphale et l'ordre qui le légitime que la nouvelle organisation néo-fasciste, l'Alliance populaire, conteste radicalement. L'intrigue du roman repose essentiellement sur l'affrontement (par moments larvé, par moments direct et ouvert) qui met aux prises les deux camps, se terminant sur une tentative avortée de coup d'État. L'intrigue ménage tout de même de possibles rebondissements en vue des volets à venir de la suite romanesque.

Ce «résumé», bien entendu, ne rend pas compte avec fidélité de la nature réelle du texte qui nous est donné à lire. Les diverses péripéties de l'action ne s'enchaînent pas de manière aussi linéaire et mécanique. Elles sont disposées en ordre dispersé par petites touches successives, constituant autant d'ébauches de scènes plus élaborées à venir, et le récit progresse grâce à un ingénieux système de rappels et de relances qui mobilisent l'attention du lecteur. La première partie du roman apparaît ainsi comme une courtepointe formée de morceaux divers qui convergent et trouvent leur unité dans les grandes scènes qui structurent la deuxième partie du roman : création du journal *L'Ordre*, fondation de l'Alliance populaire, préparation du coup d'État, marche sur le Parlement, etc. Au premier abord éclaté, dispersé en de nombreux fragments, en de multiples scènes et personnages, le récit prend forme et s'organise de manière serrée, canalisant des fils à première vue disparates dans la même direction, dégageant leur rapport étroit au propos central qui prend place dans une composition d'ensemble polyphonique, puissamment unifiée et cohérente.

L'argument principal du roman pourrait être évoqué de la manière suivante : que peut-il arriver dans une société caractérisée par l'anomie, la désorganisation, la chute libre des valeurs, la disparition du socle des croyances communes qui en assurent la cohésion et l'évolution harmonieuse? L'action du récit se déploie dans un espace social ainsi fracturé, composé d'un côté de laissés pour compte, de chômeurs, d'assistés sociaux à l'horizon bouché, et de l'autre d'élites dirigeantes sur le déclin, qui ne croient plus vraiment aux valeurs qui légitiment le monde qu'elles dirigent à l'aveuglette. Dans un univers aussi déserté, aussi vide de sens, le pire peut survenir. C'est ce que montre le roman à travers la création de cette curieuse organisation qu'est l'Alliance populaire, réunion bigarrée de petits commerçants hargneux et de prolétaires déclassés, sans avenir, dirigée par des ambitieux, animée par d'obscurs désirs de vengeance sociale mais aussi par des hommes honnêtes profondément épris de justice et de liberté.

L'organisation apparaît de la sorte comme une nébuleuse, un conglomérat flou pouvant même attirer à elle des représentants de l'ordre établi comme le policier Dufour, dirigeant de la Sûreté à la retraite, fasciné par le désir de régénération de l'Alliance populaire. Le roman met en lumière de manière pénétrante les conditions qui favorisent l'émergence de telles associations et la montée de leaders charismatiques inspirés par une foi dévorante et dangereuse : Allen Sauriol, l'animateur de l'Alliance, obscur commis de bureau à l'origine, devient ainsi, sous la poussée des circonstances, une manière de Le Pen québécois, un fasciste sans trop le savoir encore, du moins dans ce premier volet du cycle.

L'auteur insiste surtout sur la dimension sociale des personnages, sur les forces qu'ils incarnent, sur les idées et discours qu'ils véhiculent, courant ainsi le risque réel de les rendre abstraits, d'en faire essentiellement des êtres de raison. C'est un reproche qu'on a formulé naguère à Gélinas à propos des personnages de ses premiers romans, sans pertinence ici dans la mesure où les aspects plus personnels, plus «humains» des personnages sont aussi développés longuement. On le constatera notamment à propos des relations affectives qui unissent par exemple Ginette Rousseau à Allen Sauriol et à «Physique» Roberge, un frère mariste, enrôlé de bonne foi dans l'Alliance populaire; ou encore les sentiments du policier Victor Thomas – membre d'un escadron de la mort – envers Ilsa Storz, la femme médecin d'origine allemande, dont la liaison amoureuse sera perturbée par la montée de l'organisation contre-révolutionnaire à laquelle celle-ci n'est pas insensible. L'imbrication très étroite du public et du privé est signalée très nettement dans ces rapports de même qu'elle l'est tout autant pour le destin personnel tragique de Ginette Rousseau, petite villageoise naïve qui se perd dans la nuit montréalaise, qui meurt d'overdose et de désespoir, ou pour le destin tout aussi pitoyable du journaliste Pascal Pothier, un émule de Claude Poirier, dépassé par les transformations des moyens de communication modernes et sombrant dans une neurasthénie à laquelle il échappera par une mort mystérieuse. Le narrateur, tout au long du récit, fait ressortir toute l'importance des motifs et mobiles personnels qui font bouger les personnages, qui fournissent un ancrage biographique à leurs prises de position et à leurs engagements.

La grande Histoire se déploie ainsi à même la petite, la vie privée qui en est l'envers et le fondement, et le politique trouve largement ses racines et sa signification dans ce qui relève de l'intimité. Le roman s'offre ainsi comme un instrument tout à fait approprié pour donner à voir concrètement ce processus, pour en proposer une illustration particulièrement convaincante. Dans un article publié dans *Le Devoir* lors de la parution de son premier roman, Gélinas affirmait déjà, en 1959, que le roman est «un instrument pour la connaissance de l'Homme». C'est cette conception qui sous-tend manifestement *La neige*, roman politique et social mais aussi philosophique, proposant une méditation sur le pouvoir et l'ordre social, bien sûr, sur l'importance stratégique de l'information dans le monde contemporain, mais également sur l'amour et la solitude, et surtout sur le temps perçu comme un éternel recommencement, une reprise incessante des mêmes tentatives, suivies des mêmes échecs, un temps que symbolise exemplairement le retour cyclique des saisons, toujours différentes, toujours les mêmes, se suivant dans un ordre circulaire et immuable. Cette réflexion «passe» ici essentiellement à travers les propos des personnages et se trouve ainsi «naturalisée» en quelque sorte, ce qui est bien une force du roman en général et de l'art romanesque singulier que pratique Gélinas avec grande efficacité.

Je n'approfondis pas davantage cette analyse qui pourrait être développée encore longuement. Je tenais simplement à évoquer pourquoi ce roman doit être lu, en quoi il peut enrichir et élargir l'horizon de lecteurs exigeants et combler leurs attentes. En le lisant, on ne fait pas une faveur à Gélinas qui n'en a guère cure à ce stade de son parcours, on ne reconnaît pas seulement un peu tard un grand écrivain, mais on se fait d'abord à soi le cadeau d'une découverte qui, comme le signalent suavement les guides touristiques, mérite le détour et un long arrêt.

Jacques Pelletier, juin 1996

L E CIEL CRACHOUILLAIT DEPUIS L'AUBE. Un amas de métal rouillé luisait sous la bruine dans un coin de la cour. Un panneau de tôle, accroché entre deux poteaux, grinçait dans le vent d'automne. Cruciani lui-même l'avait bosselé à coups de marteau; il avait fait sauter quelques lettres, juste assez pour donner à l'enseigne l'air misérable, «CR CIA I W LDI G». Il eût peut-être été plus prudent de ne rien afficher, mais Cruciani avait encore de ces élans de crânerie.

Allen Sauriol enleva le cadenas de la porte du bureau, un hangar mobile fixé sur des blocs de béton, et le suspendit à un clou à l'intérieur. Il poussa le contrevent de la seule fenêtre qui n'avait pas été condamnée afin d'y laisser entrer le jour. Cruciani n'avait pas voulu remplacer les vitres cassées le printemps dernier par les gorilles du syndicat du bâtiment; les autres fenêtres avaient été bouchées par des bouts de planches. Jusqu'à ce que l'hiver prenne pour de bon, une chaufferette électrique suffirait à rendre la baraque habitable à condition de garder bottes et chandails. Allen se couvrait d'une pelisse de chat sauvage qui avait appartenu à sa mère.

— Should be quiet in this muck.

Cruciani était entré en secouant la boue de ses semelles. Un grand rouquin, tout en muscles, les mains couvertes de poils roux; des yeux petits, gris-vert, dans une face ronde; sur la tête, le casque de sûreté moucheté de taches brunes qui donnaient un effet de camouflage. Il jeta un sac à provisions sur la longue feuille de contreplaqué qui, posée sur des chevalets, servait de table de travail.

— Essaye de finir le mois…

On ne laissait jamais, la nuit, les livres ou le moindre document dans le bureau. Cruciani avait appris, comme tant d'autres propriétaires de petites entreprises, à ramasser chaque soir les pièces comptables importantes, à les apporter discrètement chez lui, et à les rapporter le lendemain. Ce qui importait aujourd'hui, c'était de savoir où l'on en était avec la banque.

— Je fais ce que je peux! dit-il d'un ton aigre, mais après que Cruciani fut sorti. Une aigreur qui ne tenait pas aux rapports entre les deux hommes. Une aigreur composée de plusieurs éléments, dont le dominant était une sorte de rage impuissante qui avait trop d'objets à la fois trop précis et trop fuyants pour être canalisée et se déverser quelque part.

Le patron avait, lui, la compensation d'être patron; l'illusion maintenue à coups de toquades éphémères, de décisions saugrenues, de sursauts de mauvaise humeur. Allen n'avait pas cet exutoire; il n'était qu'un obscur commis jouant un rôle marginal dans une entreprise insignifiante. Il n'était même pas touché par les accrochages de Cruciani avec les syndicats de la Fédération du bâtiment, le Cartel intersyndical, la Coalition du patronat, les ministères, les régies, les commissions d'enquête, les inspecteurs de ceci et de cela. Le quotidien était fait de l'apparition de nouveaux règlements et restrictions, de harcèlement sur les chantiers, de complaisance obligatoire envers les combines des représentants syndicaux, de solidarité contrainte avec la Coalition, d'exactions mensuelles des uns et des autres. Allen en était témoin, mais un témoin ignoré parce que négligeable. Quand «les bras» du Cartel avaient fait irruption dans le bureau pour le saccager, ils avaient d'abord fait sortir Allen sans le molester. L'hostilité eût été préférable à cette indifférence; même le sort de la bête traquée, à celui de l'épave ballottée par les marées.

Cruciani traversa la cour et s'arrêta à l'arrière de la camionnette, peinturée en vert et en brun comme les véhicules de l'armée, pour en déverrouiller les portières. La caisse était vide, mais les parois étaient recouvertes d'un double rang de tentures matelassées. «Si jamais on pogne en feu, avait dit Gros-Delard, on va rôtir avec ces maudites draperies-là!» Cruciani avait rétorqué : «Pray it's bullet-proof.»

Une cabane de planches servait d'entrepôt; l'intérieur était bardé de plaques de métal. Marcoux dormait dans un coin. Rusty, adossé aux bouteilles d'acétylène qu'on transporterait tout à l'heure, lisait un journal turc.

— All set! fit Cruciani, dans la porte. Quand y mouille, les chiens sortent pas.

— Les chiens sortent tout l'temps, grogna Gros-Delard.

Pour une meute qu'on apaisait un moment avec une «contribution volontaire» comme le Cartel intersyndical, dix autres, affamées, vous guettaient… ou guettaient quelqu'un d'autre et vous prenaient en passant comme aux échecs. Le mauvais temps pouvait rassurer Cruciani. Gros-Delard n'avait jamais scruté le ciel pour y chercher quelque réconfort; petit, rondelet, la paupière somnolente, il avait une allure de mollusque; mais il suffisait de s'y frotter pour s'en repentir. Il n'était pas agressif mais ne tolérait pas qu'on lui marchât sur les pieds. Le reste ne lui importait guère.

Il ne s'interrogeait jamais sur les événements qui se déroulaient autour de lui s'ils ne le touchaient pas.

Marcoux s'était secoué à l'arrivée du patron. Il souleva des sacs de jute, découvrant une trappe; dans un trou, une dizaine de jerrycans reposaient sur des carrés de béton. C'était la réserve d'essence, un des bénéfices marginaux des entreprises classées «essentielles» et de leurs sous-traitants, comme Cruciani; on s'approvisionnait directement à une raffinerie pour répondre, en principe, à ses propres besoins, mais comme il n'y avait pas de véritable contrôle, on constituait facilement des réserves qu'on revendait au marché noir.

Allen tira son banc devant la fenêtre, sortit du sac de Cruciani quelques poignées de factures, de chèques, de relevés de compte, qu'il disposa en piles à portée de la main.

La rue s'étalait devant lui et tournait à angle droit vis-à-vis de la cour, longeait ensuite une haute clôture faite de bouts de matériaux disparates, pour déboucher trois cents mètres plus loin sur un boulevard. Allen ne porta attention à l'automobile, distraitement, qu'au moment où elle s'arrêta; elle était trop loin pour qu'il en distingue autre chose qu'une carrosserie de couleur incertaine.

Dans ce quartier isolé, la rue était bordée d'un côté par des terrains vagues transformés en dépotoirs, de l'autre par des habitations délabrées, sans eau ni lumière, occupées la nuit seulement, au temps chaud, par des bandes vagabondes; on n'y avait vu personne depuis des semaines.

Marcoux sortit le premier de la cabane. Il transportait deux jerrycans à bout de bras, suivi de Rusty avec une bouteille d'acétylène.

Rusty grimpa dans la camionnette.

Du coin de l'œil, Allen observa que l'automobile s'était remise en marche, avançant lentement vers l'entrée de la cour.

Marcoux avait posé à terre les jerrycans, était retourné à la cabane et en revenait maintenant avec deux autres bidons.

L'automobile accéléra, les pneus arrachant à la chaussée un gémissement strident; un tube de métal surgit de la portière derrière le conducteur.

Marcoux se figea. L'automobile semblait foncer sur l'entrée de la cour. Allen s'était déjà jeté à plat ventre sous la table, rabattant sur la tête un pan de son manteau.

Le bruit du coup de feu se perdit dans celui de l'explosion.

— Petite pluie, grosse journée, dit le sergent Ganga, la main à la portière de la limousine.

Jacques Dufour se laissa tomber sur la banquette arrière sans répondre. Ganesh Ganga fit une moue résignée; ce serait une de ces journées où il valait mieux se taire. Une fois au volant, il donna le signal au chef de l'escorte et démarra rapidement.

La limousine était précédée et suivie d'une voiture banalisée; dans chacune, outre le conducteur, deux policiers armés de mitraillettes. Le cortège contourna la piste de béton où l'hélicoptère était immobilisé par le brouillard entre les champignons des feux de balisage. À travers la vitre teintée qui le rendait invisible, Dufour compta machinalement les automobiles bloquant les rues transversales la durée de son passage.

Jacques Dufour avait l'air d'un géant embarrassé de sa taille. Il mesurait près de deux mètres; il avait les épaules étroites et les tenait courbées, comme s'il tenait à cultiver une posture qui, dans son esprit tout au moins, le ramenait au niveau de la moyenne; l'effort était en partie annulé par la longueur de la tête, coiffée de cheveux drus et blancs coupés en brosse, et par la largeur du nez.

Il portait le titre de président de la Commission nationale de la protection publique, qui regroupait sous son ombrelle toutes les forces policières de l'État. L'un de ces organismes créés dans un moment de crise pour apaiser quelque turbulence politique, qui survivent et même croissent après la disparition des circonstances qui les ont fait naître. C'est un poste que Dufour n'avait pas désiré. On l'avait tiré de sa retraite à soixante-huit ans parce qu'il était le seul candidat auquel personne parmi les intéressés n'avait pu opposer d'objection sérieuse. On ne craignait pas qu'il se découvre à son âge quelque menaçante ambition, son passé en semblait garant. Sa carrière dans la Sûreté, du plus bas au plus haut échelon, avait été remarquable par sa discrétion. Durant les cinq années qui avaient précédé sa retraite, il avait rempli les fonctions de directeur sans qu'on parle une seule fois de lui dans la presse après l'annonce de sa nomination. Il n'avait jamais reçu de journalistes, jamais fait de déclarations officielles, jamais participé à des événements publics. Dans les journaux, on ne possédait de lui qu'une photo vieille d'une dizaine d'années. Cet effacement l'avait bien servi. Maintenant, il avait d'autant moins la tentation de paraître que son successeur à la tête de la Sûreté, Douglas Fraser, courait les occasions de courtiser les médias.

On n'avait pas cherché à comprendre ce qui avait poussé Dufour à quitter sa ferme, son potager, sa rivière poissonneuse, pour se cloîtrer avec sa femme dans l'enclos fortifié de la Zone, où les membres du gouvernement et les mandarins de la fonction publique vivaient à l'abri des manifestations et des attentats. Pourquoi? Il avait vu apparaître et disparaître onze premiers

ministres, sept partis politiques; il avait été témoin de deux grands «boule-
versements». S'il lui était donné quelques années, il en verrait d'autres. La
roue continuerait de tourner, suspendue dans le vide, n'allant nulle part.
Que voulait-il? Qu'espérait-il encore?

Le rectangle lumineux du téléphone clignota devant lui, sous la cloison
vitrée qui le séparait du chauffeur. Dufour tourna le tête vers la rue, le convoi avait traversé l'enchevêtrement des rubans de béton du dernier rond-
point et filait entre les arbres dénudés du boulevard. Il se passait quelque
part quelque chose. On réclamait son attention. Dans sept minutes exactement, Dufour serait à son bureau; il n'y a pas de problème qui ne peut attendre sept minutes. Le clignotement lumineux cessa. Ou, dans la conjoncture
actuelle, une heure. Il n'y aurait pas de surprise. Pas de catastrophe. Pas
maintenant. Des secousses, des tressaillements, des remous, tout au plus.
Rien encore n'était vraiment mûr. Même pas l'ambition de Fraser. Fraser
attendait que Dufour meure, ou démissionne, ou soit invité à se retirer.

Et Fraser, en attendant, accumulait dans le Journal des signaux les nota-
tions comme celle qu'il était en train de dicter à l'officier de service : «7 h 53.
Appel au président. Re attentat. Cruciani Welding. Explosion. Blessés… Pas
de réponse.» Dont copie serait glissée dans la chemise spéciale «Présidence».
Dufour sourit. Il y avait un aspect comique à ce travail d'écureuil. Cervelle
d'écureuil? Peut-être. Comme l'écureuil, Fraser chassait les noisettes, des
noisettes de renseignements pour les enfouir dans la mémoire de la BGD, la
Banque générale des données. Une activité dictée par l'instinct, poursuivie
avec un acharnement machinal, un automatisme indifférent aux résultats.
Notes de service, rapports d'informateurs, conversations captées par tables
d'écoute, scènes filmées; tout cela étiqueté, classé, répertorié, programmé.
Merveilles de la technique. Un immense entrepôt de noisettes. Dont Fraser
faisait quoi? À part la routine policière, qui est essentiellement passive
puisqu'elle n'est toujours qu'une réaction à une action déjà accomplie, à
quoi servait la passion de Fraser pour les noisettes? Un raffinement de technique qui se complaît en lui-même, se nourrit de lui-même. Un engouement
pour la nouveauté des gadgets qui camoufle une résistance farouche à tout
renouveau de la pensée et qui donne le change aux esprits frivoles. Le fard
sur les joues de vieilles notions étriquées. Dufour n'eût pas été fâché de voir
monter derrière lui, le poussant même, un rival dont la valeur eût été rassu-
rante; il aurait songé à partir sans remords.

— Le Communautaire est plus proche!
— Ils laissent passer personne…

Le virage projeta Allen Sauriol contre la portière de l'ambulance; il se redressa, s'épongea le front avec un mouchoir taché de sang qui sentait le pétrole. Il avait l'impression que ses mains étaient violemment secouées; il les posa sur ses genoux; elles étaient inertes.

— Ils laissent passer personne, répéta le chauffeur.

Allen tourna la tête vers l'arrière. L'infirmier s'affairait au-dessus de l'une des deux civières placées de chaque côté de la cabine; l'autre était recouverte d'un drap gris. Allen s'épongea de nouveau, étendant les stries roussâtres et cendrées sur son visage et jusque dans son cou.

— Il en reste pas grand-chose…

Le chauffeur haussa les épaules.

— On s'habitue.

L'ambulance ralentit à peine en s'engageant dans une bretelle de l'autoroute, s'engouffra dans un tunnel baigné de lumière jaune, et accéléra, enveloppée dans l'écho de la sirène sur les parois de béton. Une autre rampe, débouchant sur un rectangle de clarté qui cadrait un rideau de pluie. Le centre-ville. Un filet de bicyclettes ondoyait entre les îles de camions, se gonflant aux feux rouges et s'étirant aux feux verts, charriant quelques automobiles. La pluie avait abattu et broyait au sol un tapis de détritus; les trottoirs étaient presque déserts, les rares piétons longeant les vitrines défoncées ou recouvertes de planches de magasins abandonnés. La vie commerciale s'était résorbée plus loin, autour des gratte-ciel et de leurs galeries souterraines, créant sur une périphérie grandissante une sorte de no man's land.

Allen aperçut d'abord un taillis ondulant de pancartes; puis, en noir sur fond blanc, le signe du Cartel intersyndical, un «i» posé en diagonale sur la partie inférieure d'un «c», se détachant sur un poing fermé; puis l'écran de grévistes bloquant l'accès à l'Urgence de l'HM 2, l'Hôpital municipal numéro 2; puis, devant le pare-brise de l'ambulance maintenant immobilisée, une trentaine de femmes, en majorité de peau brune ou noire, agitant leurs pancartes en scandant : «No scabs here! No scabs here!» L'une d'elles se hissa sur la pointe des pieds contre la porte du chauffeur.

— What you got there?

— Deux, un qu'est fini.

— And this one?

Elle fixa un moment le visage d'Allen. Sans attendre de réponse, elle contourna l'ambulance, tira la porte arrière et grimpa dans la cabine. Elle leva le drap qui recouvrait le cadavre presque méconnaissable de Marcoux, le laissa retomber.

— What's with him? fit-elle en indiquant Rusty.

L'infirmier poussa le bassin débordant de pansements maculés. «Il a besoin de sang», dit-il, sans se retourner.

La femme sauta dans la rue et fit claquer la porte. Elle cria : «Okay!», le barrage s'ouvrit devant l'ambulance.

— Deux minutes. Ça va prendre deux minutes. Signez le papier. Ils s'arrangeront avec le reste à la morgue...

Le chauffeur de l'ambulance s'accrochait au médecin, un Noir grand et mince qui, les yeux clos, paraissait dormir debout devant le guichet de l'admission. Un bras sortit du guichet, poussa le médecin, et une tête coiffée d'un béret de laine apparut.

— Floria Garcia!

Une petite personne aux cheveux gris, les épaules pressées sous le poids d'un paletot de cuir, se fraya un chemin à travers la cohue.

— Quien? Quien?

La clinique d'urgence était un long corridor mal éclairé, une sorte de grotte humide aux murs délavés et aux planchers de tuiles sales. D'un côté, une quarantaine de formes humaines rangées sur des bancs de bois. De l'autre, deux salles de premiers soins, puis trois petits cabinets d'examen, puis un bureau où l'on faisait les prises de sang et recevait les flacons d'urine. Le bureau de l'admission était tout près d'une large porte à deux battants donnant sur un tambour en bois accolé à l'édifice.

— C'est vous, Floria Garcia? Votre carte bleue!

Face à l'admission, à angle droit, le corridor s'ouvrait sur un dégagement rectangulaire au plafond bas, sans fenêtre, éclairé de néons clignotants; une dizaine de civières s'y entassaient, sorte de parterre suspendu de draps blancs, de corps silencieux reliés par des tubes aux sacs de sérum accrochés à des tiges de métal.

Une grande femme blonde, en pantalon et chemise de coton aux manches retroussées, secoua le Noir par les épaules.

— Allons, vas-y. Signe son papier, qu'il débarrasse... Puis tu iras te coucher.

Le Noir ouvrit péniblement les paupières.

— ... ce que j'ai sommeil.

— Justement. Tu es parfait pour les morts.

Le béret de laine réapparut dans le guichet.

— Plus de quarante-huit heures qu'il est debout.

— Donne-lui une médaille.

Le Noir sourit.

— Tu me réveilleras à midi, dit-il.

La femme fit un signe de tête. Le Noir se laissa entraîner par le chauffeur de l'ambulance comme entrait un infirmier tirant la civière sur laquelle reposait Rusty. L'infirmier écarta la petite personne qui tentait de s'approcher du guichet; avant même qu'il ouvre la bouche, la voix sèche fusait sous le béret de laine.

— Pas de place.

Allen, adossé au mur qui le retenait de tomber, fixait sans les voir une bouffissure violacée coiffée d'une touffe de cheveux roussis, un torse couvert de pansements rudimentaires et de grumeaux de sang. L'infirmier se tourna vers la femme blonde qui portait épinglé sur son sarrau un carton avec l'inscription «Dr Ilsa Storz».

— Il a besoin de sang.

— Je n'ai pas de lit.

— Pas de place! répéta la voix dans le guichet.

Ilsa Storz prit le pouls de Rusty, repoussa brièvement les paupières et les laissa retomber. Elle s'adressa à l'infirmier :

— Amenez-le à la cafétéria. Collez deux tables. Installez-le dessus. Schnell! Schnell!

Assis sur le plateau du camion contre la paroi de la cabine, Victor Thomas ajusta le globule de plastique accroché sur le pli de l'oreille et leva le bras, la bouche à portée du micro placé à l'intérieur de la manche de son blouson. De l'autre main, il tourna le bouton du transistor… «monsieur Nicholas Grass, peut-être mieux connu, j'espère que cela ne vous offensera pas, sous le nom de Nick-the-Gun, et…»

L'émission *Les enquêtes de Pascal Pothier* débutait.

— Pas d'offense.

— … mon autre invité, professeur à la faculté de criminologie…»

Soufflant dans sa manche, Thomas s'adressait au chauffeur :

— Vas-y.

Le groupe Talion amorçait sa deuxième opération. La cible : Nicholas Grass, tueur à gages, sept meurtres avoués, pour ne rien dire des autres, inscrit dans le régime de réinsertion sociale, logé dans un condo «de transition» aux frais des contribuables, bénéficiaire d'une prestation de réadaptation, avec la seule obligation de se présenter une fois la semaine dans une clinique d'évaluation psychiatrique jusqu'à ce qu'un comité d'experts le prononce réhabilité, c'est-à-dire prêt à reprendre sa carrière là où il l'avait laissée. Les médias en avaient fait une «personnalité», et les universitaires frétillaient en s'y frottant.

Le camion démarra. Il longea le stationnement de l'Hôpital communautaire, où des grévistes agitaient des pancartes autour d'une ambulance, et, deux rues plus loin, s'engagea dans une ruelle.

C'était un antique camion à ridelles qui avait servi longtemps au transport de cages à poules et dont le plateau, qu'on n'avait jamais décrotté, était devenu une sorte de polypier grisâtre. Thomas ferma les yeux, s'étira et laissa échapper un soupir de satisfaction. Dissimulé sous la bâche verte qui recouvrait complètement le plateau, il laissait couler la voix ronde du professeur comme au temps où il avait dû en subir les cours à l'Université Nationale, «... lorsqu'il s'agit de construire un barrage, on ne consulte pas l'opinion publique, mais des experts. On ne demande pas à l'opinion publique de se prononcer sur la valeur d'un nouveau médicament. Les réactions purement émotives de l'opinion publique ne doivent pas avoir plus de poids en ce qui concerne la criminologie qu'en ce qui concerne la pharmacologie...»

L'itinéraire avait été tracé et minuté; on croiserait un seul feu de circulation.

«... On n'a plus à le démontrer. Les études scientifiques sont concluantes. Il est démontré que la prison n'a aucun effet dissuasif, en plus d'être inacceptable dans une société civilisée...»

Dans le passé, la ruelle avait été bordée de clôtures de planches; il n'en restait rien, le bois avait été enlevé et utilisé pour le chauffage. Les deux rangs d'habitations s'allongeaient en fuseau, fissuré à intervalles réguliers par une rue transversale, jusqu'à une pointe où l'on discernait quelques arbres morts dans un parc.

«... monsieur Grass a raison. Je n'aime pas non plus les termes meurtrier et assassin. Ce sont des termes qui permettent d'escamoter ce qui est au fond un problème de société. Parlons plutôt de personnes dont les actes asociaux sont focalisés sur des symboles perçus de l'autorité, que ce soit le père, la mère ou le policier, le concept d'autorité contenant ici les notions d'oppression et de violence implicite ou anticipée...»

L'émission tirait à sa fin. Le camion passa le feu de circulation et stoppa. Le chauffeur voyait clairement l'entrée de la station radiophonique. Thomas se leva; il tira un cordon de cuir qui roulait vers le haut du carreau de toile, dégageant une ouverture circulaire découpée dans la bâche.

Il y avait peu de circulation dans la rue et personne sur le trottoir. Thomas bloqua la crosse de la mitraillette contre l'aisselle droite; la main gauche soutenait le revêtement gonflé du silencieux entourant la culasse; la main droite poussa le cran de sûreté à la position semi-automatique. Cette arme était une redondance; à l'automatique, elle crachait une ronde de 550 balles de 9 mm à la minute. Un seul coup d'un vieux Walter PPK aurait fait le travail. Mais la manière importait autant que l'exécution elle-même. Il ne suffisait pas d'abattre, il fallait déchirer, déchiqueter le corps, créer l'effet de terreur et de furie vengeresse. Le Talion allait faire justice.

Nicholas Grass sortit de l'immeuble. Il releva le col de son paletot, sortit d'une poche les clés de son automobile. Il lui restait moins de quinze secondes à vivre.

Le trottoir découpait deux carrés de sol boueux devant la maison de rapport. Les murs avaient été bâtis de brique rouge; il ne restait de la couleur originale que des parcelles roussies sur une surface grise; à hauteur d'homme, des graffiti tracés à la peinture avaient été réduits par le temps et les éléments à l'état d'abstractions impénétrables. Les fenêtres de l'entresol étaient enduites de poussière crayeuse; de l'une d'elle, entrouverte, s'exhalaient des effluves de cari qu'on reniflait à trente pas. Dans le passé, une grande baie vitrée avait encadré une porte en plexiglas, le vestibule avait été orné d'un plafonnier doré et d'une jardinière de fleurs artificielles. La porte était maintenant bardée de planches et la baie vitrée n'était plus qu'un treillis de bois soutenant des feuilles de carton; les fleurs artificielles avaient disparu et le sable de la jardinière était couvert de rognures, d'épluchures, de canettes, de tessons de bouteille; la lumière venait d'une ampoule électrique encagée au plafond dans un grillage à mailles fixes.

Justin Gravel s'arrêta devant la porte pour reprendre son souffle, laissant porter son poids sur la jambe droite. L'humidité torturait non seulement son pied gauche difforme, mais toute la jambe jusqu'à la hanche. Une douleur aiguë, cuisante, presque incessante. Une douleur familière. Et irritante. L'irritation était plus pénible que le mal; irritation contre lui-même, contre l'asservissement à son infirmité, contre la mortification de sa propre fragilité pour laquelle il nourrissait un mépris intense. Mépris qui l'éperonnait, le lançait quotidiennement dans une activité rageuse et fébrile qui n'avait aucune boussole, dispersant ses efforts dans vingt entreprises disparates qu'il tentait de mener de front. Le jour parvenait à étouffer la rage. Le soir, avec son hiatus intolérable, la ranimait.

La journée avait été longue et pénible. Des démarches inutiles chez des imprimeurs, «Pas besoin de correcteur d'épreuves», une maison d'édition, «Pas pour le moment», deux magazines, «Vous pouvez soumettre des textes, mais...» Et cela après le rendez-vous à la clinique de physiothérapie de l'Hôpital communautaire où l'on avait annulé son traitement à cause de la grève. En sortant par l'urgence, il avait croisé une petite vieille qui s'agitait en bredouillant en espagnol, et s'était fait bousculer par des ambulanciers qui tiraient une civière sur laquelle gisait un corps ensanglanté.

Le cliquetis d'un talon ferré perça la brume. Justin eut un tressaillement d'impatience. Encore lui! Il poussa le pied gauche en avant et repartit de son pas de marin soûl, faillit manquer une marche, se dressa, poussa la porte, traversa le vestibule. Son voisin d'étage l'énervait avec ses bottes cloutées, son air de gros chien affectueux, ses roulements de biceps, son teint rose, son insistance exaspérante à s'insinuer dans les bonnes grâces des uns et des autres, et jusqu'au plaisir qu'il semblait prendre à se faire appeler Physique, le seul nom qu'on lui connaissait dans le quartier.

L'escalier recevait un éclairage anémique de la fenêtre du palier. Justin gravit les premières marches, la tête basse, l'attention concentrée sur le déplacement de sa jambe débile.

Une ombre, soudain, obscurcit le passage.

Justin leva les yeux.

Un poids s'abattit sur lui. Il perdit connaissance.

— … t'es-tu correct?

La voix parvenait à Justin comme si elle avait été filtrée dans une nuée enveloppant la mémoire, comme la voix de sa mère chuchotant dans une pièce voisine alors qu'il était à demi sommeilleux. Il avait l'impression d'être doucement bercé. Il se laissait réchauffer dans une sorte de cocon moelleux. Il était redevenu tout petit, délicieusement insouciant.

— Hé! Ça va?

Une douleur brûlante le ranima brusquement. Il ouvrit les yeux.

— Ah, bouge un peu…

Justin était étendu au bas de l'escalier, les épaules dans les bras de Physique, accroupi, qui le regardait avec un soulagement béat.

— J'ai mal au bras. Le bras gauche.

Physique l'aida à s'asseoir. Il lui retira son manteau, puis son veston; la manche était tachée de sang. Physique déchira le tissu de la chemise.

— Pas l'air grave. Mais faut laver ça. Les couteaux, tu sais jamais.

Physique se releva. Justin aperçut dans un coin un corps inerte.

— Ils étaient deux. L'autre s'est sauvé mais j'ai pas l'impression qu'il ira loin.

Physique ramassa un couteau, l'essuya soigneusement avec un mouchoir et l'inséra dans une poche de l'anorak qui couvrait le corps inerte.

— Je débarrasse ça et je reviens. Attends-moi.

Il prit les deux jambes et tira le corps sur le plancher à travers le vestibule, puis à l'extérieur jusqu'à la ruelle.

L A RUE AVAIT ÉTÉ DÉBLAYÉE une fois seulement depuis le début de l'hiver. Quelques véhicules avaient ensuite tracé dans les nouvelles neiges deux mauvais sillons parallèles dans lesquels on avançait en trébuchant.

L'inscription sur le panneau de tôle, pendant de travers à un poteau, était à peine déchiffrable. L'entrée de la cour était bloquée par la neige. À droite, des amas de planches noircies pointaient sous des bancs de neige; plus loin, la charpente à moitié démolie de ce qui avait été un bureau, des débris calcinés.

Ginette Rousseau frissonna sous son manteau de drap. Elle fit une enjambée, enfonça dans la neige jusqu'aux genoux et s'arrêta. À quoi bon aller plus loin? L'endroit était désert; l'entreprise n'existait plus. Jusqu'à ce moment, elle n'avait pas douté qu'elle trouverait son oncle à l'adresse de Cruciani Welding indiquée dans les papiers de sa gardienne...

L'autobus avait été presque vide en direction de la ville, comme d'habitude, surtout en hiver. Ce n'était pas seulement que la ville était, en principe, intolérante aux désœuvrés de la campagne; en principe, ils n'avaient droit à la rente sociale qu'en demeurant «disponibles pour le travail dans leur région désignée»; ce qui devait, en principe toujours, contenir des mouvements migratoires pourtant inévitables. Des contrôles de police auraient peut-être eu quelque effet auprès des plus timides, mais cette pratique avait déjà été jugée par un tribunal abusive et discriminatoire et en violation des droits des citoyens; il est bien connu que les lois ne s'appliquent qu'à ceux qui consentent à les respecter. Ce qui retenait chez eux les provinciaux, c'était d'abord que la neige et le froid sont moins cruels à la campagne.

Pour Ginette Rousseau, le voyage solitaire n'avait même pas eu le goût de l'aventure. À dix-sept ans, elle n'avait jamais jusqu'alors quitté son village, et n'en avait jamais ressenti le besoin. Le périple quotidien qui l'avait amenée le matin à l'école régionale et ramenée l'après-midi couvrait au total plus de kilomètres que le voyage à la ville, mais il s'était déroulé en circuit fermé. La route avait été aussi familière que le paysage intérieur de ses relations avec ses camarades de classe, les mêmes pendant dix ans. Elle eût souhaité que cette existence sans imprévu se prolongeât indéfiniment. Elle n'avait jamais porté grand intérêt à ses études, et guère plus à ses premières expériences sexuelles, qui lui avaient paru un prix acceptable à payer pour cet état d'anonymat social qui fait la sécurité des adolescents. Il ne lui avait pas été particulièrement pénible d'être orpheline; elle avait appris que la possession d'un père et d'une mère est un atout marginal. Une parente l'avait recueillie pour toucher l'allocation versée par le ministère de la Protection sociale, ce qui avait allégé Ginette du fardeau de la reconnaissance; pour cette raison, sans doute, elle n'avait pas été malheureuse.

La parente était morte.

Plusieurs familles avaient offert d'héberger Ginette : divers conseillers, animateurs et personnes ressources s'étaient mêlés de l'affaire; on avait consulté des listes de «foyers approuvés», invoqué des normes, cité des précédents et formulé des problématiques. La jeune fille, enfant, avait fait état de droits reconnus par la Charte de l'adolescence et avait choisi d'aller demeurer chez un oncle, Allen Sauriol, qu'elle ne connaissait pas.

Devant la cour abandonnée, une autre que Ginette, plus imaginative, se serait laissé gagner par la panique. La jeune fille rebroussa simplement chemin, reprit l'autobus, se fit indiquer un poste de police où elle raconta son histoire.

Carte bleue. Autorisation de déplacement, fiche du répondant, adresse de l'employeur du répondant. Confirmation de la BGD. Mise à jour : Cruciani Welding n'existe plus à l'adresse indiquée; l'ordinateur renvoie à Cruciani, Danielo, mais il a gardé en mémoire les noms des employés, dont Allen Sauriol. Une adresse. Un numéro de téléphone. À vérifier, mais le lendemain seulement, quand un sergent sera disponible pour interviewer le répondant.

En attendant, Ginette passerait la nuit à la Résidence Cité-4. Une manière de pyramide délabrée, ceinturée de passages et de terrasses extérieures enneigées, balayées par le vent. Un hall tapissé d'affiches et de dessins barbouillés directement sur les murs. La fiche à remplir. La carte bleue. Le reçu de prise en charge donné au policier, qui disparaît. «Viens par ici, ma belle!» La surveillante, une voix doucereuse, un sourire sirupeux. «T'es chanceuse, tu seras seule dans ta chambre.» Des mains qui frôlent, qui tâtent. «Pas une grosse valise… On va prendre soin de toi.» De longs corridors, moins sales que décrépis. Une odeur rance. Des relents de graisse refroidie et des effluves de détergent. Une chambre étroite, inoccupée; deux lits, deux chaises, une table; attenant, un cabinet de toilette avec bain et douche plafonnière. «La douche marche pas, ma belle… T'as des serviettes. Pas d'eau chaude, évidemment.» La surveillante papillonne, pirouette, sa main tapote l'épaule, la taille, la hanche de Ginette. «As-tu assez de couvertures? Si tu veux deux oreillers, sers-toi.» L'indifférence de Ginette, qui n'accepte ni ne rejette. Qui ressemblerait à l'innocence si on ne décelait dans le regard l'ombre du calcul; un regard qui soupèse, mesure, évalue le degré de la nécessité. La surveillante a déjà compris qu'il n'y aurait pas de résistance; ni séduction ni plaisir. Même pas de curiosité… «La salle d'accueil est en bas. Le petit déjeuner est à sept heures.»

Par la grande fenêtre, à travers laquelle on sentait le froid, Ginette regarde l'espace noir. Quelques arcs bleus et verts semés au hasard, géographie inconnue, sans repères; dressée à la pointe d'une cheminée invisible, la langue jaune d'une raffinerie. La nuit n'enfantait pas de fantasmes. Ginette poussa sa valise sous le lit et se coucha tout habillée.

Pascal Pothier ne s'était pas couché de la nuit; son caméraman non plus. Ce n'était pas devenu une habitude, certes, mais cela se produisait plus fréquemment depuis quelques mois. Ce qui s'expliquait aujourd'hui par le hasard des événements. Il y avait eu en début de soirée dans un centre commercial un incendie rapidement maîtrisé; probablement l'œuvre d'un commerçant sur le bord de la faillite qui ne pouvait pas se payer un «brandon» professionnel. Une course inutile.

Question de zèle? Certains disent : «Un maniaque. Il entend une sirène, il court». Un jugement superficiel, tout comme : «C'est un drogué de la télé. Il se shoote à la pellicule.» Il était facile de s'en moquer, surtout dans le milieu dit de l'information.

Après l'incendie raté, il y avait eu une bataille entre deux gangs, Vietnamiens contre Latinos, pour la possession d'une galerie souterraine creusée dans le nord de la ville en prévision de la prolongation du métro; le projet abandonné, la galerie avait été transformée peu à peu en place forte, où se succédaient des gangs rivaux. Premier bilan, quatre morts; on en trouverait d'autres dans les prochaines heures, mais déjà ce ne serait plus de la nouvelle; le reportage avait fait la manchette du bulletin de 22 heures à Télé-Cité, on n'en parlerait plus.

Ce qui faisait sourire les collègues tout aussi besogneux mais moins con- nus, c'était la *signature* de Pothier : la moitié du corps bien cadrée au centre de l'écran, le microphone à la main, la résolution dans le regard, la fermeté dans la voix, «Pascal Pothier est sur les lieux». La répétition de cette image, fixée pendant sept secondes, et qui occupait ainsi le tiers du temps d'an- tenne de ses reportages, en avait fait un *personnage*. Le lendemain, on avait oublié le fait divers, mais on avait retenu que Pascal Pothier avait été sur les lieux. L'événement s'effaçait, l'image de Pothier demeurait. Ou plutôt, l'évé- nement n'était plus le fait divers, mais la présence de l'inlassable Pothier; l'événement n'acquérait de réalité que par la médiation du reporter, si bien qu'on passait d'un événement à l'autre avec placidité, le reporter étant tou- jours semblable à lui-même et recouvrant de la même patine sédative in- cendies, meurtres et catastrophes. La famille éprouvée se confiait à Pascal Pothier parce que le malheur en devenait à demi conjuré. Le tueur, cerné par la police, demandait à se livrer à Pascal Pothier... Comment exercer un sa- cerdoce sans assumer, ne serait-ce qu'inconsciemment, la dignité de la fonc- tion? Sans escompter, sans anticiper le respect qui en est la suite naturelle?... Qu'arrive-t-il quand on commence à soupçonner l'effritement insidieux du respect, non pas dans le public, mais chez l'employé et, curieusement, par voie de conséquence, chez les collègues? Quand on est amené presque à son esprit défendant à se demander si la dignité peut survivre aux manifesta- tions d'une désinvolture qui devient trop facilement de l'impertinence? Des niaiseries, bien sûr : des questions sur une note de frais, pourtant claire, qu'on aurait approuvée les yeux fermés dans un passé encore récent; une discussion sur les horaires de fin de semaine, qui ne résout rien pour le mo- ment mais qu'on reprendra évidemment plus tard, remettant en cause des droits acquis par l'ancienneté; les interminables réunions de production, dont il s'excusait auparavant mais auxquelles il est maintenant contraint d'assister. Des niaiseries. Qui à vingt ans ne troublent pas mais à quarante revêtent un caractère tracassier; on y décèle les signes avant-coureurs de périls d'autant plus inquiétants qu'ils sont plus flous. Qu'en est-il vraiment? Tout change, le monde, la société, la profession. Ni pour le mieux ni pour le pire. Pour rien. Ni progrès ni décadence, simplement le passage de ce qui va vers la mort; ainsi, du fait d'être nouvelle, prime la nouveauté. Ce qui explique que l'acquisition de l'expérience avec l'âge accélère la désuétude; on survit mieux sans elle, tant pis pour ceux qui en sont affligés. Il n'est pas facile d'y voir clair; même y voyant clair, de s'y résigner.

En plus du journal télévisé de Télé-Cité et de son émission hebdomadaire *Les enquêtes de Pascal Pothier* (dont le son était transmis simultanément à la radio sur la chaîne Inter-Média), il alimentait la une de *L'Express* sans y avoir une seule fois mis les pieds; il communiquait par radio avec un rédacteur, qui rédigeait un «reportage exclusif de Pascal Pothier»; un rôle qu'avait joué Justin Gravel pendant quelques mois avant de lancer sa propre feuille, *Métro-Choc*, qui avait fait faillite après six numéros.

Comment croire, si près du sommet, qu'on est déjà sur la pente de l'autre versant? Il y a tant de façons contradictoires de s'accrocher, de la feinte indifférence à l'apparence du zèle, et dans le même temps d'amorcer le décrochage, de réserver l'espace d'une sortie. Quarante ans. L'air à la télévision d'en avoir dix de moins, et, seul le matin devant son miroir, vingt de plus. Un début de ventre et de lourdeur aux épaules. Le cheveu clair, mais c'est de toujours. Une taille tout à fait moyenne dont on disait à une première rencontre : «Je l'aurais cru plus grand...» Rien dans les traits ou même dans le regard qui le distingue du commun. Marié, une fille qu'il voyait rarement, une maison en banlieue, un fonds de pension, des bons du gouvernement. Et après? La torpeur d'une réflexion nébuleuse, troublée enfin par l'interception d'un appel au service d'ambulance; un attentat au Café de l'Orient.

Un mort gisant sur le plancher contre le bar, une table renversée, un cercle de curieux immobiles, balayés par un spectre stroboscopique. L'agresseur, l'arme à la main, haranguant les témoins pour le bénéfice de la télévision. «Tout le monde l'a vu. J'ai dit : bougez pas, je prends la caisse, j'ai dit, y aura du mal à personne, j'ai dit, bougez pas! Il se lève pareil, le gars. Tout le monde l'a vu, lever le poing pour m'attaquer. De la provocation. J'avais pas le choix. J'avais dit : bougez pas!» Une vue en plongée sur le cadavre. Puis la caméra sur le reporter : «Pascal Pothier est sur les lieux...» comme deux policiers font leur entrée. Constatations d'usage. Contrôle d'identité. L'agresseur attend qu'on lui remette l'avis de comparaître la semaine suivante. Il tire Pothier à l'écart, la main sur l'épaule.

— Fais un tour à matin à la Watson-Belhsund, au bord du fleuve.

En sourdine.

— La grève? Y a du neuf?

— Ils m'ont demandé. Moi, ça me dit rien, ces histoires-là. Les syndicats. Tu risques de te faire casser la gueule.

— Le Cartel cherche des bras?

— Pour ce que ça paie... Non, la compagnie. C'est pour à matin.

Pothier ne l'avait pas questionné davantage. Il était moins pressé qu'auparavant d'attraper au vol les suggestions qui lui venaient de sources comme celle-là. L'affaire Nick-the-Gun Grass, abattu à deux pas de son studio, l'avait secoué. L'explication de la police, un règlement de comptes dans le milieu, lui avait paru raisonnable; le passé de Grass la rendait plausible. Mais l'idée d'inviter Grass lui avait été soufflée par un individu louche, qu'il n'avait pas revu depuis. De là à soupçonner qu'on s'était servi de lui, Pascal Pothier, pour assurer la présence de Grass à telle heure à tel endroit, il n'y avait qu'un pas… que le lieutenant Victor Thomas, de la Sûreté, l'avait aidé à franchir : «C'est quand même curieux que ces gens-là aient su à l'avance que…» Pothier s'était défendu. «Il a dû se vanter à vingt personnes qu'il passait à mon émission.» Comme s'il avait eu besoin d'un alibi. Pothier était sorti malheureux de cette rencontre avec Thomas, dont le petit sourire en coin l'avait blessé; ça l'humiliait de passer pour un naïf. Il devait se méfier de cette méfiance qui avait été une réaction spontanée à la confidence reçue au Café de l'Orient : un engrenage de doutes, d'hésitations; un marais d'introversion où l'on risque de paralyser.

À quatre heures du matin, il avait amené son caméraman prendre un steak chez Moishe's. À six heures, il avait conduit la camionnette de Télé-Cité sur l'autre rive du fleuve.

Il avait neigé. Puis la neige avait fondu. Puis il avait gelé. Et de nouveau il avait neigé. Une neige mince, étroite, presque mesquine, qui polissait la glace sous les pas. Des rafales roulaient du fleuve de temps à autre, inopinément mais sans grande conviction, et soulevaient pour les laisser retomber aussitôt des volutes blanches dans la cour déserte de la Watson-Belhsund. Derrière la grille de l'entrée principale, dont les battants étaient retenus par une chaîne et un simple cadenas, le poste de garde était inoccupé. Un treillis de fil métallique ceinturait la cour, les bâtiments de l'administration, les laboratoires, les ateliers et un plateau de structures orbiculaires hérissé de valves. Le seul signe de vie était un souffle de vapeur sortant de quelque soupape dans un mur éloigné. On était entre la nuit et le lever d'un jour qui s'annonçait triste et froid.

La soirée du lieutenant Victor Thomas avait été calme. En prenant son service, il n'avait trouvé que le silence dans l'amphithéâtre du BLOC (Base de liaison, opérations et contrôle); le cylindre de plexiglas était suspendu au plafond avec les lecteurs laser et les projecteurs; l'obturateur était en place sur chacun des quatre polygones-témoins. La salle aurait été complètement noire sans le clignotement olivâtre de l'écran Réseau qui faisait face à l'estrade.

Le BLOC était réservé aux grandes occasions. Thomas y avait été invité, la première fois, peu après sa promotion à la tête de la Région 1, Section IV (Renseignements et analyse/subversion/terrorisme), lors de l'enlèvement du consul d'Iran. Il avait eu un rôle de spectateur, car le directeur Fraser avait pris charge de l'affaire, orchestrant à la console centrale un spectacle de haute virtuosité. On avait identifié toutes les personnes qui dans les douze mois précédents avaient franchi le seuil du Centre populaire iranien et de l'Institut Khomeiny; effectué le recoupement avec celles qui durant la même période avaient fréquenté la Librairie du peuple, ainsi qu'avec la liste permanente des agitateurs et terroristes. On était ainsi parvenu à isoler une vingtaine de noms; une douzaine d'individus avaient été facilement retracés et interrogés; les autres, introuvables, étaient devenus les présumés ravisseurs. Fraser avait ordonné une mobilisation générale.

Thomas avait suivi le cours des recherches avec un certain détachement. Il lui avait semblé qu'on avait été pressé de mettre tous les œufs dans le panier du terrorisme; les messages des ravisseurs lui avaient paru insolites, pour ne pas dire suspects; la férocité du vocabulaire palliait mal à ses yeux une évidente vacuité politique. Mais il s'était bien gardé d'offrir un avis que Fraser ne lui avait pas demandé; surtout pas devant les représentants des services secrets iraniens assis dans la galerie des observateurs avec un homme aux épaules courbées, les cheveux blancs coupés en brosse, qui avait l'air de somnoler. «Il a bien vieilli...» Thomas n'avait pas vu Jacques Dufour depuis des années. «Il ne connaît pas les trois quarts des officiers qui sont ici.»

L'affaire avait eu un dénouement inattendu. Le directeur de la Région 6, Section II (Protection de la personne et de la propriété) avait demandé l'antenne depuis une petite ville de province. On l'avait fait attendre près d'une heure pendant que Fraser suivait la piste d'un présumé terroriste. Quand on avait enfin, avec impatience, trouvé une minute pour le subalterne de province, celui-ci avait annoncé la libération du consul, trouvé dans une maison de ferme indiquée par un informateur; les ravisseurs étaient de simples bandits qui cherchaient à financer une livraison de drogues... La nouvelle avait provoqué dix secondes de stupeur glaciale, tranchée d'un coup par les applaudissements des Iraniens, qui avaient entraîné le reste de l'assistance... Deux mois plus tard, le directeur de la Région 6, Section II, avait été promu capitaine et exilé à la Commission consultative sur la révision du code pénal, ce qui à toute fin pratique mettait fin à sa carrière. La leçon n'avait pas été perdue pour Thomas : rien n'importe tant à la hiérarchie que l'image de son omnipotence. Tout n'est qu'image, illusion, nuage. Jeux d'ombres; derrière l'ampleur des dimensions et l'opacité des formes, il n'y a qu'articulations rabougries et fils ténus, intrigues et manigances.

Après avoir vérifié que tous les circuits du BLOC étaient en ordre, les bonnes fréquences disponibles, et signé le registre à cet effet, Thomas avait gagné son bureau. Il avait lu des rapports, fait quelques téléphones, étudié rapidement des dossiers. La routine. À minuit et une minute, l'imprimante de la section s'était mise en branle :

SN/DG
10.009.462/

TRANS.DIF.
DR/SC/ IV/R2
PR 8/ET 6/DISP 3/
CRUCIANI DANIELO/ FL 684.855.2/ CRUCIANI WELDING/ FL 154.322.3/INFO FINANCE GROUPE#ORDRE ET JUSTICE#/ IMPL REF 684.855.3/ ACC/ STOP

L'opérateur avait accusé réception, inséré la copie jaune dans le livre de son quart, déposé la copie bleue dans le fichier général et remis la copie blanche à Thomas. «Voulez-vous les dossiers maintenant?» Thomas consulta l'horloge murale. «Non, merci…» Il glissa le message dans le tiroir de son pupitre. Priorité 8 aurait pu se traduire par : dans vos loisirs. Ou à peu près, puisqu'on avait utilisé la transmission différée. État 6 : demande de renseignements sans lien avec une opération en cours. Disposition 3 : implantation d'un informateur. Routine. Dans le passé, Thomas aurait été agacé de se faire annoncer par la Direction générale l'existence d'un nouveau groupement politique, si insignifiant fût-il, dans son propre secteur. Avec copie à O'Leary, évidemment, le supérieur immédiat, qui dirait : «Premièrement, c'est quoi ça?» Thomas ne savait rien du groupe Ordre et Justice et rien de Danielo Cruciani. Mais il avait appris que, loin de lui nuire, ce genre de situation le servait; la Direction générale n'apprécierait pas un directeur de section auquel elle ne pourrait rien apprendre. Fraser et ses acolytes voulaient des subordonnés empressés au chapitre de l'exécution des ordres, et plutôt hésitants à celui de l'initiative. Thomas ne se permettait plus de l'oublier, même s'il n'arrivait pas à empêcher un petit pincement à l'estomac chaque fois que la violence de ses réactions intérieures butait contre la placidité nécessaire au rôle qu'il s'était maintenant imposé. La dissimulation était née, bien sûr dans un temps lointain, de l'ambition; lorsque l'ambition avait dépéri, atrophiée par la démoralisation sourde, larvée, répandue dans les rangs de la Sûreté, la dissimulation avait facilement survécu; elle avait trouvé un moteur plus puissant.

À une heure, Thomas quitta son bureau. À l'étage inférieur, au CERECOM (Centre régional de communications), le sergent de service lui assigna une nouvelle fréquence pour sa radio. Puis le plateau mobile le conduisit au garage souterrain. Thomas plaça son disque magnétique d'identité à l'extérieur du pare-brise de son automobile. Arrivé devant la porte métallique, il coupa le moteur; un signal lumineux clignota dans le panneau de contrôle. Lecture automatique du disque d'identité. Signal. Thomas articula lentement à voix haute : «Vic-tor Tho-mas». Identification vocale. Signal. Thomas retira le disque du pare-brise et l'inséra dans une fente de boîte à lettres sous le panneau; il n'en reprendrait possession qu'à son retour dans l'édifice. Tous les clignotants s'éteignirent, la porte glissa devant l'automobile.

À son appartement, il trouva une note sur la table de cuisine : «Rappelée à l'hôpital. Urgence. Ah, ah! Poulet dans le frig. Guten app. Ilsa.» Thomas grignota un morceau de viande, but une tasse de café, et s'étendit sur le divan. Il avait quelques heures à attendre et il ne craignait pas de s'endormir. À quatre heures, il se leva, se rasa, battit deux œufs dans du lait avec quelques gouttes d'essence de vanille.

Il n'avait, en vérité, rien à faire à la Watson-Belhsund. La section I (Ordre public) avait classé l'opération 'F' pour observation seulement, ce qui était voisin de l'indifférence. Mais Thomas avait conservé la feuille rose (communication intersection) envoyée par la S.I. C'était là son alibi; il l'avait déjà insérée dans le journal de la section avec les annotations appropriées pour le bénéfice de la BGD. Les membres de la cellule pourraient également justifier chacun à sa manière l'hiatus d'une heure qui se produirait dans leur emploi du temps... si *on* se donnait le mal de le découvrir, puis de s'en inquiéter. Une heure, c'était suffisant pour la réunion : un cadre rigide qui imposait sa propre discipline; on n'avait pas le temps de palabrer. Il n'y avait d'ailleurs aujourd'hui qu'un seul point à l'ordre du jour : autoriser la création d'une deuxième cellule.

Thomas avait mis un an à constituer la première cellule de ce qu'il avait appelé le Groupe Talion. Un travail de longue patience, soutenu par une rage froide attisée par l'érosion de l'autorité, que rongeaient les manœuvres byzantines des politiciens et de leurs domestiques aux échelons supérieurs de la Sûreté, et par l'éveil du pouvoir parallèle qu'il lui était possible d'exercer. Un pouvoir minuscule, sans doute, il ne nettoierait jamais à lui seul les écuries d'Augias; le bâtiment était trop vaste, il avait trop de racoins obscurs et les immondices y étaient trop incrustées. Mais un pouvoir quand même, en premier lieu et par-dessus tout sur sa propre existence, et qui se définissait par la concordance du vouloir et de l'agir. Il ne lui importait donc pas que ce pouvoir demeure occulte. En vérité, il eût préféré être seul, être en quelque sorte le justicier secret, l'ange vengeur qui ne se manifeste que par les effets de son passage. Il avait été forcé, par des contraintes pratiques que son esprit méticuleux lui avait fait reconnaître, de se trouver des partenaires, d'abord un camarade de promotion à l'École nationale de police, qui avait recruté un ami; puis Thomas avait été approché par un «vieux» qui avait occupé un poste quelconque dans le Syndicat des policiers, où il passait pour un radical; ce dernier était très vite devenu le plus chaud partisan de l'expansion du Talion. Et Thomas s'était laissé entraîner. Sans s'interroger, ce qui n'était pas dans sa nature, sur le malaise qui l'avait tiraillé pen-

dant quelques semaines à ce sujet et qu'il avait fini par étouffer dans le succès de ses deux premières opérations; l'hésitation à laisser échapper une partie de l'entreprise qui ne serait plus totalement et exclusivement sienne; le
doute sur l'opportunité de multiplier les risques pour des avantages aléa-
toires; peut-être aussi une certaine répugnance à élargir ses responsabilités,
son devoir, ses obligations morales, à un plus grand nombre d'hommes.
Thomas n'aspirait pas à devenir chef d'un mouvement ou de quoi que ce
soit qui suppose ne serait-ce que des atomes d'idéologie, des éléments de
programme et des fragments de structure; c'eût été glisser dans le cloaque
de la politique.

— Sauriol!

Allen s'était retourné.

Un petit homme rondelet, un visage placide sous une tuque de laine, des
bottes qui soulevaient la neige comme si les pieds traînaient sur le trottoir.
Gros-Delard.

— Qu'est-ce que tu deviens?… Hé, j'ai vu Rusty. Y est sorti de l'hôpital.

— Ah…

— Comme du neuf. Y s'est informé de toi.

Pour Gros-Delard, c'était presque de l'éloquence.

— Ils lui ont dit que tu l'avais sauvé. T'as donné du sang…

— Il n'y avait personne d'autre.

Sauriol n'était pas d'humeur à brasser les sentiments.

— Le boss? demanda Gros-Delard. T'as revu le boss?

Ni les souvenirs.

— Non.

Ni à se faire taper pour une bière.

— Moi non plus. La business est sus le cul, comme de raison. Mais j'sus
pas en peine pour lui… Qu'est-ce que tu fais?

— Rien.

— Y oubliera pas ça.

— Qui?

— Rusty… T'as du travail?

— Non.

— Y s'est informé de toi… Écoute, si tu veux, c'est pas dans ta ligne, mais
si t'as besoin de…

Rendez-vous le lendemain à six heures; un autobus transporterait à la
Watson-Belhsund une équipe chargée, supposément, d'assurer l'entretien
des bâtiments. Une excuse pour franchir de force la ligne de piquetage. Au

moins une journée de paie. Gros-Delard y serait; il y aurait de la place pour un ami.

Sauriol avait noté que Gros-Delard avait l'air bien nourri. C'est une chose, pensa-t-il, qu'on observe quand on a faim. Pas faim comme ceux qui souffrent de famine et qui de ce fait en vérité ont cessé d'avoir faim. Faim comme qui mange mal et avec parcimonie. Pourquoi avoir remarqué chez Gros-Delard ce qui n'avait rien de remarquable? Gros-Delard était demeuré semblable à lui-même. Et même si... Quelle importance? Pourquoi s'arrêter aujourd'hui à des pensées saugrenues qu'il aurait eu honte hier seulement d'entretenir? Il ne s'était jamais préoccupé de la qualité, et pas davantage de la quantité, de ses repas. Cela n'avait jamais eu d'intérêt pour lui dans le passé, et n'en avait pas plus maintenant. Alors, que lui prenait-il de divaguer? Et sur un prétexte aussi minable? Parce qu'il était rongé insidieusement par des inquiétudes qu'il répugnait à s'avouer à lui-même? Le plus clair de ses maigres réserves passait au loyer. Un logement anonyme dans une longue rue s'étirant entre deux murailles de brique incolore, les flancs garnis de balcons identiques et d'escaliers en tire-bouchon. Une stratification minérale hostile même à la neige, qui n'y survivait que sous la forme de poussière grise, et la glace, de granulite. Un logement de cinq pièces, dont deux étaient complètement vides. Une pièce qu'il appelle son «bureau», un ancien pupitre de bois avec quatre tiroirs, des étagères sur lesquelles il range et ré-arrange régulièrement les livres accumulés depuis quinze ans. Une folie. Un symbole. Une bouée à laquelle Sauriol s'agrippait. C'était sa tanière. Le refuge du silence et de la solitude libératrice, l'abri contre les promiscuités délétères des maisons de chambres, des résidences coopératives, des centres communautaires, où le tableau vivant d'une déchéance collective justifiait, autorisait en quelque sorte, l'abdication individuelle... Il était fait, lui, pour autre chose. Il était différent. Pas meilleur, c'eût été de la vanité. Différent, c'était de l'orgueil. Un orgueil muet, têtu, farouche, qui ne pouvait être blessé que, pour ainsi dire, de l'intérieur. Le jugement des autres ne le touchant pas, il ne leur concédait rien en pliant devant eux; un échec n'était jamais une déroute, ni une rebuffade, une humiliation. Il évoluait, lui Allen Sauriol, dans une autre arène. Il ne doutait pas qu'il échapperait un jour au grenouillage qui est le lot du commun des mortels; il ne se permettait pas d'en douter. Ce qui secrètement l'exacerbait, c'était le retard de son destin à se manifester, de l'inévitable à se produire.

Depuis l'incident qui avait provoqué la fermeture de Cruciani Welding, les semaines avaient été occupées. D'abord à des futilités; interrogatoires de l'enquête de police qui, évidemment, n'avaient mené à rien; on avait même laissé entendre que le patron ne pouvait s'en prendre qu'à lui-même, il aurait eu la paix s'il avait eu le bon sens de l'acheter; quant à un mort, un de plus, un de moins au palmarès. Puis, à la quête d'un emploi. Au début, avec une certaine désinvolture... Allen Sauriol n'avait jamais eu d'emploi qu'il ait jugé à sa mesure, encore moins qui ait été conforme à ses goûts. La notion de satisfaction au travail n'était jamais entrée en ligne de compte; on travaille parce que c'est la condition humaine, parce qu'il est avilissant de vivre aux crochets de quelqu'un d'autre, et davantage aux crochets de la société. Tant mieux pour les finauds qui, au fait des méandres de la législation sociale et des trucs pour l'exploiter, se font entretenir. Tant mieux pour les bien pensants qui, les défendant, croient se faire pardonner leur aisance; tant mieux pour les politiciens qui, sachant tout, ne voient rien. La turpitude générale n'abolit pas le devoir individuel de préserver sa dignité. À quel prix?

— Laissez votre nom, et si jamais... on verra.

— Laissez votre nom, et si jamais...

— Laissez votre nom.

La première neige avait semblé adoucir le temps. Elle avait paré les arbres de filaments diamantés et éphémères, ondulé les contours de la ville, le tracé des trottoirs, les assises des édifices, arrondi les aspérités de métal sur les terrains vagues, coloré de blanc la grisaille universelle.

Le début de l'hiver est comme le début du sommeil; on glisse mollement dans une nouvelle dimension où ne subsiste que la certitude, la tangibilité du repos. Les cauchemars apparaissent plus tard.

Après la désinvolture dans les milieux familiers, le flegme aux premières marches de l'inconnu.

— Expérience?

— Sept ans à mon dernier emploi.

— Où?

— La compagnie n'existe plus, parce que...

— Ah.

— Avez-vous pensé aux bureaux de placement du ministère...?

L'engrenage de la sinistre bureaucratie. On va frapper à d'autres portes.

— Pas pour le moment. De toute façon, en attendant, vous avez la rente...

— Je l'ai pas demandée.

— ... ah.

— Je suis pas un parasite.

Le regard de méfiance. Le chômeur normal n'a pas l'âme si délicate. Une mignardise, peut-être? Alors, de mauvais goût. Ce type est bizarre. Possiblement un syndicaliste secret. Ou un informateur à la solde de quelque service de l'État. Du pareil au même. De toute façon, il n'a pas le poids rassurant; plus gras, il aurait quelque chose à perdre, et promettrait ainsi d'être tranquille; plus maigre, quelque chose à gagner, et risquerait d'être patelin.

— Pas pour le moment.

La neige avait perdu sa première fraîcheur; les flocons à faces étoilées s'é-
taient desséchés et racornis en globules grossiers. Le soleil l'avait fait disparaître de l'asphalte, du métal et du béton; elle persistait du côté de l'ombre sur les balcons, dans les cours et les ruelles. Dans les espaces libres, des
touffes de végétation morte, hérissons mélancoliques, perçaient les vallées
terreuses entre les bancs de neige.

Après le flegme, la perplexité, puis l'agacement, puis les premières notes
d'alarme, une fébrilité contenue au seuil de ce qui facilement deviendrait
panique; le compte de banque qui s'amenuise, fond et, subitement, a disparu. On dit «vivre d'expédients». Dans les livres. Comme si les expédients
étaient toujours là, disponibles, et qu'on n'avait qu'à s'en saisir. «Nommez-
en un!» Comme s'il n'en tenait qu'à soi de mettre en œuvre ces «moyens
anormaux et indélicats» dont on assure qu'ils font subsister. On ne se laisse
pas filer sur une pente douce jusqu'à l'improbité; si c'était si facile, il n'y
aurait guère d'honnêtes gens; on s'y hisse à force de bras, ou on y est propulsé par les événements. Les faibles et les malchanceux restent vertueux, arra-
chent leur croûte à des emplois minables, ou se retrouvent un matin, avec
une trentaine d'autres ratés, dans un autobus aux fenêtres masquées, roulant
vers une usine immobilisée par une grève.

La nuit se fait plus oppressante aux petites heures des matins d'hiver.
L'activité humaine a quelque chose d'incongru dans le noir; même la banali-
té y acquiert un caractère clandestin, presque délinquant. Victor Thomas
avait compté ne faire qu'un saut devant la Watson-Belhsund, le temps d'être
repéré par les observateurs de la Section I, le temps de fonder son alibi. Les
larges avenues du parc industriel étaient désertes, puits d'encre percés
devant les phares de sa voiture par une poussière de neige tourbillonnant en
cônes et spirales. Puis, à quelques mètres de l'entrée principale de l'usine, la
silhouette d'une camionnette de Télé-Cité, le toit bardé d'antennes.

La lumière des phares dans le rétroviseur avait alerté Pascal Pothier, qui
s'étirait en bâillant à côté du caméraman endormi. L'automobile s'était
arrêtée à bonne distance; les phares s'étaient éteints; personne n'était des-
cendu. «Police, fit Pothier, une seule voiture.» Ça ne présageait rien de spec-
taculaire. Il commença à soupçonner que son informateur avait voulu se rendre intéressant.

Victor Thomas était tout à fait éveillé. L'absence de la Section I était
étrange après la note de service de la veille. Quelqu'un n'avait-il cherché
qu'à couvrir... quoi? Simple retard? Incompétence? Si les hommes de la

Section I s'étaient défilés, il ne lui resterait pour créer une diversion qu'à signaler leur absence. Procédé désagréable entre sections, chacun ses oignons et je ne suis pas le gardien de mon frère, mais l'époque n'était plus aux épanchements de solidarité. L'intéressant, c'était Télé-Cité. Ces gens-là — Pascal Pothier? on verrait bien — ne se déplacent pas sans motif. Le chasseur était à l'affût.

— ... son viejos.

— Unos vienen, otros van : asi es la vida.

Allen Sauriol se laissait bercer sur la banquette du vieil autobus, somnolent, indifférent aux corps entassés autour de lui. «... confianza mas que en sus amigos.» Gros-Delard l'avait pris sous son aile et inscrit dans le groupe réuni peu après quatre heures dans un entrepôt désaffecté. Une quarantaine d'hommes. En majorité des Latinos, trapus, cuivrés, moustachus, qui se connaissaient tous; parmi les autres, quelques Turcs, quelques Asiatiques. Le briefing avait été court : «You get in. You stay in. Till we get you out. Clear? Cops know all about it, you got no problem. Usual bonus for cuts and bruises and broken bones. Ah, ah! Right. Tiny's your boss. Understand? Tiny, your boss! Comprendo?»

Victor Thomas tourna la tête. Deux points jaunes, loin derrière. Subitement, de nouveau la nuit. À quoi sert de couper les feux lorsque le vacarme hoquetant du moteur clame votre approche? Le long poids lourd passa en trombe, frôlant la voiture de Thomas, et s'arrêta brusquement devant la grille de l'usine.

Allen Sauriol s'était assoupi. «Ce gars-là», pensa Gros-Delard, fasciné, presque ravi, «a pas de nerfs.» Il sentait la tension croître autour de lui depuis le départ; l'effet d'être encoffré dans un véhicule emporté dans le noir, les occupants des premières banquettes étant les seuls à entrevoir la route; l'appréhension de l'inconnu et du trop connu, en quelque sorte interchangeables, de la violence dont on ne pressent à distance que l'absurdité. Sauriol semblait dormir. Il avait eu un sursaut de colère intérieure lorsqu'il avait compris la nature du travail décroché par Gros-Delard. Mais il s'était ressaisi. Avait-il été dupe? De quoi, en vérité? Des bonnes intentions d'un individu qui pour des raisons obscures désirait lui rendre service? Sauriol n'ayant aucun sentiment à l'endroit de Gros-Delard, ni sympathie, ni animosité, ni curiosité, il imaginait mal que l'autre pût en avoir à son égard. Il n'était pas touché; il avait besoin d'argent, ça n'allait pas plus loin. Il se laissait porter par des événements qui ne le concernaient pas.

Le temps figé. La nuit et le silence enveloppaient l'usine, le long poids lourd, la fourgonnette de Pascal Pothier, la voiture de Victor Thomas, blocs immobiles sur la scène d'un théâtre abandonné.

Le temps ranimé.

Un homme avait sauté de la cabine du poids lourd, coupé d'un coup de cisaille la chaîne de la grille, poussé les battants et regrimpé derrière le volant. Le poids lourd contourna rapidement le poste de garde, fila dans le passage séparant les bureaux de l'administration d'un bâtiment sans fenêtre et disparut, avalé par la nuit.

Pothier, le micro à la main. «... non, je sais pas encore. Je te donne un flash pour ton bulletin-radio... C'est ça, dans cinq secondes... Ici Pascal Pothier, devant l'usine de la Watson-Belhsund, dont les deux mille employés sont en grève depuis maintenant onze semaines. Peu avant six heures ce matin...»

Le vent s'était élevé petit à petit par bourrasques intermittentes, chacune soufflant plus fort que la précédente; les volutes de neige devenaient plus denses. Thomas baissa la vitre de sa voiture; la chaufferette fonctionnait mal et il commençait à suffoquer.

La chaleur produite par les corps pressés les uns contre les autres montait dans l'autobus qui approchait de l'usine. «Qué calor!» Quelqu'un avait tenté de lever une fenêtre, mais sans succès. Le plancher demeurait glacial. «... hay que ir a la corrida.» Quelques rires incertains, «pero qué sol!» Sauriol, machinalement, se prit à battre des pieds. «Como se llama el matador?» avec des roulements de pupilles vers l'avant de l'autobus. Des rires étouffés, «Tai-ni», les têtes se détournant de l'individu, debout sur le marchepied, qu'on leur avait donné pour «chef».

Tiny Orchuck était plus grand qu'il en avait l'air; la rondeur musclée des épaules, la carrure de la tête, les cheveux noirs minces et rares léchés sur le crâne, la lenteur des gestes, contribuaient à l'illusion d'optique. Il portait une boucle d'or à l'oreille gauche.

Orchuck ne craignait rien des prochaines heures; il savait qu'elles ne lui réservaient aucune surprise. Il avait vite évalué la qualité de ses troupes; des vétérans, mais pas l'élite, et même quelques novices, dont le plus petit et le plus maigre semblait dormir sur la banquette. Orchuck eût préféré les vrais professionnels, ceux qu'on gardait en réserve pour la deuxième phase de l'opération. Il commandait la première vague, les sacrifiés, les innocents. Personne ne s'attendait à ce que cette bande de Latinos, mélange d'insouciance, de férocité et de couardise, fasse preuve d'héroïsme. On ne leur en demandait pas tant. Il suffisait de provoquer le syndicat. L'objectif était de résister juste assez longtemps pour inciter l'adversaire à mobiliser le gros de ses forces. C'est alors, le syndicat ayant clairement assumé la responsabilité de la violence, qu'on ferait donner la réserve. Ensuite? Ensuite, on est payé et on recommence ailleurs. Il n'y a pas d'après, sinon que l'après est semblable à l'auparavant. Orchuck se considérait lui-même comme un mercenaire, le seul état qu'il jugeait digne d'un homme libre. Il vendait librement ses services; l'acheteur ne devenait pas un ami, encore moins un maître. Pourtant, même un mercenaire peut avoir des coquetteries, qu'il appellera des «principes». Orchuck choisissait toujours ce qui servait sa conscience; pour lui, l'important était de combattre et d'écraser les termites de la société, les fauteurs de désordre, syndicalistes, anarchistes, nationalistes, journalistes, tout ce qui ne se meut qu'en meutes, tout ce qui braille, revendique et manifeste, toutes les femmes laides et grosses et mal lavées qui défilent dans les rues en brandissant des pancartes, des enfants morveux sur le dos. Ce n'était pas de la haine; on ne hait pas les coquerelles; leur vue offense, mais on ne les hait pas. Tiny se serait considéré, s'il avait cru utile de se définir, comme un entrepreneur en fumigation sociale. Un métier nécessaire.

«Qué pasa?» L'autobus avait stoppé devant l'entrée de l'usine, la vibration bruyante du moteur ponctuée à l'arrière par des hoquets de vapeur blanche.

Thomas avait déjà composé sur le clavier de bord ses lettres d'appel au CERECOM. Il n'avait qu'à patienter. Les deux véhicules du Cirque, avec leurs batteries de caméras et de capteurs de sons, seraient là pour la foire. Il avait été bien servi par le hasard.

Orchuck demeura immobile, les deux mains enserrant la barre de métal fixée au-dessus du marchepied. Il regardait la barrière ouverte, la chaîne coupée et le cadenas fracassé. Il avait vu l'automobile avec un seul occupant, la camionnette de Télé-Cité… L'arrêt avait tiré Allen Sauriol de sa torpeur. Tendant le cou, il aperçut l'entrée de l'usine, le sol balayé par une neige légère dont les flocons brillaient furtivement en traversant le tunnel lumineux percé par les phares, et une rigidité soudaine dans la posture de Tiny Orchuck.

Pothier s'était dressé.

— Ça y est!

Le caméraman bâilla, consulta sa montre; avec un peu de chance, il en avait encore pour quelques heures, et le tarif du temps supplémentaire ajouté à la prime de nuit.

Pour Pothier, comme simultanément pour Victor Thomas, il n'y avait plus de doute. L'insolite est le présage certain d'un dérangement. L'événement ne paraît jamais de façon spontanée, il a pour précurseur le foisonnement d'incidents disparates que le temps pousse et rassemble peu à peu jusqu'à ce que, un seul point de convergence ayant été atteint, leur somme les transmue en avalanche. L'art est de déceler le mouvement à sa naissance. Le poids lourd qui avait disparu derrière l'usine, l'autobus immobilisé à l'entrée de la cour, l'automobile de Thomas, la fourgonnette de Pothier avaient dansé, chacun à son insu, une sorte de ronde, prélude à un événement qui n'attendait pour se produire qu'une dernière impulsion du temps.

L'incertitude exsude une odeur particulière à son point d'origine qui, se communiquant d'un corps à un autre, se transforme avec l'éloignement et devient indistincte de celle de la peur. C'est à l'arrière de l'autobus que le silence se fit tout à coup suffoquant; il se propagea de banc en banc jusqu'à Orchuck qui le sentit du bout de l'instinct comme on sent du bout des pieds sur le sable le premier lapement de la vague annonçant la marée montante.

Orchuck se retourna.

— Khaled! Chopra!

La digue jetée devant la marée, l'action qui dissipe l'incertitude. Orchuck avait mis quelques secondes de plus que Thomas et Pothier à assimiler l'inattendu, parce qu'il lui manquait un élément connu des deux autres, le poids lourd, dont il lui avait fallu en quelque sorte déduire l'existence.

— Move!

Les deux hommes, qu'Orchuck appelait ses sergents, se frayèrent un chemin jusqu'à l'arrière. «Get up! Get up!» Ils refoulèrent dans l'allée les occupants de la banquette et levèrent le siège.

— So, it looks like there's going to be a reception committee!

La voix claire d'Orchuck résonnait au-dessus de l'alarme à demi naissante, déjà à demi avortée.

Les sergents distribuaient les barres et les crochets de métal, les massues, les bâtons couronnés de pointes d'acier, qui passaient d'une main à l'autre avec un accompagnement de petits rires aigus, isolés, fusant inopinément et aussitôt refoulés. Sauriol et Gros-Delard héritèrent chacun d'un crochet à court manche qui ressemblait à une crosse d'évêque qu'on aurait sectionnée.

— I've just one thing to tell you…

Orchuck avait maintenant au poignet une courroie de cuir retenant une boule de fer.

— No mercy, you hear! The surest way to end up at the hospital is to turn your back. Remember that. No mercy!

Thomas regarda l'autobus démarrer, s'engager rapidement dans la cour, suivi par la camionnette de Télé-Cité. Les deux véhicules brillèrent un moment sous la lumière de leurs propres phares réfléchie par la neige et les bâtiments, et disparurent. Pendant quelques secondes encore des reflets perdus miroitèrent entre deux murs.

Le bureau du président de la Commission nationale de la protection publique avait été aménagé pour un sous-ministre, qui avait été relogé ailleurs, en divers tons de brun et de beige, avec des meubles anciens, dont une grande table de chêne derrière laquelle se trouvait un fauteuil berçant lourdement rembourré. Il occupait l'angle sud-ouest du dernier étage, que les subalternes désignaient simplement comme l'Étage, d'un immeuble baptisé le Bunker par les médias; il avait six grandes fenêtres teintées à l'épreuve des balles; la vue donnait d'un côté sur un parc et le fleuve, de l'autre sur l'édifice de l'Assemblée nationale. Dufour avait placé son fauteuil de façon à ne voir que le fleuve et sa rive opposée où se détachait la silhouette d'un village ramassé autour d'un clocher; il lui arrivait de passer des heures assis, les mains jointes sur le ventre.

— … le projet de Rapport annuel pour la Commission parlementaire.

Le lieutenant Jocelyne Jost déposa sur la table les quelques pages tenues par des anneaux entre deux cartons.

— Sans les annexes. Mais si vous désirez y jeter un coup d'œil…

Dufour fit une moue.

— Tout a été vérifié? Vous en êtes satisfaite?

— Oui.

— Parfait.

Dufour souleva un carton, lut quelques lignes.

— Je vous le remets plus tard.

Les deux tableaux qui décoraient les murs étaient des œuvres empruntées à la réserve du Musée national, sans grande distinction, mais dont le coloris s'harmonisait avec les meubles.

Jost déposa d'autres documents sur la table.

— Les états financiers, approuvés par la Commission de contrôle du Trésor.

— Classez.

— Le nouveau budget d'investissement. Avec les estimations révisées pour la liaison du Réseau avec le satellite Orion.

— Ah.

— Le budget d'opération...

Dufour leva les sourcils.

— J'ai vu le sous-ministre, dit Jost.

— Parfait.

Dufour n'avait rien changé du décor. Il n'y avait apporté aucune touche personnelle, aucun bibelot, aucune photographie. C'était sa façon de marquer son détachement, de souligner qu'il était là de passage. Ou peut-être plutôt de donner l'image de quelqu'un qui se considère de passage.

Les documents resteraient sur la table et Jost les reprendrait à la fin de la journée, après le départ de Dufour, sans savoir s'ils avaient été lus.

— Alors, aujourd'hui?

— Avant-midi libre. À treize heures, le ministre vient déjeuner. Le steak sera cuit. Très cuit.

Dufour sourit.

— Pour moi, assiette de légumes.

— C'est commandé.

La radio à piles, incongrue au milieu de la table, que Dufour avait achetée de ses propres deniers, n'était pas l'affectation d'excentricité que certains y voyaient. Pas plus que son ordre de retirer du bureau les écrans cathodiques, imprimantes, appareils de courrier électronique et autres outils de communication, toutes ces béquilles des cerveaux infirmes.

— Enfin, à quinze heures, monsieur Rocheleau, de l'A.R.S.N...

Dufour consulta sa montre, étira le bras vers la radio. Durant les premiers mois de ce qu'il appelait sa première retraite, il avait contracté l'habitude d'écouter les bulletins de nouvelles, qui était devenue une sorte de manie; il n'avait pas eu envie, en reprenant le collier, de s'en priver.

— Mais vous aussi, lieutenante, serez un jour membre de l'Association des retraités. Et vous vous intéresserez au rendement de vos placements. Et à toutes sortes de petits problèmes qui vous paraissent aujourd'hui dérisoires. Et vous ne refuserez pas votre aide à vos anciens collègues... Du moins, je l'espère.

Le même boniment chaque fois que Rocheleau s'annonçait. Avec chaque fois de nouvelles enjolivures. Comme pour justifier l'intérêt porté à l'Association des retraités de la Sûreté nationale, l'A.R.S.N. Une affaire de vieux. Jost n'était jamais tombée dans le piège de la protestation; elle laissait parler Dufour avec un œil poli, sans plus. Un vieil homme dépassé par les événements, occupant un poste essentiellement honorifique, exerçant une autorité largement factice... et trouvant dans le calcul de l'indexation de sa pension une activité à sa mesure.

Jost n'avait qu'à se retirer, elle tourna les talons.

La voix hystérique, fusant du récepteur, l'arrêta.

«... tout près de moi. Il est par terre. Il a le visage en sang. Les policiers frappent. Les hommes qui sont par terre. Avec des bâtons. C'est un massacre. C'est effrayant. Ils frappent. Un policier vient de tomber, il a été pris par derrière. Un autre. Les ouvriers essaient de se défendre. De ma passerelle, je vois... je vois...»

Une pause. Ponctuation de dissonances métalliques, de cris isolés, éloignés, rapprochés, emmêlés de clameurs indistinctes. Jost s'était retournée. Dufour avait les yeux clos.

«... Je suis sur le plancher. Les policiers poursuivent les grévistes... Sans défense. Ils frappent. Un groupe d'hommes est cerné dans un coin de l'usine. C'est sans issue. Ils ont le dos au mur. Les policiers frappent. D'autres arrivent. J'en vois d'autres qui arrivent... Mon Dieu! Mon Dieu, non, arrêtez... Arrêtez, c'est moi... c'est...»

Un long grincement. Une cascade de bruits sourds.

Et le silence.

Qui se prolonge.

Une voix nouvelle, calme.

«On a coupé. Nous avons perdu le contact avec notre reporter Pascal Pothier. Nous vous reviendrons dès que possible, directement de l'usine de la Watson-Belhsund. Pascal Pothier est sur les lieux. Vous écoutez la radio de Télé-Cité, toujours à la pointe de l'information. Demeurez aux écoutes. Dans quelques minutes, la météo...»

Musique.

Dufour n'a pas bougé.

Jost sortit rapidement du bureau, refermant la lourde porte capitonnée qui isolait Dufour dans son cocon.

Ballet.

Des pailles que la bourrasque a jetées une à une dans le cours d'eau, Orchuck, Khaled, Sauriol et Gros-Delard, dispersées puis ramassées par le remous, tournant sur elles-mêmes, agglutination accidentelle et sporadiquement cohérente.

Quatre hommes dos à dos comme un carré de légion romaine, au centre du hangar sous la poutrelle de la grue, glissant, coulant entre les moulinets excentriques de la cisaille, de la masse, du crochet, du harpon brandis par une seule créature aux vingt faces anonymes, vers la rampe du quai de chargement, muets au cœur de la clameur du métal, amas de pailles butant contre des insectes aquatiques.

Khaled, replongé dans le cauchemar ancestral des troubles raciaux du Punjab où la violence aveugle est à la fois injustifiable, incompréhensible, naturelle et subie ou exercée sans questionnement, cauchemar qu'il avait cru exorciser par l'exil, et dont il acceptait maintenant qu'il s'attachât à lui comme une tare.

Sauriol, l'esprit flottant au-dessus d'une mêlée qui ne le concerne pas, observateur détaché de la mécanique de son propre corps.

Dans une intumescence de poussière, avec la même féroce indifférence, ils frappent, refoulés entre les articulations inertes des robots, la console de contrôle du pont roulant, jusqu'au mur, l'obstacle qui subitement écrase, aplatit le carré. Carré disloqué et maintenant, pour dix secondes, vulnérable.

Gros-Delard, extatique dans la pratique d'un sport élémentaire aux règles simples, ivre d'une sorte de lyrisme de la camaraderie du combat, transporté non par l'abomination de l'adversaire mais par un immense sentiment d'amour.

Des vitres éclatent, un coup de vent balaie la poussière en tortillons turbulents. Les quatre hommes s'écartent du mur, sauvés par le chaos des duels enchevêtrés qui se livrent autour d'eux, reforment le carré, pivotent en direction de la rampe, le corps n'enregistrant pas plus les coups reçus que les coups aveuglément assénés à tout ce qui bloque le passage, torses, établis, machines, têtes, trébuchant dans le croisement des rails sur des formes humanoïdales.

Orchuck, chevalier blanc dans un cloaque où grouillent sous des formes nouvelles les monstres polymorphes qui ont hanté une lointaine enfance, pourfendant, écrasant le mal, reflet d'un sentiment diffus, inavoué, d'une culpabilité sans objet reconnu.

La rampe enfin gravie, Orchuck, Gros-Delard, Khaled, Sauriol, dos au portail, les bras arqués soulevant le marteau de fer qui retient les vantaux. Les deux battants grincent dans leurs charnières, s'écartent. Un rectangle d'aube se découpe au-dessus de l'arène, frangé dans le bas par une striure de casques noirs, visières translucides, pavois paraboliques, choreutes silencieux du groupe d'intervention tactique dont l'apparition dans le champ de neige signale la chute imminente du rideau.

Victor se laissa choir dans un fauteuil de la dernière rangée de la salle de projection. Deux techniciennes sont assises au centre, chacune devant un poste de travail contenant un petit écran, une planche lumineuse quadrillée, une souris et un clavier. Thomas tira devant lui la table mobile de contrôle aux boutons lumineux rouge, vert et jaune. Une commande et le mur encadre deux écrans géants; sur l'un, l'image; sur l'autre, les coordonnées correspondantes.

BGD/CIRQUE
PROG HELIOS!
CONF VRAC/WATSON BELHSUND
L'image fixe de l'usine, premier photogramme de la bande prise le matin même. On est prêt.
TEMPS RÉEL 07 06 24
PHOTOGRAMME 000 000 000 001
Les images se succèdent au ralenti, s'arrêtent sur commande de Thomas chaque fois qu'une figure nouvelle apparaît. La tête est captée dans un cercle rouge manœuvré par l'une des techniciennes, tandis que l'autre transcrit les coordonnées; image et coordonnées sont transposées sur le petit écran, codées et transmises simultanément au Fichier central et à une imprimante de la Section. Les individus ainsi repérés seront classés un à un au cours des interrogatoires sommaires qui se dérouleront dans les prochaines heures. Quant à ceux qui auront échappé à l'arrestation, leurs fiches seront passées au crible du Programme d'identification anthropométrique. À la fin de l'opération, il ne restera que quelques «inconnus»; un jour ou l'autre, quelque part, à l'occasion d'un rassemblement politique ou syndical, d'un enterrement, d'un mariage, d'un événement sportif, d'un accident de la route... ils seront photographiés, identifiés et enfin proprement catalogués.

La porte se referme derrière Sauriol. Il se trouvait dans une petite salle au plafond bas, aux murs verts; au centre, une table nue, deux chaises. La réalité qui imite le cinéma. Debout devant lui, un homme ni grand ni court, ni gras ni maigre, les cheveux blonds, le sourcil pâle, la lèvre mince. En civil.

— Lieutenant Victor Thomas. Asseyez-vous, s'il vous plaît.

Le ton n'était ni froid ni cordial.

— Vous savez que vous ne pouvez être détenu plus longtemps qu'il n'est nécessaire pour enregistrer un avis de comparution? Et que vous pouvez refuser de faire toute déclaration?

— Oui.

— Consentez-vous à ce que... nous bavardions?

Allen Sauriol haussa les épaules.

Il lui semblait qu'il n'avait pas un muscle, pas un membre, qui ne soit endolori, pas un centimètre du corps qui ne soit douloureux. Il retira de la table les avant-bras qu'il y avait posés et les laissa tomber de chaque côté de la chaise; le frottement de son pantalon lui meurtrissait les jambes. Mais il avait l'esprit lucide, léger, curieusement détaché de cette misère; il sentait en même temps que, sans un effort prodigieux de la volonté, il se laisserait emporter par un torrent de paroles.

Thomas retira d'une poche de son veston une enveloppe dont il déversa le contenu sur la table : une carte bleue, quelques dollars, un permis de conduire, deux clés.

— Allen Sauriol, trente-quatre ans, sans emploi... On s'est amusé à la Watson-Belhsund?

Le regard était direct, un peu narquois.

— Non? ... Première arrestation. Même pas d'inscription à l'Assistance sociale. Un peu inattendu. Qu'est-ce que vous faisiez là?

— C'est une erreur.

— Bien sûr. Vous connaissiez Stefan Orchuck?

— Qui?

— Orchuck... Stefan, dit Tiny. Votre chef?

— Non.

— Qui vous avait recruté?

Sans agressivité. Sur le ton de la conversation.

— Personne... C'est-à-dire, quelqu'un, comme ça, au hasard, que j'ai rencontré. J'ai dit que je cherchais du travail. J'étais sous l'impression que... Bon, c'est une erreur, c'est tout. Mais une fois qu'on me tape dessus, évidemment, moi je ...

Sauriol s'arrêta brusquement. Il avait envie de parler, de raconter, d'expliquer. Mais on ne s'abandonne pas à des réflexes aussi primitifs. Il appuya le dos sur la chaise sans sourciller aux morsures des plis de sa chemise. Thomas n'était pas mécontent de cette réaction.

— C'est Adélard Dufresne, n'est-ce pas?

— Adélard Dufresne...?

— Au fond, sans importance. Mais vous avez déjà travaillé au même endroit. Cruciani Welding.

Adélard Dufresne? Gros-Delard? La liste de paie qu'on prépare cent fois avec les feuilles de temps numérotées sans retenir les noms, parce que ces gens-là ne vous intéressent pas.

— Alors, une coïncidence.

De nouveau, Sauriol haussa les épaules.

— Sans importance, répéta Thomas. Simple curiosité. De toute façon, votre fiche de détention semble s'être perdue... avec quelques autres. Ça arrive. La bureaucratie... Vous n'étiez donc pas à la Watson-Belhsund. Vous pouvez partir.

Sauriol se leva, prit possession des objets que Thomas avait posés sur la table.

— Faudrait peut-être vous faire voir par un médecin...

— J'ai rien de cassé.

Sauriol fit un pas vers la porte, se retourna.

— J'ai rien de cassé.

Il avait eu envie de dire merci mais s'était retenu.

Thomas fit un signe de la main, comme s'il venait de lui passer par la tête une idée dont il voulait faire part avant qu'elle ne lui échappe.

— Monsieur Sauriol, vous pourriez peut-être me rendre un service…

Le président de la Commission nationale de la protection publique accueillit son visiteur avec une feinte gravité.

— Mon cher Rocheleau, je suis heureux de vous voir.

Rocheleau posa son attaché-case sur un coin du pupitre.

— Pas de gros problèmes, j'espère?

— Oh, de petits problèmes, monsieur le président, comme toujours…

Il sortit de la mallette quelques chemises cartonnées qu'il jeta bruyamment devant Dufour.

— Le Comité de surveillance des placements se pose des questions.

… puis une boîte noire, mince, rectangulaire, portant sur le côté une tige métallique.

— Le rendement a baissé depuis un an, avec les conditions du marché.

Il élongea l'antenne télescopique, pressa un bouton sur la boîte.

— On se demande si on ne devrait pas se débarrasser de certains titres. J'aimerais que je vous jetiez un coup d'œil sur les derniers rapports.

Rocheleau agita le bras d'un mouvement circulaire, signalant à Dufour de soutenir le dialogue.

— Oui, évidemment, certains placements se sont révélés moins profitables que d'autres, mais dans l'ensemble…

Pendant que Rocheleau faisait le tour de la pièce, promenant l'antenne le long des murs, des meubles, des lampes.

— Parfait.

— Rien?

— Rien du tout. Pas un micro. C'est blanc comme neige.

Dufour soupira.

— Ça me déçoit toujours un peu. J'aurais cru Fraser plus entreprenant.

— Ton téléphone est branché sur une table d'écoute. Pour le reste, il a Jost…

Hubert Rocheleau avait le même âge que Dufour; il avait fait une carrière d'administrateur dans la Division des ressources humaines de la Sûreté, s'occupant des salaires et avantages sociaux; il avait eu accès aux dossiers de tous les membres du personnel. Peu après sa retraite, il avait été élu secré-taire-trésorier de l'A.R.S.N. Il était un de ces hommes qui, faisant vieux à trente ans, semblent ne plus vieillir. Personne ne se souvenait de l'avoir vu autrement que chauve; il avait conservé le même teint clair, presque laiteux; il avait les yeux bleus, les doigts courts et potelés, les épaules tombantes, mais une allure rigide, marchant à pas menus et réguliers. La nature de ses fonctions à la Sûreté lui avait fait cultiver une mine froide que glaçaient encore davantage de petites lunettes rondes à monture de métal. On le disait imperturbable et distant.

Quand Dufour avait préparé pour lui seul le portrait-robot d'un futur directeur de la Section de sécurité de l'intérieur, qui relèverait à travers lui directement de la première ministre, il avait écrit sur la première ligne d'une feuille quadrillée : «Méticuleux, sait structurer et développer des dossiers...» Il s'était aussitôt interrompu et avait griffonné en marge : «Fraser! Seigneur!» L'irrésistible attrait des sentiers battus, le vertige de la routine. À quel effort ne faut-il pas s'atteler pour faire aujourd'hui autrement qu'hier? Il s'était repris : «Qu'est-ce que je veux? Des dossiers? Non. De l'information. Pas pa-reil. Quelle information? Qu'est-ce que l'information?»

— Question budget, disait Rocheleau, j'ai besoin d'une rallonge pour ter-miner l'exercice.

— Combien?

— J'ai ça ici. Dans la rubrique des titres de la Bourse, deuxième colonne. Jusqu'au premier sous-total. Tout le reste est pour la frime.

— Je verrai la première ministre. Donne-moi une semaine.

— Tu veux le détail en clair?

— En gros, pour le moment.

— L'installation de la pouponnière a coûté plus cher que prévu. Un rez-de-chaussée de maison de rapport, des entrées sur deux rues parallèles, accès direct au stationnement souterrain. Il a fallu insonoriser, refaire tout le filage électrique.

— Je suppose qu'on n'aurait pas pu continuer...

— Tu étais d'accord. Il fallait reloger les Opérations. Les séparer de Contrôle/Évaluation. Trop de monde au courant de trop de choses.

— Évidemment.

En vérité, tout est information. Et, à ce compte, tout est l'équivalent de rien. Un lieu commun : la difficulté n'est pas de trouver la réponse, mais de poser la bonne question. En pratique, tout est connu ou peut l'être. Alors, que veux-tu savoir? De la masse du connu ou du connaissable, que veux-tu extraire? Et comment le saurait-on si on ne sait déjà de quoi se compose le connu? Comment faire un choix si on ne sait au préalable ce qui est offert?

Sophisme. ~~Car à quoi reconnaîtra-t-on que telle question, et non telle autre,~~ est la *bonne*?

— Et l'affaire Grass? demanda Dufour.

— La criminelle fait semblant de s'en occuper. On la considère comme un règlement de comptes.

— Pas tellement loin de la vérité.

— De toute façon, rien qui conduise à…

— Bon.

— Thomas est en train de constituer une autre cellule.

— Fournis-lui une ou deux recrues.

— C'est fait.

— Il faut l'encadrer, ce lieutenant. Au premier petit nuage…

— On avisera…

Dufour sourit.

— Nous aviserons.

Revenir à l'essentiel. Au commencement est la politique, ou le politique, difficile à départager, l'une servant l'autre et inversement. Le reste est de la plomberie. Les questionnements sur la nature de l'information sont voués à tourner en rond.

On vise quoi? Ce que Dufour a toujours visé : le maintien de l'ordre. L'ordre, qui est la première aspiration de l'homme et le fondement de la vie en société. Ce qu'il a répété tant de fois à l'École nationale de police. «Sans vous, il n'y a pas de société. Vous êtes les gardiens de l'ordre, c'est-à-dire les gardiens de la société. Ce qui n'a rien, ou très peu, à voir avec quelque notion abstraite de justice. Il arrive parfois que l'ordre couvre des injustices à l'endroit des individus. Vous ne devez pas trouver là matière à scandale. Comprenez bien : l'individu ne peut pas trouver de justice dans le désordre, dans l'anarchie. L'ordre est la condition première et indispensable de la recherche et de l'épanouissement de la justice. Et, au même titre, de la liberté. C'est l'ordre qui distingue l'homme du reste de la création. L'ordre n'est pas un effet de la Nature, mais de la volonté.» Quelqu'un, dans un séminaire, avait objecté : «Et l'armée?» Quoi? «Définissez vos termes. L'armée utilisée à l'intérieur de son propre État n'est qu'une police avec des armes lourdes. Dans son rôle propre, spécifique, l'armée est vulnérable parce qu'elle sert des intérêts politiques éphémères, non les intérêts supérieurs de la société, et surtout parce qu'elle peut être battue, écrasée. La police n'est jamais battue ni écrasée. Elle survit toujours aux déroutes de l'armée. Les gouvernements, les régimes passent; la police demeure.» Avait-il jamais cru qu'on l'écoutait? Ou qu'on retiendrait quelque chose de ses homélies une fois dans l'engrenage de la carrière?

— ... quelques commérages, pour la première ministre. Histoire de justifier ton existence.

Rocheleau referma son attaché-case.

— Fraser a reçu le dossier Barsalou.

— Enfin.

— Avec la bande vidéo. Dans la chambre forte de la section. Notre Barsalou, le gros cave, qui entasse les sacs de cocaïne sous sa chemise. Puis la rencontre avec Van Khiem dans le stationnement du Jardin botanique. En couleurs.

— Toujours intouchable, celui-là?

— Paraît que les Yanks en ont besoin.

— C'est triste.

— Barsalou? Vingt-deux ans de carrière. Chef de la division des narcotiques. Un gros cave naïf.

— Et alors?

— On dit que Fraser le fera arrêter à la prochaine livraison.

Dufour se berçait lentement dans son fauteuil.

— Je suppose qu'il n'y aurait pas moyen, entre-temps, de le persuader de s'exiler. Ou de démissionner... ou mieux, d'avoir un regrettable accident en nettoyant son revolver?

— Vaut mieux pas se mêler de ça. Pas à ce stade-ci.

— On est arrivé en retard.

— Franchement, c'est marginal. Un œuf pourri, ça pue, mais c'est pas inutile; t'en casses un de temps en temps, très publiquement, pour encourager les autres.

— Et notre politicien?

— Confirmé. Les petits gars sont de plus en plus jeunes. On a deux caméras en place. Fatalement, un de ces jours, l'une des mères va se réveiller... quand le bonhomme oubliera de payer.

— C'est triste, fit Dufour, d'avoir à perdre son temps... J'aurais préféré un député de l'opposition. Mais au fond, on est mieux avec un ministériel. La première ministre en sera plus reconnaissante. Tu auras ta rallonge, et les mains libres pour ce qui compte...

L'objectif, c'est d'être en mesure d'agir au moment où la prochaine et inévitable crise éclatera. Agir pour conserver l'intégrité de la Sûreté, agir pour maintenir l'ordre. Au-dessus de la mêlée, mais des liens dans tous les camps. En attendant, le minimum d'intervention dans le quotidien en dépit des tentations. Attendre. Mettre dans un plateau de la balance politique le poids de l'attente, de l'inertie vigilante.

— Nos nationalistes? Les Gardiens de la Patrie?

— Ça vivote. Quelques têtes chaudes timides, quelques sympathisants prudents. Ils se fatiguent à barbouiller les murs. Ça excite les médias, mais c'est un peu dépassé, tout ça. Je me demande s'ils survivraient sans les agents de Thomas. Et les nôtres.

— Il n'est pas mauvais de les garder en réserve et de les activer quand le Trésor parlera de couper les fonds.

Le danger réel ne viendra jamais des nationalistes, terroristes et soi-disant révolutionnaires; ce sont des mouches du coche, dont les Fraser font leur affaire. Encore moins d'une puissance étrangère; tout ce qui pouvait être vendu ou hypothéqué l'a été depuis longtemps; que peut-on craindre lorsqu'il ne reste ni biens ni honneur, et qu'on n'est maître de rien? D'ailleurs, même une guerre perdue n'est qu'un incident dans la vie d'une société. La menace n'est jamais venue et ne viendra toujours que de l'intérieur de la classe dirigeante, en premier lieu de la dégénérescence de la moralité publique, qui entraîne l'atrophie de la volonté politique. Ce sont les gens en place qu'il faut surveiller parce que c'est chez eux qu'apparaîtront, qu'apparaissent déjà, les premiers symptômes de décomposition.

Dufour était revenu au point de départ. Le portrait-robot débuta par : «Méticuleux, sait structurer et développer des dossiers.» Ce qui l'a mené à Rocheleau.

Allen rentra chez lui dans un état proche de la fébrilité.

— Ginette!

Il avait envie de parler, de raconter, d'articuler pour lui-même des sentiments qui, emmêlés dans le silence, trouveraient sans doute, exprimés à haute voix, une ordonnance.

— Ginette…

Envie de relâcher le contrôle rigide exercé sur des muscles qui réclamaient l'autorisation de s'agiter enfin après tant d'heures de soumission. De se détendre dans la chaleur… de quoi?

Allen s'arrêta devant une porte close, hésita, l'ouvrit. Le lit n'avait pas été refait; une robe de nuit rose jetée sur les oreillers; sur le dos de la chaise, des bas nylon; devant la commode, des pantoufles en forme de tête de lapin aux oreilles roses; un morceau de linge suspendu à un tiroir entrouvert. Un désordre pour lui empoignant de sensualité. Ginette ondoyait devant lui, inconsciente —mais l'était-elle vraiment?— de la transparence de sa chemise de nuit, de l'échancrure de son peignoir, de la nudité de sa cheville. Fantasme dont l'érotisme demeurait furtif, voilé, moins retenu qu'inavoué.

Il s'éloigna.

Son logement ne lui avait jamais paru, auparavant, avoir d'autres dimensions que celles de sa propre présence, de ses livres, de ses meubles, qui étaient une extension de lui-même. Les murs circonscrivaient maintenant un espace qu'il ne suffisait pas à remplir. Le logement lui sembla, non pas vide, mais en quelque sorte habité par une absence, qu'il sentait derrière la porte, dans le corridor, dans les pièces désertées. Une absence tangible comme une douleur à la fois lancinante et sereine, une meurtrissure subie dans le plaisir anticipé de la guérison.

Il fit bouillir de l'eau, se prépara un café et attendit, assis à la table de la cuisine.

La nuit était déjà tombée, mais Allen demeura dans la pénombre. La lumière accrochée à un poteau de la ruelle, reflétée par la neige, découpait le givre de la fenêtre en pâles faisceaux qui glissaient sur le plafond jusqu'aux armoires au-dessus de l'évier. La cuisine était enveloppée d'une douceur feutrée. Allen songea à la proposition du lieutenant Thomas avec soulagement et irritation. Il l'avait acceptée en se disant qu'il avait besoin d'argent; il gagnerait ainsi quelques semaines, peut-être quelques mois, de sursis. Le rôle d'informateur ne lui posait pas de dilemme d'ordre moral; il n'avait rien à trahir et personne à tromper. Cruciani avait été son employeur, sans plus. Il ne connaissait rien du groupe Ordre et Justice. S'il n'avait aucune sympathie pour les syndicats, il n'en avait pas davantage pour les associations patronales. En vérité, il ne ressentait qu'hostilité pour toute espèce de rassemblement, dont l'existence soulignait sa marginalité. Il n'était pas fait pour marcher au pas, anonyme et encadré. Il n'était pas fait pour ces rôles de comparse. Il est différent. Supérieur? Peut-être. À qui? À quoi? Supérieur, en tout cas, aux événements, si bien qu'il lui fallait se convaincre qu'il n'importait pas de paraître anonyme et encadré. Il lui fallait voir dans cet état une manière d'incubation. Il est destiné à autre chose, qui devait venir, qui viendrait... Une foi qui parfois chancelle, de façon souterraine et qui, jusqu'à présent, s'est toujours retrouvée en elle-même... Mais les années passent. Des éclairs de lucidité se produisent brusquement, comme aujourd'hui, révélant le paysage inconnu, méconnu, refusé, de la réalité, de la pitié de son existence, de la futilité de ses prétentions. Regarde-toi dans le miroir et dis-moi quel est ce triste individu? Éclairs sitôt apparus, sitôt suivis d'une noirceur épaissie, durcie par la mémoire de la lumière. La nécessité de garder la foi, la nécessité de survivre? Quelle nécessité? Que fallait-il démontrer? À qui? À quelles fins? Pour qu'il ne reste au bout du compte qu'indigence et vanité, nuit et poussière? La tentation de l'abattement, invitante comme une promesse de repos; l'abandon d'une lutte d'autant plus stérile que l'ennemi est insaisissable; la sécurité de la défaite. Le glissement dans l'abîme de la résignation... Puis, le retour du pendule, et la tentation nouvelle, celle de forcer le destin en s'agitant. Tentation plus pressante depuis l'arrivée de Ginette. Mais qu'est-ce donc, sinon une manifestation plus subtile de la perte de la foi? Car c'est là, non dans l'importune lucidité ou le chant de sirène de la démission, qu'est le péril. L'invitation de détacher son destin de soi-même pour l'accrocher à quelqu'un d'autre, à ses rapports avec quelqu'un d'autre. Le repos du guerrier. Le repos du guerrier n'est nécessaire qu'au guerrier fatigué, et le guerrier fatigué est à moitié vaincu...

Quand le bruit de la clé dans la serrure annonça le retour de Ginette, Allen avait retrouvé le calme; la crise était passée.

La bâtisse avait été construite comme caserne de pompiers. Une haute façade de brique rouge dont le fronton portait les armoiries de la Ville, avec corniche de pierre grise et pignon; trois grandes portes cochères de bois avec chambranles de pierre et, sur le côté, une petite porte de service.

— Des groupuscules comme ça, avait ronchonné Pascal Pothier, il y en a des centaines...

La Française persistait.

— Au pis aller, ça ira aux archives. Au mieux, vous aurez trente secondes au bulletin de dix-huit heures. D'ailleurs, ces gens sont généralement colorés, et...

Elle ronronnait d'une voix monocorde comme un mécanisme aussi indépendant d'elle-même qu'indifférent à l'interlocuteur.

Pothier soupira, consulta un bout de papier.

— Cruciani...

Une partie du quartier avait été démolie pour faire place à un boulevard à huit voies; le reste avait dépéri lentement. La caserne était demeurée désaffectée pendant quelques années, puis on l'avait convertie en théâtre où quelques troupes éphémères avaient monté avec de généreuses subventions des spectacles dits d'avant-garde pour les défavorisés sociaux.

Justin Gravel avait expliqué son projet à Physique, qui l'avait écouté bouche bée, sans y comprendre grand-chose, mais flatté d'avoir été choisi comme auditoire. «Inutile de chercher des bâilleurs de fonds un à un, je perds mon temps. Des tas de questions idiotes : qui fait partie de l'équipe? qui administre? et le bilan? Et combien j'investis moi-même? Si j'avais de l'argent pour lancer un journal, j'aurais pas besoin d'eux...» Il transférait sans sourciller son poids d'une jambe à l'autre, en gesticulant, ce qui faisait alterner le roulis et le tangage. Mais Physique n'en était pas plus conscient que Gravel lui-même. «Ce qu'il me faut, c'est un groupe, un mouvement, une patente quelconque qui aurait besoin de publicité. Où il y a de l'argent, tu comprends... Alors, j'ai rien à perdre, moi, avec ces gens-là. Si ça marche pas, on regarde ailleurs.»

Le boulevard à huit voies ne servait presque plus, ce n'était qu'une balafre de béton lézardé sur la surface anémique de la ville. Les logements du voisinage étaient devenus des taudis; puis, avec le Plan de rénovation urbaine qui avait refoulé les pauvres dans de nouveaux ghettos, de simples murs dégradés derrière lesquels s'amoncelaient les détritus laissés par des vagues successives de squatters. Les missionnaires de la culture d'avantgarde avaient suivi leur clientèle et la caserne avait perdu sa vocation artistique. La Ville la louait maintenant à un prix symbolique comme salle de réunion.

— ... et le chauffage du poêle à bois est à la charge du locataire.

Cruciani n'avait pas hésité.

— Je m'en occupe.

Pourquoi se réunir en cet endroit isolé? Il convenait aux petits commerçants et entrepreneurs qui avaient fondé le groupe Ordre et Justice. Autant tenaient-ils à faire entendre aux autorités leurs doléances communes, autant ils répugnaient à se singulariser en utilisant leurs magasins ou leurs entrepôts à des fins «politiques»; aucun n'avait envie de voir lâcher contre lui les inspecteurs des services des permis, de la taxe de vente, de la commission de l'aqueduc, du salaire minimum, de l'impôt sur le revenu, de la santé et sécurité au travail, de la prévention des incendies. Assister à une réunion en terrain neutre est un engagement qu'on peut, le cas échéant, répudier. Ce n'était pas que leur colère, suscitée par le désordre de la société et l'incurie de l'État, ne fût sincère; c'est qu'ils étaient conscients à la fois de leur peu de poids collectif dans la conjoncture électorale et de leur vulnérabilité individuelle face à la malignité du pouvoir.

Un froid vif et sec avait saisi la ville. Sur les trottoirs à demi déblayés, le crissement de la neige sous les pas se répercutait en échos cristallins; le marcheur solitaire avait la sensation d'être suivi; deux hommes résonnaient comme une troupe. La nature était figée, les festons de neige s'accrochant aussi bien à l'arbre mort qu'à l'arbre endormi, aux balustrades rouillées qu'aux bas-reliefs restaurés des vieux édifices publics. Le blanc uniforme et sans tache déformait la perspective; même le grillage sinueux dessiné par les ornières de la circulation sur l'asphalte gris ne constituait qu'un indice incertain de la distance entre les rues.

— Well, well, well! Look who's here!

Cruciani leva les bras au ciel, les rabattit sur les épaules d'Allen, l'embrassa sur les deux joues.

— Good to see you. Viens te chauffer.

Il avait disposé une trentaine de chaises droites en demi-cercle autour du poêle; une dizaine étaient déjà occupées.

— Qui t'a invité? … Gros-Delard? Il va travailler pour moi. Je recommence. Can't keep a good man down, no? (expansif) Ça s'appelle Cruciani Démolitions. J'ai deux associés, qu'avaient déjà une petite compagnie. On repart en grand. Now, we're going for broke! Ha, ha! Get it? Demolitions…? (patelin) J'ai pensé à toi, comme de raison, mais ils ont déjà leur comptable. Ça fait que… (chaleureux) Good to see you!

Du coin de l'œil, il a perçu…

— Quoi? La télévision? … Monsieur?

— Pascal Pothier, Télé-Cité.

Deux hommes étaient entrés à la suite de Pothier. L'un petit, maigre, le teint terreux, claudicant, l'autre avec un gabarit de leveur de poids, les joues roses et un regard d'épagneul.

Gravel avait reconnu Pothier au premier coup d'œil; les deux hommes s'étaient croisés à quelques reprises dans des événements publics. Il sourit et tendit la main, comme à un collègue. Pothier tourna la tête.

Cruciani pirouettait autour de l'équipe de Télé-Cité.

— On aurait plus de monde, évidemment, s'il faisait moins froid… Vous pouvez vous installer là, tenez… Moi, comme je préside…

Il s'affairait, sans remarquer que des timorés, assis près du poêle, s'étaient déplacés pour échapper à la caméra.

Pothier n'avait pas l'intention de s'éterniser.

— Quelques images seulement. Et on file.

— Tant que vous voudrez… J'ai tout expliqué à votre directrice. Plusieurs fois. Prenez ça… Ça dit tout.

Pothier se renfrogna. Il froissa dans sa poche le dépliant que Cruciani lui avait tendu.

Gros-Delard poussa quelques bouts de bois dans le poêle dont la chaleur arrivait à peine à percer l'humidité ambiante. Le fond de la salle était occupé par la scène au-dessus de laquelle quelques filins effrangés pendaient du larmier; la disparition des cintres laissait entrevoir le squelette des herses vides; quelques chaises et des planches posées sur des tréteaux étaient entassées dans un coin.

Cruciani improvisait une sorte de procès-verbal de la réunion précédente, dans lequel il faisait défiler les revendications du groupe pour le bénéfice de Pothier, qui commença très tôt à donner des signes d'impatience. Justin Gravel grimaçait, la jambe gauche allongée devant lui, la droite repliée sous sa chaise. Il scrutait une à une les mines des participants, à l'affût d'un indice, d'une trace d'énergie ou de colère, qui lui aurait donné quelque espoir pour le succès de son projet. La rebuffade servie par Pothier le fouettait.

— ... et la pétition qu'on a fait circuler, comme je vous le disais...

Mais Cruciani parut se dessouffler comme un ballon éventé lorsque l'équipe de Télé-Cité, sans plus de façon, quitta brusquement les lieux derrière Pothier. L'auditoire, par contre, échappa un soupir collectif; on préférait se retrouver en soi, comme si on n'attendait de la rencontre que le réconfort d'un discours familier. «On me paie, pensait Sauriol, pour surveiller *ça*!»

— ... qui veulent faire partie de la délégation. Nous avons rendez-vous au bureau du député...

— La secrétaire!

— Oh, bébé!

La bonne humeur s'installait. On déplaçait les chaises pour se rapprocher du poêle.

— Pas question d'arriver en gang. Il a dit cinq personnes.

On finit par s'entendre sur la composition de la délégation. La réunion se désagrégeait maintenant en conversations particulières en dépit des efforts de Cruciani pour rétablir un semblant d'ordre.

«Faut plonger», se disait Gravel. Le soir, on se couche et on prend dans sa tête les mesures dictées par la raison. «Demain, je ferai ceci, et cela.» Le scénario se bâtit tout seul. D'une image à l'autre, on enchaîne sans heurt; les difficultés sont insubstantielles; les virages s'amorcent en douceur; le projet caressé démarre; on envisage déjà l'après-midi, alors qu'on ira un peu plus loin un peu plus vite. Les bonnes résolutions sont faciles à tenir. Il suffit d'un peu de volonté, et qui n'en a pas au bord du sommeil? La nuit pousse dans le passé indifférent les échecs qu'on ne verra plus. On efface ce qui était au tableau; un coup de brosse, et la journée sera vierge. Tout redevient possible. Illusion? Le problème, c'est que celui qui s'endort sera le même au réveil. «Faut plonger.» Même si on imagine que la partie est perdue d'avance, cette partie qui n'est pas encore jouée.

— Monsieur Cruciani! Messieurs!

Justin Gravel s'était levé.

— Permettez-moi...

Il s'appuyait d'une main sur le dossier de sa chaise afin de remonter son épaule, ce qui dissimulait son infirmité. Il avait une voix basse et forte qui surprenait chez ce petit homme au visage effilé. Il avait le cheveu pâle, mince et plutôt rare.

— Votre nom, monsieur?

— Justin Gravel, journaliste.

— Ah...

Ce qui aurait été un début d'hostilité envers un étranger réclamant une attention qu'on n'avait pas envie de donner, en fin de réunion, se figea en embryon de curiosité.

— Quel journal?

— Le vôtre.

Gravel laissa fluer quelques rires. Vraiment, il n'avait rien à perdre.

— Vous êtes là, à vous raconter des histoires, à papoter comme des commères. Vous êtes tout fiers parce qu'un député va vous faire l'honneur de consentir à vous recevoir gentiment. Mais cinq d'entre vous seulement. N'est-ce pas? Pas trop, pour ne pas encombrer son bureau et faire des taches sur son tapis. Après tout, qui êtes-vous? Seulement les nouilles qui paient son salaire, ses dépenses et sa secrétaire. Si le chandail est échancré jusqu'au nombril, ça vaut bien ça? Vous n'aurez pas perdu votre temps, n'est-ce pas? Qu'est-ce qu'il va faire de votre fameuse pétition, le député, dites-moi? Vous pensez qu'il va courir chez le ministre, qu'il va frapper du poing sur le pupitre du ministre : «Toi, t'es mieux de te grouiller et d'abolir la surtaxe. Ou ça va barder!» Parce que ça l'inquiète, le ministre, ça le préoccupe, ça l'empêche de dormir, vos problèmes. Il n'attendait que ça, votre pétition bien respectueuse, respectueusement remise à votre député après avoir enlevé vos bottes et bien secoué vos pantalons pour pas faire de tache sur son tapis. Ah, oui! j'allais oublier. Le plus important, vous allez passer à la télévision! Cinq secondes, dix secondes si vous êtes chanceux! C'est formidable. On va sûrement reconnaître monsieur Cruciani, puis on verra la ligue du vieux poêle grelottant dans une salle vide. Vous pouvez être satisfaits, je vous le dis. Il va trembler, le gouvernement!

Quelques toussotements coupèrent le silence. Cruciani, cherchant des signes d'impatience autour de lui, commençait à s'agiter. De quoi se mêlait-il, cet individu? Qui l'avait invité?

Mais Gravel avait changé de ton.

— Vous avez fait du beau travail. C'est vrai. On ne serait pas ici, ni les uns ni les autres, sans l'initiative et la persévérance de monsieur Cruciani. C'est vrai. Ce que vous réclamez, c'est le bon sens. C'est justement parce que vous avez raison que vous ne pouvez pas vous contenter de petites actions discrètes qui restent sans lendemain. Il faut faire connaître le mouvement. Il faut recruter. Développer votre propre publicité. Influencer les politiciens. Obtenir des résultats. Des résultats concrets. Pour ça, vous avez besoin d'un journal, de votre journal à vous. Un organe de liaison avec ceux qui pensent comme vous. Un éveilleur de consciences, un mobilisateur. Et puis, je vous le dis, une source de financement.

Gravel se rassit. Une douleur vive lui traversait la jambe, de la cuisse au pied bot. Il pinçait les lèvres, se retenant de grimacer, ce qui lui donnait un air sévère. Personne ne bougeait. Cruciani se devait de reprendre la situation en main.

— Franchement, ... tout ça, c'est facile à dire.

Il était dérouté par cette tournure imprévue. Quelqu'un vint à sa rescousse.

— Ça coûte cher.

— Pas tellement. Tout dépend de...

— Tu connais ça, toi, Croteau?

— Je suis pas équipé pour sortir un vrai journal. Mais...

On avait oublié les apartés. La réunion, qui avait commencé à se dissoudre, se reconstituait.

— ... pourrais facilement trouver quelqu'un. En banlieue.

— La question, coupa Cruciani, c'est de savoir si on a besoin d'un journal.

Gravel intervint.

— Ou si vous pouvez vous en passer.

— Prenons pas le mors aux dents. C'est pas un journal qui va changer le monde.

— Tout seul, non. Mais avec l'appui d'un mouvement comme le vôtre, faudrait voir. Chose certaine, sans journal, vous ne serez jamais une force politique.

— Justement... justement..., répétait Cruciani.

Il se sentait talonné, propulsé sur une voie qui se perdait dans le brouillard. Il était loin d'être sûr qu'il désirait devenir une «force politique». Il n'était pas le seul dans le groupe à se froisser de l'arrogance avec laquelle cet individu tombé du ciel prétendait non seulement les juger, mais encore leur dicter une conduite. Cruciani n'aimait pas qu'on lui pousse dans le dos, c'est ce qu'il avait de commun avec les autres membres du groupe; c'était la base même de leur opposition aux bureaux, offices, commissions, directions, contrôles, régies, services et ministères qui les étouffaient dans leurs tentacules. Ordre et Justice n'était pas perçu par ses membres comme un véritable «mouvement»; ils étaient réfractaires à tout ce qui sentait la réglementation, la discipline, la hiérarchie; la plupart boudaient même les chambres de commerce, avec leurs déjeuners-conférences et leurs tournois de golf obligatoires, et surtout leurs liens politiques qui en faisaient de simples appendices du pouvoir. Ordre et Justice, malgré son titre ronflant, avait été conçu comme une sorte de club social; on aimait entendre répéter en groupe tout ce qu'on savait déjà individuellement; chacun tirait de l'écho de ses propres paroles la confirmation de leur justesse; les vexations éprouvées par l'un rendaient celles de l'autre moins cuisantes; le sentiment de persécution, une fois partagé, devenait presque tolérable. Pour ajouter un peu de piquant, on organisait des pétitions polies qui se faisaient les interprètes raisonnables de leurs revendications. Une juste milieu collectif qui n'avait rien de contraignant.

— … avec les moyens d'aujourd'hui, disait Croteau. C'est pas la production qui coûte le plus cher. On peut faire des arrangements. Avec un peu de crédit. Quand même, faut être capable de l'écrire, et ça…

— C'est ce que je vous offre, répétait Gravel.

Les interventions se succédaient à bâtons rompus, mais comme poussées par un vent discret dans une nouvelle direction. Les protestations se tempéraient.

— On pourrait toujours s'informer.

— Moi, j'ai pas le temps de…

— Pas obligé de commencer en grand.

— Combien ça coûte?

— C'est ça, coupa Cruciani. Combien ça coûte. On parle peut-être pour rien.

Il voulait en finir, mais Croteau ne semblait pas comprendre les gestes de Cruciani. Il insistait, comme s'il y avait lieu de prendre au sérieux ce projet fantaisiste.

— Ça dépend. Du format, du nombre de pages. Si c'est un mensuel ou un hebdomadaire, et…

Le jour tombait. La salle, où il n'y avait pas d'électricité, coulait dans la pénombre. Gros-Delard se leva avec l'intention de remettre du bois dans le poêle, mais Cruciani lui fit signe de se rasseoir. À quoi bon? Il fallait quitter les lieux avant la noirceur.

Un quart d'heure plus tard, la séance était levée, mais on s'était pressé de convenir, bousculé par la nuit et parce qu'il fallait contenter tout le monde, à commencer par Croteau, de constituer un comité qui étudierait la question et ferait rapport dans un mois. On se sépara avec plus d'entrain que d'habitude; chacun avait l'impression d'avoir accompli quelque chose, d'avoir goûté le plaisir de l'action; le sentiment était d'autant plus agréable qu'on n'avait pris aucun engagement. Le comité était composé de Cruciani, naturellement; de Charles Croteau qui possédait une petite imprimerie et faisait ainsi figure d'expert; de Benoît Mantha, un bijoutier dont la fille travaillait dans une agence de publicité et acquérait par personne interposée, pour ainsi dire, une fonction conseil; d'un entrepreneur-électricien qui s'était porté volontaire parce qu'il imaginait, on ne sait pourquoi, qu'il pouvait y avoir quelque contrat en bout de ligne; de Justin Gravel et d'Allen Sauriol. «Ça nous prend un comptable», avait dit Cruciani, qui présumait de la docilité de son ancien employé. Le secrétaire-trésorier d'Ordre et Justice avait sur-le-champ remis à Sauriol la carte de membre numéro 54, et Cruciani avait avancé le montant de l'inscription : «Tu me remettras ça quand tu pourras».

Pour ceux qui travaillent, l'interminable hiver est une saison troglodytique. Il fait encore nuit au réveil, il fait déjà nuit au retour. Lorsque le ciel est couvert, on passe d'une nuit à l'autre, nuits qui souvent se prolongent d'une semaine à l'autre. On marche la tête baissée, les épaules courbées contre le vent. Le froid fige le corps et les âmes. Ilsa Storz était arrivée à l'hôpital à 7 h. À 11 h 30, elle avait grignoté un sandwich à la cafétéria, puis elle avait gagné la clinique privée qu'elle partageait avec cinq autres médecins. À 20 h, elle rentrait chez elle. Un plat dans le micro-ondes, la douche, le repas avalé distraitement, puis l'effondrement dans son coin du canapé devant la télé dont elle avait coupé le son. C'était la «Nostalgia Night», le festival hebdomadaire des reprises de feuilletons américains, l'immersion dans la candeur frelatée d'un âge imaginaire. Famille de Noirs, père, mère, enfants, tous beaux, propres, gentils, adorables, souriant, riant, s'embrassant, dans une société aussi aseptique qu'un bloc opératoire, personnages de bandes dessinées pour analphabètes. Puis un fatras de réclames commerciales. Puis les aventures d'un commando de redresseurs de torts (avec le Noir obligatoire) armés jusqu'aux dents; orgie de coups de feu, d'explosions, d'incendies et de féroces bagarres; une violence soutenue qui, chose remarquable, ne faisait jamais de victimes; les balles n'atteignaient jamais leurs cibles, tout le monde sortait indemne des explosions, jamais une goutte de sang, à peine quelques poussières sur la chemise et une tache d'huile sur le pantalon. Ainsi l'avaient imposé à l'époque les âmes tendres : il ne fallait pas montrer les résultats, les conséquences de la violence. Comme il n'y avait pas de victimes, il n'y avait pas de coupables, personne n'avait donc à assumer de responsabilité et tout allait pour le mieux dans le meilleur des mondes. La pornographie de la violence était devenue une iconographie recevable. Il est excitant de tirer du fusil-mitrailleur, de lancer des grenades, de plastiquer une automobile, et ça ne porte pas à conséquence. La violence est un jeu. Ilsa Storz sommeillait.

— Ce que vous sentez bon, docteur.

Appuyé sur le dossier du canapé, Victor Thomas se penchait sur Ilsa, lui effleurant le front de ses lèvres. La jeune femme souleva une paupière, murmura quelque chose d'incompréhensible.

— Ne bouge pas, dit-il, j'ai mangé.

Elle l'entendit se diriger vers la chambre à coucher. Le ruissellement de la douche l'endormit à nouveau. Quand elle rouvrit les yeux, Victor était assis près d'elle, les pieds sur un pouf. Il avait le regard sur l'écran de la télé muette où deux policiers, un Noir et un Latino, se livraient à des prouesses acrobatiques à la poursuite d'un truand blanc. Ilsa soupira.

— Il doit y avoir autre chose.

Victor écarta le pli de la robe de chambre d'Ilsa et posa une main sur sa cuisse.

— Un canal ou l'autre, c'est du pareil...

— Non. Je parle de moi. Il doit y avoir autre chose pour moi.

Victor retira sa main. Ilsa sourit, reprit la main et la reposa sur sa cuisse...

— ... que la médecine. En tout cas, que cette médecine-là.

— Quelle médecine?

— Je ne sais pas. C'est ça, le problème. Je ne sais plus. Ça sert à quoi? Wozu? Sagen Sie mir, mein Offizier! Une chaîne de production; les ordinateurs prescrivent; les robots prodiguent les soins. Pas de procédure qui ne soit programmée. La haute technologie et la pagaille humaine. Grève des employés, tracasseries des administrateurs, hypocrisie des politiciens.

— Les patients...

— La stupidité des patients!

— Tu es fatiguée.

— Oui, je suis fatiguée. Sehr müde. Pas du travail. Du travail inutile. Les efforts qu'on donne, l'argent qu'on dépense à seule fin de maintenir dans un état de légumes un tas de petits vieux paralysés autant du corps que de l'esprit. Qu'on devrait laisser mourir en paix. On leur pose des tuyaux, des siphons, des sondes, des pinces, des inhalateurs, des respirateurs. On transfuse. La médecine est devenue une branche de la taxidermie. Pourquoi? Pour prolonger leur vie. Quelle vie?... Les parents sont là, avec leur avocat : avez-vous tout fait, vraiment tout pour que cette patate, cette carotte, soit conservée un jour de plus? Au cas où ils pourraient nous extorquer une rançon. Négligence professionnelle, n'est-ce pas? On en revient toujours à l'argent...

— Non, pas toujours.

Mais Ilsa n'écoutait que son humeur. L'énergie éphémère du réveil.

— Tu sais le problème? On ne sait plus mourir. La mort est ce qu'il y a de plus naturel, de plus normal. On la traite comme une aberration. Une malédiction à conjurer avec des rituels, des amulettes, sans oublier les sorciers, les médecins, les thanatologues, les psychologues. Parce que ça paie, tout ça. Il te faut vingt salariés pour t'aider à mourir. Ce que tu réussirais mieux tout seul. En gardant ta dignité. C'est ça, le pire, je le vois tous les jours. La nuée de charognards qui se jettent sur le mourant. Qui lui volent sa mort à lui, qui s'approprient sa mort, qui se parent de sa mort à lui pour parader leur pseudo-science. Ça paie, vois-tu!

Thomas passa le bras autour des épaules d'Ilsa. Elle se blottit contre lui. Le tumulte déjà promettait de s'apaiser.

— ... pendant qu'on empêche les mourants de mourir, on pollue, on drogue, on empoisonne, on assassine. Et on avorte. Mais tu as le devoir de sauver la mère qui t'a fait un devoir de tuer son enfant. Je suis fatiguée... Ça sert à quoi? Tu le sais, toi? Tu le sais, à quoi tu sers?

À l'écran, un hermaphrodite annonçait dans un décor peuplé d'androgynes une marque de bière que le brasseur destinait à un public de «qualité».

— Oui.

Ilsa sourit. Elle s'étira doucement, pressée contre ce corps musclé dont le contact la rassurait.

— Tu as la foi. Le bien et le mal...

Une pointe de complaisance dans l'ironie; une condescendance sans hauteur, tout au bord de la tendresse.

— Oui.

Attendait-elle de lui autre chose? L'expression d'une certitude. Le phare dans la nuit. La manifestation d'une vie peut-être rudimentaire mais robuste, un peu simpliste, qu'elle n'enviait pas, mais qui constituait pour elle une sorte de refuge. Elle ne se souciait pas que Victor lui parle peu de son travail ni, lorsqu'il lui arrivait de le faire, que ce soit en termes vagues ou sous forme d'anecdotes illustrant les divagations de la bureaucratie. Elle n'avait rencontré aucun de ses collègues et n'avait pas de curiosité à leur endroit. Elle trouvait naturel qu'il ne paraisse pas avoir plus d'intérêt, lui, pour ses collègues à elle; elle eût même trouvé incongru, presque malséant, qu'il en fût autrement. Ils n'avaient pas de vie sociale commune et cela ne la gênait pas. Il était beau, solide, calme. Il était là.

La neige tombait de nouveau. Une petite neige légère, fragile, douce, presque fade, qui troublait à peine la visibilité. L'entrepreneur-électricien était arrivé le premier, bien avant l'heure convenue. «J'étais dans le coin, et plutôt que d'attendre dehors...» Avec l'idée qu'il pourrait sonder les projets des uns et des autres. Il avait enlevé ses bottes à l'entrée et enfilé des mocassins. «Je les traîne toujours avec moi. Les bonnes femmes n'ont pas à s'inquiéter pour leurs tapis.»

Ginette Rousseau achevait de ranger la vaisselle du dîner, et c'est Allen qui avait répondu à l'appel de la sonnerie.

— Ici, les tapis...

— Je vois. Des beaux planchers de bois franc. On bâtissait mieux dans ce temps-là.

— On va s'installer dans mon bureau.

— Mais les femmes aiment les tapis… Ah, c'est bien chez vous.

— C'était le salon. J'ai couvert le mur avec des étagères.

— Vous avez lu tous ces livres-là?

— Quelque chose à boire? Bière? Whisky? Cognac?

— Moi, j'ai jamais eu le temps de lire.

Allen avait accepté sans enthousiasme, mais sans protestation, l'argent que le lieutenant Thomas lui avait donné «pour les frais courants».

— Une p'tite bière, merci.

Mantha, le bijoutier, était arrivé avec Croteau. Puis Justin Gravel traînant Physique dans son sillage. Quatre paires de caoutchoucs empilées dans le vestibule. Enfin, Cruciani, qui n'avait même pas secoué ses bottes en entrant; Ginette avait épongé les flaques d'eau qui avaient marqué son passage. Canadiennes et pardessus étaient pendus à des crochets; la neige fondante dégouttait sur une carpette.

C'était la première fois qu'Allen recevait depuis que Ginette habitait chez lui. Elle avait cru un instant qu'elle serait invitée à la réunion et s'était aussitôt demandé : «Quoi mettre? Pas un pantalon. Ma jupe bleue?» Mais Allen avait clarifié la situation : «Ça ne dérangera pas si tu veux regarder la télévision; tu n'auras qu'à apporter l'appareil dans la cuisine et fermer la porte.» La jeune fille avait été à la fois déçue et soulagée. Ginette ne s'était pas fait de connaissances dans cette ville antipathique, ensevelie sous la neige et un froid plus humide que celui qu'elle était habituée de subir en province. Elle n'avait jamais pensé que le monde puisse être autre chose qu'une extension de son village. Les images de régions exotiques et de peuples différents à la télévision ne sont toujours que des images qu'on dissout d'un geste. Elle n'avait pas reconnu son pays dans les couleurs, les sons, les odeurs disparates qui l'entouraient maintenant, et que rien ne pouvait dissoudre. Allen lui avait suggéré à quelques reprises de s'inscrire à l'un des nombreux programmes de formation de la main-d'œuvre, ou de visiter le Centre des loisirs du quartier; elle n'avait pas répondu et Allen n'avait pas insisté. C'est qu'elle ne se voyait pas affrontant des inconnus dans un environnement étranger. L'appartement, par contre, était devenu son propre territoire où des premiers contacts auraient pu se faire en douceur. L'occasion avait paru se présenter, pour aussitôt s'envoler.

Une polyphonie voilée dans le lointain, d'où se détache par intervalles un contrepoint intelligible.

— Pas question de mettre mon nom.

— C'est la loi. Il faut enregistrer une raison sociale. Avoir un responsable.

— Moi non plus.

— Gravel, c'est lui, le journaliste.

— Il n'est même pas membre…

— Vends-lui une carte, c'est tout.

— Toi, Allen…

— Écoutez, c'est votre journal. Le journal de votre mouvement. Je veux bien être membre, si vous êtes d'accord.

— Alors, c'est réglé.

— Si monsieur…?

— Sauriol.

— Monsieur Sauriol. Et moi. Puisqu'il s'occupera de l'administration. Officiellement, nous serons deux.

La porte de la cuisine était restée ouverte; le bruit des voix y parvenait comme un ronronnement. Celle de Cruciani à tout moment fusait au-dessus des autres. En tendant l'oreille, Ginette essayait d'identifier celle qui appartiendrait au jeune homme qui lui avait souri en entrant, à la suite du petit boiteux; des épaules d'athlète, la taille mince, la hanche et la fesse moulées dans un jean. Fermant les yeux, elle laissait flotter en elle un tressaillement indéfini, une chaleur légère et diffuse, un saisissement intérieur à la fois sensuel et immatériel. Dans une sorte de rêve, le visage d'Allen s'insinua sur les traits du jeune homme, dont le corps se décomposa lentement en petits nuages gris. Il ne resta enfin que le visage d'Allen, les yeux d'Allen fixés sur elle.

— … le distribuera gratuitement.

— Pourquoi?

— À vous entendre, les frais sont couverts par les annonces…

— Faut rien donner. Tu donnes, on pense que ça vaut rien. Comme les circulaires des épiceries.

— Pardon, les circulaires, c'est lu!

— Par les bonnes femmes…

— Tu distribues où? Comment? De porte à porte? À travers la ville? Rêvons pas en couleurs.

— Tu le donnes, mais à tes vendeurs. Des gars qui le vendraient aux coins des rues, aux sorties du métro. Ils garderaient l'argent. Y a du monde à rien faire…

— On en trouverait. Des jeunes…

— C'est les pires.

— Quand même. Qu'est-ce qu'on perd à essayer? Suffit de les organiser.

— Qui? Dis-moi ça, qui?

— Qui?… Au fond, c'est une question d'administration. Vous, monsieur Sauriol?

— Peut-être. Si j'avais de l'aide… Quelqu'un comme, disons, Dufresne.

— Dufresne? Quel Dufresne? … Ah, Gros-Delard!

Ginette frissonna, glacée tout à coup. Elle ouvrit les yeux, regarda la cuisine comme si elle la découvrait après une longue absence, cherchant des points de repère. «Où suis-je?... Je suis nulle part. Ces murs, cette table, ces chaises, cette vaisselle sur le comptoir, ce n'est pas moi. Cet appartement, ce n'est pas moi. Ces voix que j'entends au loin dans le désert, ce n'est pas moi. Je suis là et je ne suis rien.» Elle aurait aimé sentir la douceur des larmes sur sa joue, pleurer sur elle-même; il eût fallu qu'elle puisse s'abandonner librement à la délectation de sa mélancolie, mais l'image d'Allen revenait devant elle comme une menace. Elle avait conscience qu'un désir trouble baignait le regard qu'Allen portait sur elle. Au début, cela lui avait semblé dans l'ordre des choses. Il l'avait recueillie; il la logeait, la nourrissait; il lui avait même acheté quelques vêtements. Elle lui avait donc indiqué à sa manière qu'elle était prête à remplir sa part du contrat, en se montrant en robe de nuit diaphane, en laissant ouverte, la nuit, la porte de sa chambre. Elle n'avait attendu qu'un geste d'Allen, un frôlement furtif, une main dans ses cheveux, sur son épaule, pour assurer la suite, comme elle avait appris à le faire. Mais c'était à lui d'établir ses «droits». Il ne l'avait pas fait, et il n'était pas dans la nature de Ginette d'aller plus loin, d'autant plus qu'elle n'était animée par aucun autre sentiment que celui du devoir. Ce qui la désorientait, maintenant, c'était l'équivoque d'une situation pour elle impénétrable. Il attendait, il voulait d'elle quelque chose. Mais quoi? Elle savait ce qu'un homme veut d'une femme, ces mouvements qui le transportent dans un état de frénésie corporelle et de délire verbal qui, l'orgasme dépassé, s'éteignent dans l'indifférence ou l'hostilité. Elle avait signifié à Allen aussi clairement qu'il lui était possible de le faire qu'elle était consentante à ce qu'il s'agite et délire sur elle. N'était-ce pas suffisant? Pourquoi n'avait-il pas répondu? Que pouvait-il vouloir d'autre, ou de plus? Elle était seule au milieu d'une forêt d'où pistes et sentiers avaient disparu, où se faisaient entendre dans les fourrés des bruissements insolites. Le dépaysement, l'incertitude, lui donnaient la sensation d'être traquée. À quoi s'ajoutait, de façon cuisante, la crainte d'être rejetée sur le pavé, ce qui serait la conséquence naturelle de son impuissance à satisfaire aux attentes incompréhensibles, incomprises d'Allen. Elle était sûrement coupable, mais de quoi? sinon d'être ce qu'elle était? Coupable d'être?

Les nuages réfléchissaient sur la Zone la luminosité de la ville dans la nuit silencieuse. L'ombre des pins s'étalait en nappes bleues sur la neige. Il n'y avait pas de vent; les filets de fumée se dressaient nonchalamment au-dessus des cheminées. Les rues et les trottoirs avaient été déblayés; la neige avait été soufflée sur les terrains et le long des haies de cèdres, formant une chaîne de monticules percée par les couloirs des entrées de garage. Une lumière safranée s'accrochait au faîte des lampadaires.

Les deux promeneurs marchaient lentement, lui dans une capote olivâtre dont les épaulettes et les parements dorés avaient été enlevés, un bonnet de loutre enfoncé sur la tête; elle, menue dans un manteau de vison noir. Leur respiration s'exhalait en petits jets de vapeur, rapidement dissolus.

«La loi que l'on peut choisir d'ignorer sans qu'il en coûte n'est plus la loi...» murmura Jacques Dufour.

La réflexion n'est peut-être qu'un mécanisme de défense du cerveau contre le froid.

Mais le froid tient la réflexion dans des ornières. «L'autorité que l'on peut contester impunément n'est plus l'autorité...» Il suffirait de continuer. Pour arriver où? Toujours au même constat : la société n'a pas de gouvernail, elle vogue à la dérive des intérêts particuliers; la crédulité des masses voile la vacuité des puissants; les gouvernants déclinent les responsabilités du pouvoir pour n'en conserver que les oripeaux. C'est cela, la corruption.

Le vrombissement d'un hélicoptère fractura le silence; l'appareil passa à moins de cent mètres d'altitude, le battement rythmique des pales arrachant des arbres des moutons de neige qui restaient un moment en suspension dans l'air glacial avant de retomber. Il s'immobilisa; ses phares s'allumèrent, balayant le paysage d'une lumière crue. Le régime du moteur changea de tonalité, l'appareil descendit et disparut derrière une rangée de pins. Dufour, qui s'était arrêté, reprit sa marche.

— Le ministre des Finances...

Sa femme avait poursuivi son chemin; elle n'avait même pas levé la tête, et continuait le monologue qu'elle répétait depuis... combien d'années? Les enfants, les petits-enfants, les neveux, les nièces, les vivants, les mourants et les morts. Ils y passaient tous, toujours à peu près dans le même ordre, l'un après l'autre, avec les mêmes commentaires, pour la centième fois comme si c'était la première. Dufour l'avait rejointe, mais il n'écoutait pas les propos qu'il connaissait par cœur, et se fiait instinctivement aux pauses coutumières pour laisser tomber «Eh oui, eh oui...» et «Que veux-tu? Aujourd'hui, les enfants...» et «Tu as bien raison». Observations servies à toutes les sauces et auxquelles, d'ailleurs, elle ne portait aucune attention; c'est leur absence qu'elle aurait remarquée. Cela pouvait durer des heures sans qu'il eût besoin de faire plus que d'assurer une ponctuation sonore qui, loin d'exiger un effort, le reposait. Cette attitude ne tenait pas de l'indifférence, encore moins du mépris, mais d'une sorte de tendresse protectrice, comme celle qu'on peut avoir pour un enfant, tendresse qu'il n'avait jamais ressentie pour ses propres enfants, du moins de cette façon. Sa femme était devenue au long des années comme une partie secrète de lui-même. Une partie de lui-même qui l'avait souvent agacé, irrité, exaspéré même, au temps où il n'en percevait que la faiblesse, c'est-à-dire une sorte d'occlusion de l'imagination, d'attachement inconditionnel aux idées reçues et aux conventions, de sujétion inconsciente aux lieux et aux objets. Insensiblement, cette perception avait changé à mesure qu'étaient apparues les limites de l'énergie et les frontières de l'invention. Ce qui avait été faiblesse et, en vérité, demeurait faiblesse avait cependant acquis une coloration nouvelle. Celle de la constance, de l'imperméabilité aux péripéties qui énervent les imaginatifs; d'une fidélité à soi-même à l'abri des interrogations délétères. Une faiblesse qui a la puissance sereine de l'inertie. Est-il vraiment nécessaire d'être entré dans la vieillesse pour en comprendre la valeur? Que reste-t-il jamais des grandes œuvres et des petits travaux auxquels les hommes enchaînent leur vie?

Tout se corrompt. Misanthropie de vieillard? Le cynisme n'est que la mémoire des illusions perdues. C'est une fable que le pouvoir corrompt. Le pouvoir n'a jamais corrompu : personne n'obtient le pouvoir qui ne soit déjà corrompu. Le pouvoir tout simplement expose au grand jour une corruption que la nuit de l'anonymat rendait invisible. On n'arrive pas au pouvoir sans complices, sans serviteurs, sans alliances nouées et dénouées au caprice des circonstances et des intérêts, sans sacrifier les uns et acheter les autres. Pour y rester, on continue. La voie du pouvoir est un tortueux chemin de compromis et de compromissions, au bout duquel l'homme qui a pris le départ semble méconnaissable sous les masques successifs dont il a dû s'affubler au cours du voyage. Si on s'étonne, c'est qu'on n'a pas compris que le masque le plus artificieux était celui de l'innocence originelle.

Tous les soirs, sauf par grands vents, après un dîner frugal, le couple faisait à pied le tour de la Zone, un circuit d'environ quatre kilomètres. Dufour évitait toujours le check-point, avec ses barrières et ses guérites, qui contrôlait la seule route d'accès à l'enclave; il ne voulait pas se donner l'air d'inspecter le dispositif de sécurité qui relevait directement de Fraser. Il savait qu'on suivait ses pas sur les écrans du Centre de surveillance installé dans un cottage qui ressemblait de l'extérieur à tous ses voisins, et pousserait un soupir de soulagement quand il serait enfin rentré chez lui. En avait-il encore pour longtemps? Son mandat expirerait : accepterait-il qu'il soit renouvelé? Pourquoi? Pour l'honneur, pour une chimère, comme Don Quichotte? Rester en selle jusqu'au dernier combat avec le Chevalier de la Lune Blanche? C'est-à-dire jusqu'à la dernière charade, la dernière imposture?

— Eh oui, c'est comme ça, les enfants…

Le calme régnait sur ce territoire privilégié. Un calme qui régnait aussi sur la ville et sur le pays, puisqu'on n'avait guère à déplorer que les crimes

qui faisaient partie du quotidien. Calme factice puisqu'il était fait d'indifférence, sinon de complaisance, au désordre. L'hiver jouait son rôle; il avait
engourdi sous la neige les passions de l'automne, disloqué les groupes et
refoulé les individus, un à un, à l'intérieur de leurs demeures. Dufour réalisa qu'il scandait ses pas à son insu, depuis combien de temps? il l'ignorait,
sur les mots du quatrain «Je suis un chien qui ronge l'os...». Il n'aurait pu
dire ce qui les lui avait mis en tête.

— Quelques bonnes tempêtes, avait dit la première ministre, et nous aurons la paix jusqu'au printemps.

Éternel optimisme des politiciens. Leur mesure du temps est la durée de
leur pouvoir. Mais la même horloge marque pour d'autres des heures différentes. L'hibernation n'est pas la mort.

LES SAISONS SE SUCCÈDENT mais à seule fin, semble-t-il, de revenir à l'hiver. L'hiver est la seule dimension de l'année; il hante le printemps, obsède l'été, habite déjà l'automne. Un an passe pendant lequel on a gardé le souvenir du froid; on est de retour à ce qu'il semble qu'on n'ait jamais quitté. La neige est tombée pour la première fois à la mi-octobre, une neige molletonneuse, saupoudrant les gazons verts, fondant aussitôt sur l'asphalte et le béton. Quelques heures, et la trace en était disparue. Elle tomba de nouveau en novembre. «Elle ne restera pas...» Mais elle était restée, une couche mince, fragile et pourtant résistante au soleil blafard. Une vague de froid et une nouvelle neige couvrit la première. Une poussée de chaleur à la mi-décembre; des îlots terreux font surface entre des voiles d'eau sur des sols croustillants; le gel reprend avec la tombée du jour, figeant dans la glace des champs d'aspérités grisâtres. L'hiver est indifférent aux événements et aux hommes.

Les colonies de squatters avaient pris possession des édifices abandonnés dans les quartiers déserts en bordure du port et des autoroutes urbaines. On y dormait dans des amoncellements de guenilles et de détritus; tout ce qu'il y avait eu de bois ou de matières inflammables avait été utilisé depuis longtemps, si bien qu'on pouvait sans grand danger y entretenir dans des barils de métal et des tortues sans cheminée des feux dont la fumée s'échappait par les fenêtres. Il n'y avait ni électricité ni eau courante. On avait peu d'argent pour la nourriture, mais toujours assez pour la drogue; c'était un marché que se partageaient et se disputaient des clans chinois, vietnamiens, sud-américains, iraniens; le terrain d'une guerre sourde, qu'on se livrait avec d'autant plus de férocité qu'elle occupait la totalité d'un espace minuscule où ni les agresseurs ni les victimes n'avaient de ligne de retraite; on s'arrangeait pour disposer des cadavres dans des ruelles éloignées ou dans le fleuve. La police n'aurait pu intervenir sans provoquer la colère photogénique et télévisée de quelque groupe ethnique qui aurait crié à la persécution raciale, avec renfort de ministres protestants, curés et sociologues. Ce n'était pas, d'ailleurs, une mauvaise affaire pour les journaux : un tirage languissant pouvait être ranimé d'une saison à l'autre par quelques reportages remplis de vertueuse indignation, qui se terminaient sur des appels à l'action auxquels personne évidemment n'attendait de réponse.

Chez la lieutenante Jost, l'approche de Noël suscitait chaque année la même impatience. Elle se rebiffait chaque fois contre l'obligation qu'elle s'était pourtant elle-même imposée de rendre visite à son père, et chaque fois elle surmontait sa répugnance. La Résidence des Vergers du Lac avait été bâtie sur un flanc de colline dénudé; il y avait peut-être déjà eu des pommiers à cet endroit, mais tous les arbres avaient été abattus par le promoteur; le premier prospectus de la Résidence avait fait mention de l'aménagement imminent d'un lac artificiel, on avait planté quelques piquets pour en marquer l'emplacement, mais on en était resté là. L'incongruité du nom ne choquait personne, l'endroit étant considéré de bon ton puisqu'il en coûtait cher pour s'y loger. La Résidence était suffisamment éloignée de la ville pour assurer aux pensionnaires la tranquillité que leurs familles croyaient devoir souhaiter pour eux. Jocelyne Jost apportait un panier de fruits, s'asseyait sur une chaise droite face à la chaise roulante du vieil homme. Il ne la reconnaissait pas, ou faisait semblant de ne pas la reconnaître. Quelques phrases, «Vous avez l'air bien, aujourd'hui…», «Mangez-vous comme il faut?», coupaient gauchement un long silence.

Qu'aurait-elle pu espérer si elle avait laissé éclore les élans du cœur qu'elle avait enfouis au cours des années, péniblement d'abord, ensuite avec résignation, puis avec une sorte d'indifférence qui était devenue presque une seconde nature? Qu'il l'eût prise dans ses bras, qu'il l'eût bercée comme une petite fille? Ce qu'il n'avait jamais fait quand elle était une petite fille. Et s'il avait indiqué par quelque geste ou parole de tendresse, qu'il n'avait jamais eu auparavant, qu'il aurait aimé la prendre dans ses bras et la bercer, comme pour expier le passé, quelle réaction aurait-elle eue autre que le recul, comme elle aurait fait quand elle était une petite fille? Comment rêver d'être bercée dans les bras d'un père qu'on se reproche de n'avoir pu aimer? Elle s'en tenait au rituel de la fausse sollicitude. La jeune femme repartait avec le remords d'avoir joué la comédie, de n'avoir pas le courage de ses véritables sentiments et de mettre un terme à ces visites inutiles. Cet alcoolique avait fait à sa famille une triste vie; il avait bu sa maison, conduit sa femme à une mort prématurée, abandonné ses trois enfants à eux-mêmes. Jocelyne, l'aînée, avait pendant quelques mois pris soin de ses deux frères. Brusquement, un jour, elle leur avait annoncé : «Je ne suis pas votre mère. Je ne serai pas comme elle votre servante. Débrouillez-vous.» Elle les avait revus dans des salons funéraires à l'occasion de décès dans la parenté, et c'était tout. Elle s'était dit qu'il ne serait jamais question de mariage pour elle. Tous les hommes étaient à l'image de son père; le pitié qu'elle éprouvait pour la mémoire de sa mère avait renforcé une volonté farouche de se tailler un autre destin. Le choix de sa carrière s'était fait plus ou moins consciemment. Elle avait exclu au préalable tout ce qui lui paraissait «affaire de femme». Mais pourquoi la police plutôt qu'autre chose? Simplement parce qu'on offrait aux candidats officiers de subventionner une licence en droit, puis des cours en informatique de gestion. Elle avait été une étudiante exemplaire, une recrue modèle. Dès le premier jour, elle avait établi qu'elle n'aspirait pas à être considérée ou traitée comme «one of the boys»; elle avait pris ses distances avec tous ses collègues, tant féminins que masculins. Cela lui avait valu quelques passes difficiles; elle avait fait celle qui ne voit rien et n'entend rien, même pas le sobriquet que ses camarades de promotion lui avaient décerné, «la grand Jojo». Au début, elle n'avait visé qu'un emploi; avec le temps et le succès dans ses études, l'idée de carrière s'était développée. Avec l'idée de carrière, l'ambition était apparue, soutenue, alimentée, par la nature de ses rapports avec ses collègues mâles; elle n'avait pas cherché de raisons, et aucune ne s'était imposée, d'avoir beaucoup d'estime pour eux. Certains rapports confidentiels continuaient d'exercer sur elle une étrange fascination : l'abus croissant de drogues et d'alcool chez les policiers, la hausse du nombre de suicides, l'absentéisme, les troubles de comportement, l'apparition au sein même de la Sûreté de cliques «noires», «jaunes» et «blanches», chacune avec sa combine. Sous le masque de la virilité et le déguisement de l'uniforme, derrière l'autorité de l'arme, la même faiblesse, la même misère. L'image du père. Jocelyne Jost avait enregistré chaque jour une confirmation nouvelle de ce qu'elle s'était longtemps retenue de croire par une sorte de déférence atavique. «C'est ça, le monde des hommes! Un mythe! Mensonges et jeux de miroirs!» De là à inférer qu'elle était supérieure à cet univers indigent, il n'y avait qu'un pas. Curieusement, il ne lui parut pas paradoxal d'escompter que cette supériorité fût reconnue par ceux-là même qu'elle jugeait de moindre poids. Elle avait carrément refusé d'être affectée aux services de la protection familiale, de l'aide aux adolescents en difficulté et autres spécialisations (enfants disparus, femmes battues, itinérants et sans-abri) où l'on trouvait à peu près toutes les agentes de la Sûreté qui n'avaient pas opté pour la patrouille de la route ou exceptionnellement l'Intervention tactique. C'est ainsi qu'elle avait attiré une première fois, brièvement, l'attention du directeur Douglas Fraser.

— Mais qu'est-ce qu'il lui faut, celle-là?

Sur le ton de celui qui sait qu'avec les femmes, c'est toujours compliqué.

On l'avait placée à l'Administration/Personnel «en attendant, pour la familiariser avec les rouages», où on lui avait confié des travaux de recherche. Quelques-uns de ses rapports avaient été acheminés au bureau de Fraser, qui les avait trouvés utiles. Lorsqu'il avait été question de créer une Commission nationale de la protection publique, les études préparatoires avaient été effectuées pour le ministère de la Justice par un comité ad hoc; Fraser y avait délégué la lieutenante Jost, qui maintenait toujours son inscription au Barreau. La qualité du travail de Jocelyne Jost avait été remarquée comme aussi l'aspérité de son caractère, deux sérieuses raisons de la pousser sur une voie d'évitement. Elle avait donc été nommée adjointe au président dès l'adoption de la loi qui créait la Commission, avant même la nomination officielle de Jacques Dufour. Honneur, hausse de salaire et cul-de-sac. La parfaite impasse.

On ne le voit pas dans l'euphorie initiale; le bureau dans le Bunker avec larges fenêtres sur l'Esplanade, la lourde chaise pivotante au dossier élevé, les trois téléphones, la ligne directe avec le chef de cabinet de la première ministre; le secrétaire, Ganesh Ganga, jeune sergent à l'uniforme impeccable, dont l'empressement n'est sauvé de l'obséquiosité que par une sorte de candeur dans l'étalage de l'ambition; les mille petits égards recueillis des inconnus de la veille et savourés malgré tout. Surtout, le sentiment de connivence dans le partage et la protection de secrets d'État; voisinage du pouvoir, effluves grisants du pouvoir qui enveloppent, caressent, étourdissent le jugement.

— ... la Commission parlementaire?

— Le dossier est complet, monsieur le directeur. Français, anglais, sommaire en espagnol.

— Pour neuf heures?

— Je serai à l'héliport à huit heures trente.

De retour à son bureau, au secrétaire :

— Monsieur Ganga...

— Lieutenante!

— Prenez note et faites le nécessaire. Demain matin, sept heures, chez moi. Apportez la météo. Entrée à l'édifice B à sept heures vingt précises. Retenez l'hélicoptère pour départ à huit heures quinze. On se pose à l'héliport de la Zone à huit heures vingt-huit. Horaire et plan de vol au Contrôle aérien et à la Sécurité. La limousine en stand-by à l'héliport dès sept heures trente; horaire alternatif à la Sécurité. Merci.

Pour un temps. Jusqu'à ce que le temps dépouille le bureau, la fenêtre, la chaise, les téléphones, même le secrétaire, de leur valeur symbolique. La proximité du pouvoir est la proximité d'une ombre, l'ombre du corps opaque dont elle déforme le contour, et tout aussi insubstantielle. L'appréhension se produit comme l'irruption de l'hiver. On s'éveille un matin et le sol est couvert de neige. Il importe peu que la neige fonde, qu'il pleuve et qu'un temps doux persiste quelques jours ou quelques semaines; on a passé la frontière d'une saison à l'autre. Une frontière territoriale ne modifie pas brusquement le paysage; il faut mettre une distance pour voir poindre puis se distinguer les particularités nouvelles. Il en va de même pour les saisons de l'esprit.

— Il dort, fit le sergent.

À voix basse, indiquant du menton le président de la Commission nationale de la protection publique qui, de dos, dodelinant de la tête, paraissait assoupi.

Le convoi de voiturettes électriques avançait à vitesse réglementaire dans le tunnel qui reliait l'édifice de l'Assemblée nationale au Bunker. La première contenait deux policiers; la seconde, Dufour; la troisième, la lieutenante Jost et le sergent Ganga. La circulation régulière dans le tunnel avait été interrompue pour sept minutes, la durée totale du parcours en comptant l'embarquement et le débarquement.

— Ça s'est bien passé…

Jost ne répondit pas. Ganga enleva son képi et le posa sur l'attaché-case qu'il tenait sur les genoux. Jost eut un mouvement bref de la tête. Le sergent redressa les épaules et se recoiffa.

Ça s'était, en effet, bien passé. Les membres de la Commission parlementaire n'avaient pas été agressifs. Comment l'auraient-ils été devant l'attitude à la fois respectueuse, olympienne et quasi somnolente de Dufour? D'autant plus que c'était peut-être là son chant du cygne; il achevait son mandat; il avait fait, comme toujours, ce qu'on attendait de lui, il méritait bien le repos; on n'allait pas lui gâcher sa sortie. Le seul député de l'opposition, ancien ministre de la Justice, qui aurait pu provoquer quelque turbulence s'en était tenu à des banalités… Dans la salle aux murs azur, les trente fauteuils disposés autour de la grande table ovale sont tous occupés, les policiers d'un côté, les parlementaires de l'autre, les figurants à l'arrière. Face au ministre, Dufour; à sa droite, Fraser; à sa gauche Dovichi, directeur de la Section V de la Sûreté (Administration/Services financiers). Derrière Dufour, Jost et les directeurs des autres sections. Dans la troisième rangée, le sergent Ganga et divers adjoints. Une tapisserie bleu et or semée d'aiguillettes et de galons aux couleurs des Sections. À l'arrière-plan, les caméramans de la télévision, les techniciens du réseau audio, les journalistes, peu nombreux, et invités.

Tout en politique est théâtre, mais les scénarios sont connus. On sent dès qu'on entre dans la salle le temps qu'il fera. Si les parlementaires sont debout en petits groupes distincts et rigides, les ministériels d'un côté, l'opposition de l'autre, ou pis encore, s'ils sont déjà assis, penchés sur des dossiers et que règne le silence, c'est qu'il y aura tempête. Mais si les par-

lementaires bavardent jovialement, ou tournent les pages des journaux du
matin étalés sur la table, dans un bourdonnement d'éclats de voix, et si l'arrivée des comparants est le prétexte de quelques saillies, ce sera le calme.

Et c'est le calme. Dans un ronronnement ouaté. C'est la première fois que
Ganga voit de si près le ministre, Harry Bronstein, et quelques-uns des
députés vedettes, Dimitrios Constantinidis, Pedro Alvarado, Mélissa Pré-
vost, Jean-Baptiste Dieusibon. C'est la première fois qu'il voit réunis tous les
membres de l'État-major de la Sûreté, et qu'il se trouve en telle compagnie.
Surtout, qu'on peut le reconnaître, lui, sur les écrans de télévision, en telle
compagnie. Le regard d'un parlementaire l'effleure, s'arrête un moment sur
lui et s'éloigne. Il se retient de tousser, mais se permet de répondre par un
sourire discret aux plaisanteries des parlementaires. Il sait que sa famille le
regarde, l'oncle Mohun, la tante Suruj, le cousin Prem et le cousin Diparj,
dans la grande maison de l'Escarpement. S'il avait à définir ce qu'est le bonheur, trouverait-il autre chose que la description de l'instant présent?

Le même instant a d'autres résonances pour Jocelyne Jost. Pendant
quelques minutes ou quelques heures, elle ne sait pas, le temps se mesure au
mouvement des sensations, les sons coulent autour d'elle et l'enveloppent.
Une cacophonie feutrée; l'œil qui fait lentement le tour de la salle ne distingue que des contours flous et monochromes. Elle est ailleurs, isolée dans
un lieu secret au milieu de la salle, mais au-delà de la salle. «Qu'est-ce que
je fais ici? Quelle est cette charade? Qu'y a-t-il ici qui me concerne moi?»
Questions bizarres, sorties de nulle part, que rien, semble-t-il, n'a provo-
quées. Que rien n'avait fait pressentir. Mais qui se posent tout à coup de
façon fulgurante. Le paysage inconnu qui surgit de la nuit derrière l'éclair,
que le noir aussitôt engloutit. Le son revient; le temps retourne au rythme de
la grande horloge fixée au mur au-dessus des sièges des observateurs. La
vue retrouvée se concentre : l'occiput blanc de Dufour, la nuque enserrée
dans le col rigide de l'uniforme, au premier plan; la table et les fils du système audio convergeant au centre de l'ovale; puis, au fond, imagerie en
ronde-bosse, les membres de la Commission parlementaire. Le contour familier des personnes et des choses, aujourd'hui telles qu'elles étaient hier.

Le convoi de voiturettes électriques franchit la grille coulissante qui se
referme derrière lui à l'entrée du Bunker, le poste de garde et les lourdes
portes d'acier qui se meuvent silencieusement sur leurs rails, et s'immobilise
enfin devant l'ascenseur. Ganga a déjà sauté de son banc; il est à côté de
Dufour, offrant le bras pour aider le vieil homme à se lever. «Merci, sergent.»

Jost demeure impassible. Rien n'a changé. Mais une frontière a été passée.

L'hiver. Un hiver, le même, un autre. Il neige sur la ville de gros flocons paresseux qui semblent en suspension comme dans une boule de cristal. Le ciel a été couvert et doux toute la semaine. Un temps pour les enfants; on érige dans les ruelles des enceintes de neige vite ébréchées; des bonhommes, nés le matin, ont à midi perdu la tête; on dégage un coin de cour et on se dispute un ballon à coups de balai; la neige fond sur les jambes et coule dans les bottes en filets glacés.

— Pas aujourd'hui, c'est pas possible.

Physique avait cette fermeté calme des doux qui laisse croire qu'il suffirait d'insister.

Justin Gravel insista.

— Je comptais sur toi.

Physique se frayait un chemin dans le tohu-bohu du corridor, Gravel dans son sillage.

— Deux rendez-vous importants. Après, chez l'imprimeur, et...

— Pas aujourd'hui, je suis déjà en retard...

La voix demandait : essaie de comprendre.

— C'est bien mystérieux, ton affaire.

— C'est personnel, c'est tout. Eddy te donnera un autre chauffeur.

— Bon.

Sèchement. Avec mauvaise humeur. Il lui déplaisait de rencontrer une résistance inexpliquée. On s'habitue au concours d'un aide effacé, au point d'être surpris lorsqu'on découvre chez lui la manifestation d'une existence indépendante. L'attachement de Physique parfois l'agaçait, mais il ne lui était pas moins devenu à son insu indispensable. L'irritation anesthésiait la douleur que l'humidité avait éveillée dans sa jambe.

L'humidité ronge aussi les murs des logements mal chauffés et les corps grelottants. Aux fenêtres, les vieilles dames regardent s'accumuler sur les trottoirs la neige qui une fois de plus leur fera craindre de sortir. Les désœuvrés, eux, ont quitté la ville pour les stations de ski.

Il y a une quarantaine d'années, la rue était habitée par des gens bien. Pas riches, mais bien, hommes de métier, plombiers, électriciens, cheminots, boutiquiers, petits fonctionnaires. De chaque côté, face à face, une suite de constructions à trois étages, escaliers extérieurs droits menant à de petits balcons, portes jumelles du premier et du deuxième; minuscules parterres derrière une clôture de métal. Une rue propre avec des grands érables.

En sortant des locaux du journal, Physique avait machinalement tiré sur sa tête le capuchon de son anorak. Quelques pas dans la neige épaisse et il le repoussa. Quelques pas encore, il descendit le zipper. Il avait chaud. C'était la première fois qu'il avait un accrochage avec Gravel. Il entendait encore les paroles, «Je comptais sur toi». Peut-être aurait-il pu lui expliquer et, en expliquant, trahir un engagement. Par un serment solennel, il n'y aurait eu alors aucun conflit. Un engagement, ou plutôt une sorte de résolution, suggéré aux membres de la Fraternité mariale : «Nous sommes des pauvres qui partageons la pauvreté de nos frères et sœurs en toute humilité. Nous œuvrons au nom de Marie dans l'ombre et le silence. L'exemple de nos vies est notre apostolat.» La Fraternité, qui recueillait et distribuait des biens de toutes sortes aux nécessiteux, avait été fondée par un laïc dont le rôle n'était pas différent de celui des autres membres; on se réunissait par petits groupes pour la prière et chaque groupe élaborait son propre programme d'action; il n'y avait pas de statuts ni de hiérarchie. La Fraternité fuyait la publicité et ne s'associait directement à aucune œuvre paroissiale, encore moins avec la Fédération des Œuvres de charité; elle n'avait ni permanents ni frais d'administration. C'était, consciemment dans l'esprit de son fondateur, l'expression d'une certaine vision de l'Église primitive où l'essentiel est l'affirmation de la foi et la fidélité à l'exemple de Jésus, auxquelles s'ajoutait une dévotion particulière à Marie; cela venait de ce que le premier des signes de la divinité de Jésus, à Cana, ait été donné à la demande de sa mère qui s'inquiétait que le vin des noces fût épuisé. Les membres de la Fraternité voulaient être dans leur existence quotidienne des témoins. Certains conciliaient sans difficulté leur action dans la Fraternité et leur appartenance à l'Église; ils voyaient dans l'une le prolongement de l'autre. Certains, comme Physique, n'avaient aucune considération pour les cérémonies de l'Église officielle, avec leurs chansonnettes, leurs guitares et leurs chorégraphies, ni pour les pasteurs à la mode qui présentaient le Christ comme une manière de bon gars pas achalant qu'on tutoie, et surtout qui ne dérange personne. Physique n'allait jamais à la messe, mais relisait souvent l'Évangile selon saint Jean; Jean est le seul des Évangélistes à parler de Cana et de l'intercession de Marie; il note le mouvement d'impatience de Jésus : «Femme, que me veux-tu? Mon heure n'est pas encore arrivée?» Marie n'est pas rebutée, elle sait que son fils accédera à sa prière et dit aux servants : «Tout ce qu'il vous dira, faites-le...» Comment Physique aurait-il parlé de tout cela à Justin Gravel? L'admiration qu'il avait pour lui se situait sur un plan temporel; le reste faisait partie d'une vie intérieure qui réclamait moins d'être secrète que dérobée à la curiosité ou à l'ostentation. Ce n'était pas qu'il craignît la raillerie; une sorte de pudeur le retenait; c'était comme si son action au sein de la Fraternité, une fois exposée au grand jour, eût risqué de perdre le sens qu'elle avait à ses propres yeux. C'était lui-même qu'il protégeait par son silence, cette partie de lui-même dans laquelle il voyait une part d'infinité, une permanence au centre d'un quotidien transitoire.

Il marchait maintenant d'un pas ferme dans une rue que les gens bien d'autrefois n'auraient pas reconnue. Seule demeurait aujourd'hui la propreté artificielle de la neige nouvelle; les enfants et les arbres avaient disparu; il n'y avait plus de vieilles dames aux fenêtres; les longs escaliers s'étaient transformés en arcs-boutants soutenant des murs délabrés. Pourtant, ici et là, on avait accroché aux balcons des ampoules électriques multicolores; elles jetaient dans la nuit un éclairage anémique sur une fête où personne ne venait.

Ordre et Justice avait loué deux étages. On avait installé l'administration au rez-de-chaussée; la rédaction du journal, *L'Ordre*, au premier. Deux logements identiques; la porte ouvrait sur un corridor; de chaque côté, deux chambres; au fond, la cuisine et la salle de bains, et une porte donnant sur une petite cour séparée de la ruelle par un hangar. On chauffait chaque étage par une fournaise de plancher à l'huile placée au milieu du corridor; le tuyau suspendu au plafond par des attaches de fil métallique débouchait à l'extérieur au-dessus de la fenêtre de la cuisine.

Au premier, le délabrement des lieux avait été camouflé avec plus ou moins de succès par une couche de peinture d'un petit vert céladon.

Gravel avait réquisitionné la cuisine parce qu'il y avait plus d'espace et de lumière naturelle. Une pièce était réservée aux archives et à la documentation; les autres, aux deux rédacteurs permanents et aux collaborateurs bénévoles. La rédaction utilisait un système intégré de photocomposition et de formatage relié directement à l'atelier de Croteau.

— Dan, c'est pas le moment!

Cruciani se penchait sur l'imprimante et tendait la main pour en retirer une feuille de papier. Justin Gravel le repoussa sans cérémonie.

— On est déjà en retard, je te dis!

— Mais c'est quoi, cette affaire-là?

Gravel, assis devant l'écran cathodique, ne l'écoutait pas. Cruciani se penchait sur l'imprimante.

— C'est quoi? Tu parles du président du Comité exécutif?

— Oui.

— C'est quoi?

— Tu liras ça dans le journal. Une histoire de pots-de-vin.

La première page de *L'Ordre* était affichée à l'écran. Gravel s'affairait sur le clavier; le curseur se déplaçait verticalement, horizontalement, avec des hoquets; les lignes sautaient, s'effaçaient, disparaissaient, reparaissaient ailleurs; un titre se gonflait, l'autre diminuait, s'écourtait.

Cruciani sentait monter la colère.

— Tu penses pas que c'est le genre de choses qu'on devrait discuter avant de...

L'écran était redevenu bleu.

Un nouvel affichage apparut. Dans la partie supérieure, un rang de symboles analogiques et deux colonnes de petits rectangles contenant chacun les signes d'un langage incompréhensible à Cruciani. Une sorte d'insecte lenticulaire sautait d'un symbole à un rectangle, d'un rectangle à un symbole, ses mouvements rythmés par des «bip, bip-bip».

Cruciani bouillait.

— On n'écrit pas des affaires pareilles! C'est peut-être pas vrai!

— Écoute. J'ai les documents. Et je dis pas tout. Pas tout de suite. J'attends qu'il nie pour servir le reste.

— On peut en discuter… On peut attendre.

Gravel haussa les épaules. La page était disparue de l'écran.

— Sais-tu ce qu'ils vont faire à l'hôtel de ville, le sais-tu?

— Ils feront rien. Ou ils feront ce qu'ils voudront. On s'en balance.

— Toi, tu t'en balances! T'es le héros! Mais Croteau a déjà perdu l'impression des formulaires des services financiers. Avant même qu'on parle d'eux. Maintenant, le Comité exécutif! Sais-tu combien de nos membres ont des contrats avec la Ville?

Des éclats de voix jaillissaient de la pièce voisine. Puis la sonnerie d'un téléphone. Quelqu'un frappa dans le mur.

— J'arrive! cria Gravel.

Et, se retournant vers Cruciani :

— Des contrats de démolition?

Dans le cou et le visage de Cruciani, les taches de rousseur étaient ensevelies sous l'écarlate de la colère.

— Toé, mon p'tit Christ!

Il avançait, les poings fermés.

Justin Gravel, sans bouger, le fixa d'un regard froid.

— Voyons, Dan, c'est une blague…

Le silence tomba entre les deux hommes. Cruciani fit demi-tour.

Au rez-de-chaussée, on avait laissé sur les murs le papier peint à feuilles de lierre que le temps et la poussière avaient uniformément cendré. Sauriol avait fait enlever les portes vitrées qui servaient de cloison entre les deux chambres à gauche du corridor; la première, du côté de la fenêtre protégée par un grillage métallique, ne contenait qu'une table et des chaises droites et servait aux réunions du secrétariat du mouvement; au fond, un classeur, le pupitre et la chaise de Sauriol. À droite du corridor, la première pièce était occupée par Sylvie Mantha, la fille du bijoutier, qui était devenue la secrétaire de Sauriol après avoir perdu son emploi dans une agence de publicité; elle avait décoré son bureau d'un petit sapin artificiel, tout blanc avec des rubans rouges noués au bout des branches. L'autre pièce et la cuisine servaient à Adélard «Eddy» Dufresne et à ses camelots (on ne savait pas comment le «Eddy» lui était venu, mais il s'en accommodait fort bien; personne maintenant l'appelait Gros-Delard, à l'exception de Cruciani qui ne voyait pas que, chaque fois, cela froissait son ancien employé). Il avait fallu quelques semaines seulement pour que cet arrangement révèle ses failles. Dufresne s'était découvert un talent d'organisateur, le nombre de camelots avait grandi rapidement et la cuisine était devenue leur lieu favori de rassemblement, surtout depuis que Dufresne avait acquis quelque part un appareil de télévision à grand écran, et il s'avérait de plus en plus difficile de les empêcher de déborder dans les autres pièces. Ce que Dufresne appelait des réunions débutait dans l'après-midi et se prolongeait souvent dans la nuit; le bruit des voix montait avec la consommation de la bière. Cela, ajouté au va-et-vient des membres du mouvement, avait convaincu Sauriol de chercher d'autres locaux, soit pour lui-même, soit pour Dufresne; comme il fallait rester dans le voisinage immédiat de la rédaction, l'affaire n'était pas encore réglée.

Le passage d'un étage à l'autre n'avait pas refroidi la colère de Cruciani. Il avait failli perdre pied sur les marches glacées de l'escalier. Dans la porte du rez-de-chaussée, il fut bousculé par deux camelots qui sortaient en trombe et, ne le connaissant pas, filèrent sans s'excuser.

— J'en ai assez, tu m'entends!

Le poing sur la table de Sauriol, qui se levait pour l'accueillir.

— J'en ai assez!

D'une voix qui portait jusque dans la cuisine, où le silence tomba soudainement.

— Ça fait des mois que ça dure. Qu'est-ce que je suis, moi, là-dedans?

— Asseyez-vous, monsieur Cruciani.

— Ce petit péteux de journaliste qui veut rien savoir! Je vais lui en faire, moi, des contrats de démolition! Cet article-là, sur le président du Comité exécutif, je veux que ça saute, tu comprends! Je veux pas voir ça dans le journal. C'est-y clair?

— Asseyez-vous, monsieur Cruciani.

— Appelle-le. Fais-le descendre. Qu'on règle ça!

— Dites-moi ce qui se passe...

— Appelle-le, je te dis!

De la droite, le poing fermé, il martelait la paume de sa main gauche, percussion rythmée à la cadence de ses pas autour de la table. L'explosion avait tardé à venir; elle en était d'autant plus violente. L'article de Gravel n'était que l'occasion fortuite qui permettrait enfin de clarifier une situation de plus en plus insupportable. Cruciani avait senti au cours des mois que *son* mouvement lui échappait. C'est lui qui avait créé Ordre et Justice, lui qui avait recruté les premiers membres, organisé les premières réunions, défrayé seul

les premières dépenses. Il avait tout fait; sans lui, il n'y aurait rien. Le petit
Gravel, cet infirme arrogant qui trônait aujourd'hui dans *sa* salle de rédaction, continuerait de courir les travaux à la pige. Allen Sauriol qui, sans
diplôme, se disait comptable? Il serait chômeur. Et Gros-Delard? Ces gens-là
lui devaient tout. En premier lieu, la reconnaissance. Et le respect. Il était
toujours président, bien sûr. Président de quoi? D'un mouvement qui comptait maintenant quelques centaines de membres actifs, enrôlés par Dufresne
et Sauriol, et qui noyaient les ouvriers de la première heure dont il ne restait,
à vrai dire, que Croteau, Mantha et quelques autres. Il connaissait à peine les
nouveaux membres, un curieux mélange de sans travail, d'assistés sociaux,
de petits fonctionnaires et de petits commerçants; il n'avait rien en commun
avec les premiers et n'éprouvait pour les derniers que du ressentiment pour
la façon dont ils se laissaient manipuler par Sauriol. Oui, Cruciani présidait
les réunions, mais c'était maintenant Sauriol qui donnait le ton. C'était lui
qu'on venait entendre. Cet homme, qui physiquement n'avait rien de remarquable et qui passait inaperçu dans la rue, avait manifesté, comme entraîné,
poussé par les événements, des qualités d'orateur étonnantes. De mois en
mois, ses auditoires grandissaient; des petites salles qui recevaient vingt-
cinq personnes, on était passé aux entrepôts et écoles où l'on pouvait en
entasser trois ou quatre cents. Or, Sauriol dans ses discours, Gravel dans ses
articles, dénaturaient les intentions originales du fondateur par leurs attaques virulentes contre les institutions et les hommes, les mégatrusts étrangers et leurs agents locaux. Ces deux-là ne demandaient plus l'avis de Cruciani; quand il le donnait, on ne l'écoutait pas. Cruciani n'avait jamais désiré
la guerre à l'ordre établi; il voulait une meilleure part du gâteau. Il ne lui
avait pas déplu que le journal prenne dès ses premiers numéros une manière
frondeuse et qu'en hauts lieux on le trouve, lui, vaguement menaçant; juste
assez menaçant pour qu'on croie utile de le ménager, de l'apprivoiser.
Quelques contrats de démolition avaient communiqué le message approprié; il lui appartenait de faire entendre qu'il avait bien compris. Donnant,
donnant. Cela voulait dire : mets la sourdine, joue le jeu. Tu es payé, livre la
marchandise... Il était temps d'agir; les choses étaient allées trop loin déjà.

Cruciani n'avait prêté aucune attention aux paroles de Sauriol et au sif-
flement de l'intercom. Il n'était attentif qu'à son impatience.

— Et alors?

— Il n'est pas là.

— Il n'est pas là?

— On me dit qu'il vient de partir.

— Il vient de partir?

Le trémolo s'accrochait dans sa gorge, mais Cruciani avait cessé de s'agiter. La colère ne s'était pas apaisée; elle était maintenant contenue comme un

torrent dans la digue d'une décision spontanée. On avait fini de se moquer de lui.

Cruciani, du coin de l'œil, aperçut dans la porte la carrure de Dufresne. Aussi bien comme ça; tout le monde serait prévenu.

— Il va y avoir des changements... Le journal, c'est une folie. J'ai toujours été contre, et...

— Voyons, vous avez participé à toutes les décisions. Dites-moi seulement ce qui...

— J'étais contre! C'est le petit trou-de-cul de journaliste qui a tout manigancé. On s'est fait fourrer. Mais c'est fini. Tout le temps perdu à quêter de l'argent pour ce maudit journal! Ça donne quoi? On se fait des ennemis partout. Demande à Gros-Delard. Des camelots se sont fait arracher leurs journaux la semaine dernière à la porte du garage de la Commission de transport, puis à la porte de l'Hôpital communautaire. Des bagarres. Je suis au courant.

— Les bras du Cartel intersyndical... grogna Dufresne.

— Et on dénigre la Coalition du patronat, et on attaque le gouvernement!

— Et le tirage augmente, glissa Sauriol.

— Il a fini d'augmenter parce que, moi, je mets la clé dedans! J'ai toujours été contre. C'est fini. It's over. It's dead. Si tu veux reprendre ta job avec moi, Gros-Delard, t'as qu'à le dire. Toi aussi, Sauriol, je te trouverai quelque chose. Et vous serez mieux payés qu'ici. Le journal, c'est fini.

D'autres têtes étaient apparues dans la porte derrière Dufresne, qui demeurait immobile, les yeux fixés sur Sauriol.

Allen s'était assis. Il avait posé les coudes sur la table et croisé les mains. Le regard qu'il levait sur Cruciani avait une lueur de pitié.

— Vous pensez pas qu'on pourrait d'abord discuter...

— J'ai décidé. J'aurais dû le faire depuis longtemps.

— La difficulté, voyez-vous, c'est qu'il vous appartient pas de décider...

— J'ai dit que c'était fini.

— Vous ne m'écoutez pas, monsieur Cruciani. Le journal est enregistré aux noms de Gravel, Croteau et moi-même.

— J'étais contre. Je vous ai laissés faire. Mais j'étais contre.

— Soyez logique.

La colère de Cruciani restait froide. Il n'était pas décontenancé par ce qui lui paraissait un détail insignifiant.

— C'est le journal du mouvement. Que j'ai fondé. Dont je suis le président.

Tout ce qu'il avait ruminé depuis des semaines de façon confuse, les doutes, les frustrations, les humiliations, les velléités noyées dans l'incertitude, se trouvait tout à coup clairement ordonné; il n'avait qu'à annoncer la solution d'un problème déjà résolu.

— C'est toi qui n'écoutes pas, Sauriol. Ordre et Justice, c'est moi. Ce nom-là est à moi, j'ai les papiers. Vous avez enregistré le nom d'un journal, *L'Ordre*? Parfait. Mais l'argent vient d'où? Des membres et des supporters de *mon* mouvement. Le compte de banque où vont les recettes, il est au nom du mouvement. Sur les chèques que tu fais, même pour le loyer, t'as besoin de ma signature! Oh, je vous avais vus venir! Pas si naïf que ça, le bonhomme. Et je signe plus rien, c'est clair. Si Croteau publie, il sera pas payé, je me charge de l'avenir. Je vas te nettoyer ça, moi. Ordre et Justice a une constitution : relisez-la. La prochaine réunion générale, c'est dans quoi? Trois semaines? Après le Jour de l'an? See you, suckers!

— Je n'ai rien dit à Allen.

Ginette Rousseau avait glissé la main sous le bras de Physique. Le passage du métro était encombré des réfugiés de l'hiver qui avaient choisi comme havre la dernière station de la ligne, par paquets de corps groupés selon la couleur, blanc, noir, jaune, avec des zones de transition qui faisaient l'effet d'une mixture de substances colorantes. Caverne de Babel, foisonnement chaotique, bouillonnement de forces et de courants qui éclateraient sous leur propre pression si jamais les sorties étaient bouchées. C'était chaque jour le même manège : il s'agissait d'être debout et d'avoir l'air de circuler quand, deux fois dans la soirée, toujours aux mêmes heures, arrivait la patrouille; les policiers disparus, on s'allongeait de nouveau le long des murs. Petit jeu de chaise musicale qui ne trompait évidemment personne. Il arrivait parfois qu'on vide une station quand la cohue se faisait trop turbulente ou qu'éclatait une véritable bagarre, généralement entre vendeurs de drogues; le lendemain, la vie souterraine hivernale reprenait son cours dans un ramassis de sacs et de couvertures, de mitaines, de tuques et de foulards oubliés. Les autorités avaient calculé qu'il était plus simple, en fin de compte, de tolérer l'occupation pacifique des corridors de quelques stations de métro que d'exécuter des razzias : on gagnerait quoi à rejeter tout ce monde dans la rue, à part des accusations de brutalité policière et de persécution des démunis? Ce n'était pas qu'il manquât de centres d'hébergement : les itinérants n'y allaient que pour dormir la nuit, les heures d'éveil étant plus agréables au milieu d'un foule grouillante. Seules les stations du centre-ville étaient interdites aux flâneurs; elles donnaient accès aux grands complexes immobiliers et commerciaux, aux sièges sociaux des banques et des grandes entreprises, aux grands hôtels. Là, on n'appréhendait ni la brutalité policière ni la persécution des démunis.

— Il ne rentrera pas avant minuit…

L'escalator ne fonctionnait pas. Les premières marches de béton, sur lesquelles on sentait encore la chaleur des corridors, étaient obstruées par un enchevêtrement de jambes et de bras. Physique hissait Ginette derrière lui. Dès qu'on atteignait le niveau de l'air froid, la voie devenait libre.

— Il a une réunion avec monsieur Gravel, Croteau, Eddy et les autres, dit Physique.

Le hall de la station était une grande pièce rectangulaire, au plafond bas, avec de grandes baies vitrées sur trois côtés; trois portes tournantes ouvraient l'une sur le parking, les deux autres sur les quais d'embarquement des usagers des autobus. La nuit avait une sorte de phosphorescence qui donnait à la neige un reflet bleuté.

— Je n'ai pas dit à Allen que…

Sur le ton d'un aveu embarrassé. En serrant le bras de Physique comme pour établir une complicité. Elle souhaitait qu'il demande «Pourquoi?» ou, mieux encore, qu'il prenne sa main pour lui indiquer qu'il avait compris. Il dit :

— Monsieur Gravel pense qu'il va mieux…

Mais ce n'était pas d'Allen que Ginette voulait parler.

— Oui.

— En hiver, avec l'humidité, une fièvre, ça peut être mauvais.

— Oui.

Le soir de son altercation avec Cruciani, Allen s'était couché sans dîner, après quelques phrases maussades à Ginette. Il avait passé les jours suivants dans sa chambre, la porte fermée, n'apparaissant en silence qu'à l'heure des repas, qu'il avait à peine touchés. Il avait refusé avec colère que Ginette fasse appel à Urgence-Santé et elle avait vite saisi que ses manifestations de sollicitude ne provoquaient que de l'exaspération. Le mutisme d'Allen dégageait une hostilité qui avait jeté Ginette dans le désarroi. Elle s'était sentie plus que jamais rejetée pour quelque défaut, quelque insuffisance qu'elle n'arrivait pas à reconnaître, mais dont elle ne doutait pas qu'elle fût coupable. Comment devrait-elle expier? Quelle punition serait à la mesure de sa faute? Il est juste, assurément, qu'il faille expier; on ne peut se révolter contre ce qui est juste. Ce n'est pas la justice qui est aveugle, mais la pécheresse réduite à l'impuissance de sa culpabilité. Le deuxième jour, Gravel s'était présenté avec des exemplaires de la livraison de L'Ordre contenant l'article auquel Cruciani s'était objecté; Allen avait refusé de le voir; il avait fait dire par Ginette qu'il était trop malade. Le jour suivant, Gravel avait téléphoné à plusieurs reprises, et il avait reçu la même réponse. Le troisième jour, Gravel

était revenu, accompagné cette fois de Croteau et de Physique. Les trois
hommes étaient entrés sans courtoisie, presque rudement; Gravel et Croteau
s'étaient enfermés dans la chambre d'Allen, et Physique était demeuré dans
la cuisine avec l'attitude de quelqu'un qui monte la garde. Ginette lui avait
préparé un café et, sans y être invitée, s'était assise devant lui, les coudes sur
la table. Elle ressentait autour d'elle une agitation mystérieuse; à travers la
porte close, les voix graves de Croteau et de Gravel, la voix d'Allen qui tout
à coup fusait en notes aiguës et retombait en grognements; une tension qui
se manifestait jusque dans la posture rigide de Physique. Des remous la secouaient, la ballottaient comme une épave. Elle n'avait rien compris à la maladie d'Allen, dont elle n'avait vu aucun symptôme, sinon l'abattement et la
mauvaise humeur, et qui n'avait requis aucun traitement; il n'avait rien
expliqué, les visiteurs non plus. Elle était écartée, exclue d'événements qui
auraient peut-être, si on lui avait permis de s'y accrocher, donné une direction à sa vie; tout se passait comme si elle n'existait pas.

— Vous n'avez pas l'air…

Quelqu'un, quelque part, parlait sans doute.

— Les derniers jours ont été difficiles?

De très loin, des mots parvenaient jusqu'au fond de son angoisse. Physique vit que les mains jointes de Ginette se desserraient lentement, que ses
épaules s'arrondissaient. Elle leva les yeux sur lui; de lourdes larmes silencieuses coulaient sur ses joues.

Le stationnement de la station de métro était presque vide en ce début de
soirée. Il n'avait pas été déblayé de la neige légère tombée la veille; le vent
avait dégagé ici et là des îlots d'asphalte glacé. Physique et Ginette
avançaient à petits pas rapides, dérapant par moments, sautillant. Devant
eux, la palanque des grands pins du parc, percée d'une arche de bulbes multicolores. Une brèche avait été pratiquée dans le banc de neige qui ceinturait
le parc et un sentier piétiné vers l'entrée. On apercevait maintenant sur la
gauche un long bâtiment gris dont les fenêtres éclairées clignotaient dans le
frémissement des branches. Un air de valse viennoise grinçait dans les haut-
parleurs accrochés à des poteaux de bois. Passé l'arche, on entrait d'emblée
dans un univers féerique, une sorte de forêt magique protégée des aspérités
de la ville par la nuit et les grands pins. Une large piste de patinage serpen-
tait vers l'inconnu au tournant d'un bosquet; des guirlandes de lumière en
suivaient le parcours sinueux, suspendues d'un arbre à l'autre, et donnaient
à la glace des reflets pastel. Les patineurs, seuls, par couples ou en groupes,
défilaient à un rythme uniforme comme si l'espace entre chacun était réglé
par quelque horlogerie, la poussée des jambes s'accordant à la musique. Un
adolescent parfois se détachait subitement d'un peloton et partait, les bras
battant devant lui, comme une mécanique devenue folle; le sprint durait

quelques minutes et le patineur, calmé par cette explosion d'énergie, rentrait dans le rang avec un sourire satisfait. Le plus fascinant était l'impression de silence, une sorte de silence sidéral, qu'enveloppaient la musique et le crissement cadencé des patins... Silence des patineurs absorbés par le plaisir des yeux et de leur propre mouvement, par leur évasion dans le merveilleux.

— Heureusement qu'il est guéri. Avec tout ce qui se passe...

— Oui.

Ils avaient loué des patins dans le bâtiment gris et s'étaient lancés sur la piste. Physique avait un pantalon noir, un blouson de cuir, un long foulard de laine enroulé autour du cou et rejeté par-dessus l'épaule et une calotte de marin. Ginette portait un collant noir sous une jupette blanche, un long pull blanc et rose, une tuque blanche surmontée d'un pompon rose. Le départ avait été hésitant; Ginette s'était agrippée à la main de Physique; après quelques minutes, l'équilibre avait été retrouvé, Physique avait accordé sa foulée à celle de Ginette et ils se fondaient maintenant dans le long ruban des patineurs qui ondulait entre les parois de neige. Le parcours était décoré de balises lumineuses en plexiglas givré en forme de cônes, de cubes, de pyramides, de sphères. Des airs de Noël avaient succédé aux valses; le mouvement des patineurs avait ralenti, les foulées devenues plus longues et comme alanguies. Les couples s'étaient rapprochés; Ginette passa le bras autour de la taille de son compagnon, se pressant contre lui.

— Je n'ai rien dit à Allen.

À voix basse, pour elle-même, cette fois. Sur le ton d'une calme satisfaction. Comme si cela n'importait désormais qu'à elle-même; comme si l'appui d'une complicité lui était devenu inutile. Elle laissa tomber son bras et continua de patiner à côté de Physique sans lui toucher. Elle n'avait plus besoin de lui. Il avait été en quelque sorte le passeur; c'était suffisant. Il lui avait permis de laisser derrière elle une terre étrangère où elle était captive, oppressée par la ville, perdue dans le labyrinthe de ses relations avec Allen, pour aborder la rive d'un monde pareil à celui de son enfance, où ne se trouvaient que la blancheur de la neige, la placidité des pins et la sérénité du ciel. Elle se sentait emmaillotée dans la nuit d'hiver. L'hiver aux dimensions primitives, aux grands plans arrondis, aux paysages stratifiés, où rien ne trouble la somnolence bénie du cœur. Léthargie bienfaisante qui interrompt le temps; rien ne subsiste des attentes du printemps, des passions de l'été et des langueurs de l'automne. Rien. Le froid a tout endormi, la neige a tout dérobé à l'impatience de l'esprit.

Physique avait presque regretté l'invitation qu'il avait faite à Ginette. Sur le coup, il n'avait vu que les larmes, la femme accablée et sans défense, dérivant dans le noir, résignée à la défaite avant même d'avoir combattu, victime de sa propre faiblesse encore plus que des événements. Il avait été ému comme il l'était toujours par la misère. Non pas la misère matérielle, à laquelle il était indifférent au même titre que lui était indifférente l'abondance de biens, mais la misère de l'âme; cette misère des êtres pour qui l'existence est une longue souffrance infligée par quelque force aveugle qui ne tolère que la soumission. Physique s'était laissé envahir par la pitié; il aurait voulu céder une partie de lui-même qui serve à Ginette d'armure contre ses fantômes ennemis, qui couvre d'une carapace sa fragilité. Il n'avait trouvé à lui offrir qu'une soirée de patinage. Pauvre réconfort? Il n'était pas inconscient de l'inévitable disparité entre les élans du cœur, surtout les plus profonds, et leurs manifestations. Comment exprimer l'amour, même celui de Dieu? La haine, même celle du mal? Par quelle action qui ne soit —en fin de compte, serait-ce même le don de sa vie— dérisoire? Ainsi chuchote la voix insidieuse de l'orgueil : n'est valable et digne de soi que ce qui dépasse la pratique des gens ordinaires. Pour Physique, l'amour de Dieu et du prochain, sa créature, s'exprimait dans les petits gestes du quotidien. Si on lui avait dit que c'était là la voie ardue, parce que solitaire et sans récompense, alors que celle des grands projets de rénovation de la société est la voie confortable, il n'aurait pas compris. L'attitude initiale de Ginette l'avait gêné; il avait saisi que son geste de sympathie fraternelle avait acquis pour la jeune fille une autre dimension. Il n'avait pas répondu à son «Je n'ai rien dit à Allen», parce qu'il ne lui était pas venu à l'esprit qu'il pût y avoir quelque chose de clandestin dans cette sortie. Quand elle s'était pressée contre lui, le bras autour de sa taille, il s'était figé intérieurement. Il y avait là un malentendu. Il n'était pas dans sa nature de tromper; le comportement de Ginette lui suggérait qu'il avait déjà, bien malgré lui, trompé la jeune fille, qui à son tour l'entraînait à tromper Allen et, par le biais d'Allen, d'une certaine manière, Justin Gravel. C'était comme s'il se tissait autour de lui une toile de menus mensonges, encore, mais que renforceraient le temps et les mensonges subséquents. Situation fausse et sans issue. Comment s'en tirer sans blesser Ginette, sans lui retirer le secours qu'il avait tenté, peut-être imprudemment, de lui apporter? Sans la laisser plus désemparée qu'elle ne l'était avant son intervention? C'est ainsi qu'on s'enlise dans les sables mouvants de la pitié... Subitement, Ginette avait retiré son bras et s'était écartée de lui. Les patineurs étaient revenus au rythme de la valse; la lune s'était élevée au-dessus des arbres, un deuxième quartier clair et froid dans un ciel presque noir. Physique laissa Ginette prendre une demi-foulée d'avance; elle ne s'en rendit pas compte, ses mouvements devenaient plus légers, plus souples, comme si elle se laissait porter par la musique. En vérité, elle était absente; elle n'était plus dans ce lieu ni dans ce temps précis, mais quelque part en elle-même où n'habitait que sa petite enfance où elle s'était réfugiée. Physique comprit qu'elle s'était échappée. Il aurait dû en être soulagé. Mais il n'éprouva tout à coup qu'une grande tristesse; il voyait devant lui, sous l'enveloppe de la jeune femme, la petite fille vulnérable qu'il n'avait pas su, qu'il ne saurait jamais protéger, qui continuerait de fuir vers le passé. Jusqu'à quand? Jusqu'à ce que le présent devienne trop lourd, trop dense de solitude et de luttes futiles pour permettre l'évasion? Et alors?

— À cent à l'heure! En pleine ville!

La voix de l'indignation, aux inflexions chantantes d'un accent espagnol. Une petite tête ébouriffée sur un corps grassouillet.

— Alors, c'est tout ce que vous avez?

La voix de la crispation administrative avec un accent français. Une tête effilée au bout d'une charpente frêle.

Le caméraman se rebiffait.

— Je ne pouvais pas être là avant l'appel. Ramos dormait, je suppose. Comme d'habitude.

Pascal Pothier écoutait distraitement. Il essayait de classer par ordre d'urgence les messages empilés sur son pupitre. Les voix portaient haut, au-dessus du crépitement feutré des téléscripteurs.

— Trois morts! Trois! Tout ce que vous avez, c'est un tas de ferraille. Même pas une ambulance.

Le caméraman, théâtralement, consulta sa montre.

— À partir de maintenant, je suis en temps supplémentaire.

Mais l'autre y allait toujours de son numéro.

— Cent à l'heure, ils sont malades, non!

La directrice de l'information détourna le regard loin du caméraman et laissa tomber un soupir stoïque.

— Oh, ça va, je ne vous retiens pas.

Sa journée commençait mal. Elle avait été en retard à la maternelle; sa fille de cinq ans lui avait fait une scène à propos d'un chandail qu'elle refusait de porter. Un carambolage sur le pont de la rive nord avait bloqué la circulation pendant près d'une heure. Elle avait loupé la grosse nouvelle de la nuit : l'automobile d'un suspect pris en chasse par la police avait brûlé un feu rouge et percuté une voiture dont les trois occupants avaient été tués... Un étau lui contractait les tempes qu'elle massa lentement. Elle s'était habillée trop vite; sa blouse n'allait pas vraiment avec sa jupe; ses cheveux, teints blonds, auraient dû être coupés depuis quelques semaines. Le regard qu'elle avait jeté dans le miroir de la salle de repos en arrivant ne l'avait pas calmée; elle engraissait là où elle avait été mince, et fondait là où elle aurait aimé conserver d'agréables rondeurs. Elle se passa les mains dans les cheveux en quelques gestes nerveux pour les repousser en arrière. Puis elle regarda ses doigts étalés; ils avaient des rougeurs à la base des ongles qui étaient ternes. Elle n'aimait pas ses mains.

— Le *Newsbeat* du 15 aura les civières. Et nous, alors?

Elle ne s'adressait à personne en particulier; personne ne lui répondit.

La voix de l'indignation, à l'accent espagnol, demeurait sur sa lancée.

— On fait de la course automobile en pleine rue! Ce sont des malades, ces policiers! Trois morts!

Pothier leva la tête.

— Je vous ferai observer, madame, que ce ne sont pas les policiers qui ont tué ces pauvres jeunes gens.

— Ah! Des maniaques du revolver vous courent après, qu'est-ce que vous faites? La chasse à l'homme. L'homme à abattre. Je sais ce que c'est, moi, l'État policier. Des malades! Vos amis, évidemment…

La voix de la crispation administrative coupa :

— Dolorès. Appelez Chung au 15. Voyez ce qu'il a. Dix, douze secondes, si c'est valable.

Pothier, l'air d'être absorbé par des notes qu'il ne voyait pas, inscrites sur des rectangles de papier qu'il brassait machinalement comme un jeu de cartes, se reprochait d'avoir une fois de plus réagi bêtement. Il connaissait pourtant le discours. Mais, chaque fois, il mordait. Le plus irritant, c'était d'entendre chez Dolorès l'écho de propos qu'il avait déjà tenus, miroir dans lequel il lui était pénible de voir une certaine image de lui-même. Image infidèle de ce qu'il était maintenant, mais qui persistait comme une tache tenace. Ou comme un remords qui subsiste dans le cœur après que la raison en a clairement démontré l'aberration.

— Monsieur Pothier, si vous aviez une minute…

Elle avait roulé une chaise devant le pupitre de Pothier; la main qu'elle y posait était étendue; celle qu'elle gardait sur les genoux, à l'abri des regards, crispée. Elle savait que Pothier la considérait comme un mal nécessaire et rien de plus. Pothier savait qu'elle savait et ne faisait rien pour la rassurer. Il avait conquis le statut de vedette et, tant que les sondages le lui conservaient, il garderait ses distances. Il avait déjà subi sept directeurs ou directrices de l'information; il en subirait d'autres. Cette Française, qui avait d'abord été Polonaise, était arrivée dans les bagages de la nouvelle administration après que Télé-Cité eut été vendue à un consortium germano-coréen qui contrôlait déjà plusieurs chaînes à travers le monde. Était-ce pour elle une promotion, une rétrogradation, un mouvement latéral? Le tremplin, ou le bout de la ligne? Le savait-elle elle-même? Chose certaine, elle n'était que de passage et la spécificité du pays ne l'intéressait pas. Elle travaillait selon des recettes dont la rentabilité était éprouvée à travers le monde : la manchette va aux sports (le consortium est propriétaire d'équipes), aux vedettes populaires (le consortium est propriétaire de maisons de production et de distribution), à la météo et au fait divers local à condition qu'il ait quelque aspect sanglant, ou scandaleux ou bouffon. La politique était traitée à la sauvette, à moins qu'on y trouve quelque rapport avec le sport, les vedettes populaires, la météo, le sang, le scandale ou le comique. Cela n'était pas, d'une certaine façon, sans arranger Pothier puisque sa niche était ainsi reconnue.

Alors, pourquoi se cabrer?

— Un agenda chargé?

Le ton de la prudence, l'œil sur la paperasse amoncelée sur le pupitre, feuilles arrachées aux télétypes, communiqués, coupures de presse.

— Pas mal.

Une main sur le téléphone. Comme un écran contre l'intrusion.

— Le groupe Ordre et Justice. Qui publie une espèce de torchon...

— Je connais.

— Des énergumènes de la droite qui tiennent le discours de la gauche. Ou le contraire. Ce qui revient au même. En France, du temps de mon grand-père...

Le main de Pothier tapotait le téléphone.

— Bon. Il paraît que leur journal a cessé de paraître et que le groupe va se dissoudre. Vous saviez?

— Non.

Lui importait-il vraiment qu'elle marquât un point?

— Pas étonnant. Un ramassis de petits commerçants et quelques scribouillards. Un feu de paille.

— Peut-être...

Mais la Française ne concédait rien.

— J'ai appris que *Le Matin* et *Le Star* publieront des interviews du président Cruciani, l'entrepreneur, qui s'est déjà mêlé, à ce qu'on me dit, de politique municipale...

— Ils ont du temps à perdre.

Il eût pu tout aussi bien ne rien dire.

— Vous l'avez déjà rencontré. Les archives m'ont fait voir un reportage, hier... Le contraste serait amusant. L'enthousiasme du départ. Et le dégonflement. Deux images. Quelques phrases. L'ordre et le désordre et tant pis pour la justice...

Elle n'élevait jamais la voix. Elle ne regardait pas son interlocuteur quand elle sentait une résistance mais portait le regard à côté ou au-dessus, s'adressant à quelque personnage invisible qui, évidemment, ne lui répondait pas;

elle pouvait ainsi suivre le fil de sa pensée sans entendre le tiers devant elle, dont les propos se perdaient dans une sorte de brume.

— Il est prévenu. Il attend votre téléphone.

La réunion avait commencé au début de la tempête, une neige drue qui réduisait maintenant la visibilité à quelques mètres; elle paralysait peu à peu la circulation automobile. Dans quelques heures, on perdrait sous la neige, ici et là, les véhicules abandonnés. De rares autobus étaient encore en service sur les grandes artères, mais pour combien de temps?

Justin Gravel, Adélard Dufresne et Sylvie Mantha avaient passé la journée dans les bureaux du journal. Dufresne avait envoyé l'un de ses camelots chercher de la pizza et de la bière.

La plupart des magasins avaient fermé leurs portes une heure plus tôt qu'à l'accoutumée; de toute façon, il y avait eu peu d'achalandage. On rentrait chez soi à pied, en silence, à la file indienne dans le sentier battu sur le trottoir, la tête enfoncée entre les épaules, le col relevé sur les oreilles. L'univers enclos sous la masse de neige est atomisé en corpuscules solitaires, lancés sur des trajectoires aveugles dans un dédale de briques et de béton. La veille de Noël. Le froid et la neige ont depuis toujours au même temps revêtu le même pays. Mais tout a changé. Qui se souvient de l'imagerie ancienne? La neige couvre la vallée; sur le flanc des coteaux, les longues branches de sapins ploient sous la neige; la neige sur les toits des maisons de bois aux cheminées fumantes; le clocher de l'église du village élancé vers le ciel étoilé; le portail grand ouvert, la lumière de la nef caressant la neige du parvis. Et un chœur de voix d'enfants...

Ô nuit de paix! Sainte nuit!

....

Ô nuit d'amour! Sainte nuit!
Dans l'étable, aucun bruit.
Sur la paille est couché l'enfant
Que la Vierge endort en chantant.

....

Ô nuit de foi! Sainte nuit!

La longue mémoire de l'innocence perdue. Ou de ce qui se pare du caractère de l'innocence dans une mémoire faite des blessures d'aujourd'hui. La mémoire d'un pays qui n'existe plus sauf sur des bouts de films conservés dans les archives, et que personne ne consulte.

— Je reviendrai quand vous serez prêts pour le meeting.

Dufresne ne tenait pas à remâcher pour la centième fois les propos de Cruciani rapportés plutôt maigrement dans les quatre quotidiens. Il est redescendu au rez-de-chaussée où ses hommes étaient attablés à une partie de poker. Rien ne l'ennuyait autant que les interminables discussions qui tournent en rond, dans lesquelles se complaisent les «intellectuels». Quelle importance avaient les boniments d'un Cruciani? Le bonhomme avait cru s'acheter un caniche qui aurait fait le beau dans les antichambres de la politique; il se retrouve avec un porc-épic récalcitrant; il panique et clame à tous vents qu'il ne connaît pas cet animal. Et après? On l'envoie au diable et on continue. Bon débarras. À quoi servait de regarder une fois de plus la gueule de Cruciani à Télé-Cité? Quarante secondes d'âneries. Et Gravel qui s'énerve. Gravel au téléphone qui finit par accrocher au bout du fil la directrice de l'information : on nous a attaqués, le droit de réplique, les deux côtés de la médaille, l'objectivité; l'effort pour avoir l'air raisonnable, pour rester poli; le combiné qui s'abat brusquement sur un juron et «ce n'est pas une nouvelle, monsieur», en empruntant une voix flûtée, «nous faisons de l'information!» Et le point final : «La vache!» Mais ça sert à quoi? On n'avait qu'à attendre Allen; il arrangerait tout ça, maintenant qu'il est guéri. Pourquoi s'énerver?

On n'avait pas vu le jour de la journée. Une grisaille mouchetée de neige grise. On n'a surpris l'arrivée de la nuit qu'avec l'éveil des lampadaires de la rue; la neige tombait maintenant en gouttes de lumière; les zones d'ombre découpaient des anneaux de blancheur miroitante qui semblaient flotter dans quelque univers lointain. Charles Croteau est arrivé à pied. Il avait marché lentement, savourant la fonte de la neige sur ses joues. L'atelier était fermé mais il s'y était quand même rendu à l'heure habituelle; il avait fait quelques fois le tour des pièces désertes et s'était assis dans son bureau. C'était un homme grand et sec, aux cheveux grisonnants un peu rares à l'avant mais longs et traînant sur le col à l'arrière, avec une moustache brune effilochée tombant sur la lèvre supérieure; il avait ainsi une apparence de calme et de bénignité. «On dirait, toi, que rien te dérange!» Le reproche amer de sa femme. «Tu vas perdre ton commerce avec ces folies-là. Tu t'aperçois pas qu'ils se servent de toi? Tu te laisses faire! Veux-tu me dire ce que ça te donne?» Il n'avait même pas tenté de se justifier.

— Ah, mon vieux! Gravel lui saisit les deux mains, qu'il pressa avec chaleur. T'as vu les journaux? Tiens, lis-moi ça...

Avant même que Croteau se soit débarrassé de son manteau.

Comment se justifier? Dire quoi? La lassitude d'une existence faite d'efforts quotidiens dont le seul bénéfice est de permettre de recommencer demain ce qui a été fait hier? L'exaspération chaque jour alimentée par le désordre de la société, la tartufferie des politiciens, l'arrogance des forts et la résignation des justes? «C'est comme ça, on n'y peut rien.» La solitude aussi, mère de l'impuissance. À qui parler, et de quoi? Aux clients, de sports? Aux fournisseurs, des tracasseries des gouvernements? Tout le monde se plaint, mais c'est chacun pour soi; parce que chacun couve un petit intérêt minable qu'il compte sauver de la débâcle générale. Survivre est une grande victoire qu'on paie en jouant le jeu de la complaisance, sinon de la servilité, devant ceux qu'on méprise. Et qui le rendent bien. Sorte d'équilibre du mépris où chacun trouve un compte à la mesure de ses ambitions. Ou plutôt, à la mesure de l'idée qu'il se fait de lui-même. Expliquer quoi? qu'il en a marre. Qu'il y a un monde hors les quatre murs de son atelier. Où on ne se préoccupe pas des fluctuations du prix du papier, des «cadeaux» qu'il faut accepter des vendeurs et de ceux qu'il faut donner aux acheteurs, des chinoiseries de la comptabilité parallèle.

— ... le vidéo. Regarde le petit sourire en coin de Pothier.

Un monde où la quête du gain n'est pas le seul fondement des rapports entre les hommes.

La rencontre de Cruciani, les débuts d'Ordre et Justice, avaient ouvert une porte; une initiation sans douleur à une forme élémentaire de vie politique. Le lancement du journal avait élargi l'horizon; on avait fait appel à son expérience, on lui avait confié un rôle et, pour la première fois, il avait travaillé en comité. Il ne s'était pas inquiété de savoir s'il était d'accord avec tout ce qu'on écrivait dans ce journal dont il était copropriétaire; c'était l'affaire de Gravel et de Sauriol. On lui avait réservé le domaine de la production et il s'y était installé; il était devenu l'autorité, même aux yeux de Cruciani. Ses responsabilités étaient une manière de toge-prétexte qu'il portait aux réunions du mouvement. Et voilà que tout menaçait de s'effondrer. Que tout, déjà, s'était effondré. L'ultimatum de Cruciani avait été brutal : «Retire-toi, on débloque le compte de banque, tes factures sont payées et tu retournes à ta business comme avant. Si tu restes avec ce gang-là, tu peux courir. T'auras pas une cent, et compte sur moi, je me charge de tes clients!» La tourmente qui agitait maintenant l'esprit de Charles Croteau ne troublait pas plus son extérieur flegmatique que ne l'avait fait l'enthousiasme des beaux jours. En apparence, solide comme un roc. Imperturbable. L'homme sur lequel on peut se reposer en temps de crise. Mais à l'intérieur c'était le tumulte de l'incertitude... Il fallait choisir. Saisir l'occasion, présenter à Sauriol des regrets déchirants : «Tâche de comprendre. J'étais là au début, avec Cruciani. On se connaît depuis longtemps. Les factures attendent : on me doit six numéros, c'est le bout de mon crédit. Je suis pris à la gorge.» La loyauté envers les vieux amis épaulant le besoin de liquidités. Ou vice-versa. Et un bonus, la paix au foyer, dont il ne soufflera mot. Parce qu'il n'oserait pas aller jusqu'à «Ma femme m'a dit...» Donc, limiter les dégâts, tirer le rideau, abandonner son rôle avant que la pièce ne soit, sous les huées, retirée de l'affiche. Ainsi conseille la raison. Le renvoyant au monde obscur et besogneux où il lui semblait, avec le recul, avoir croupi si longtemps. ... Ou, au contraire, rester sourd au sens commun, ce plus obtus des guides. S'engager à fond sans même invoquer une loyauté différente : «C'est pas quand ça va mal qu'on abandonne les amis.» Plonger les yeux fermés dans l'inconnu. Non pour satisfaire à quelque impératif de la morale, mais pour soi-même. D'une certaine façon, pour le plaisir, l'ivresse de la déraison, le ravissement d'une folle passion, le vertige du hasard émancipateur. Une décision qui ne laisse pas d'ombres ni de faux-fuyants. Pas de cautèle, pas de duplicité. L'élan d'une conscience enfin libre...

Deux options, la première offre des assurances : les dettes sont épongées, on rentre dans le rang, on ferme la porte, les fenêtres et les contrevents, on est à l'abri. La seconde ne présente que des risques. Risque que Gravel et Sauriol changent d'idée et abandonnent la partie; risque que les membres du mouvement disparaissent dans la nature. Risque de se retrouver seul avec des dettes. «Tu fais confiance à ces gens-là?» Le regard courroucé de sa femme. «Des tout-nus! Des beaux parleurs, mais des tout-nus!» Évidemment. «Demain, ils lâchent tout, ils n'ont rien perdu. Mais toi? Y as-tu pensé?» Elle, elle y pense, et ce qui l'obsède, ce n'est pas la perspective de la faillite et de la pauvreté, mais celle de l'échec, de son échec personnel aux yeux de ses deux sœurs, des beaux-frères et du reste de l'univers; elle s'est liée à un individu qui n'a pas su réussir, elle a commis une grave erreur, elle a manqué de jugement, elle est humiliée et dégradée à ses propres yeux. «Comprends donc que tu te laisses exploiter! Par des tout-nus!» Parce qu'elle ne songe qu'à son bien à lui. Il fait semblant d'être dupe; il ne faut pas couper les ponts derrière soi quand on ignore la géographie du lieu.

— Le Cruciani, dit Gravel, il sait pas ce qui l'attend!... Sylvie, t'as des nouvelles?

— Mon père sera en retard. Son voisin, le pharmacien, le Vietnamien, a été tué tout à l'heure.

— Allen?

— Ginette dit qu'il vient de partir.

Pour Allen Sauriol, l'équivoque était dissipée.

Au lendemain de la confrontation avec Cruciani, il n'avait vu que le gâchis. Une fois de plus. Le regard sur les manuscrits abandonnés dans ses tiroirs, les brouillons de discours, les copies de lettres adressées aux journaux et qui n'avaient jamais été publiées. Comme des échafaudages derrière lesquels on n'avait rien construit, maintenant recouverts par la neige. Projets engourdis dans le froid de l'hiver. Il s'était replié dans le refuge de son lit, la porte close sur une réalité récalcitrante. Alors, il avait cru que c'était arrivé? Parce qu'il avait prononcé quelques harangues? Parce qu'on l'avait applaudi? Et lui, naïf, s'était laissé enivrer; l'intercession du destin, le grand départ, cette fois ça y est! Il ne saurait donc jamais que rêver?... Il se retrouvait seul, abandonné, trahi. Le glissement dans cette apathie qui est au-delà du désespoir. Le renoncement qui est un retour à l'état fœtal. Les heures coulent. L'écho de l'agitation extérieure, filtrée par la paresse de l'esprit, parvient de la cuisine, mouvements sourds, petits pas étouffés, murmures voilés. Bruissement d'une vie dont on s'est expatrié et qui continue derrière le mur de l'exil, indifférente à la douleur de l'absence. Figure de la mort qu'on accueillerait sans panique, peut-être même avec gratitude. Vanité du grouillement des ambitions qu'un caprice d'événements balaie dans l'oubli. On compte pour quoi? pour qui? Dès qu'Allen se lève, l'humidité de la chambre lui transit le corps. Il entend par moments les bruits de quelque mécanique dans la ruelle; la curiosité, presque à son esprit défendant, le sollicite; il se heurte à la fenêtre masquée de givre qui le fait refluer vers son lit. Le rêve se répète: Allen monte un magnifique cheval blond qui galope dans les airs au-dessus d'une longue plage de sable clair où vient s'assoupir la mer; le ciel s'ennuage, la plage s'estompe, le cheval disparaît. Allen est suffoqué par le vertige et il tombe, culbute, lentement, interminablement, tombe et culbute... L'hiver ne tolère ni les demi-mesures ni les nuances; le sol n'est pas à demi vivant; rien n'est au bord de naître ou de fleurir. L'hiver interdit jusqu'à l'évasion dans la flânerie de quelque courant de foule coulant vers nulle part; on ne sort pas sans avoir une destination qui ne peut comme en été se dessiner au hasard de la musardise. Si bien qu'il n'y a de choix qu'entre l'immobilité du sommeil hivernal et le combat quotidien. Solitaire. La résistance solitaire à la suspension de la vie. Voilà ce qu'il faut comprendre. L'hiver dépouille l'existence des accessoires, atours et ornements dont elle s'affuble en été, le sourire d'un inconnu, le vol d'un oiseau, l'éclosion d'une fleur, le chant de l'activité humaine sous le soleil. Tout cela n'est que mirage. L'esprit dérive alors dans des méandres où s'entremêlent les phantasmes. L'homme vrai est seul. Faiblesse? L'admettre? Concéder qu'on est à l'image du commun, gonflé par l'illusion, dégonflé par le premier revers, ballotté par des vents dont on ne connaît pas plus la provenance que la direction, proie des angoisses de la nuit et de l'accablement du jour? Et sécurisé? Cela aussi doit être compris. Le commun est foule, et chacun dans la foule trouve le réconfort qui le dispense de l'effort. La voie de la complaisance. Y aurait-il autant de pauvres et de malheureux s'il n'était de quelque manière plus facile, voire plus confortable, d'être pauvre et malheureux? On divague. Me vois-je empêtré dans les filets de l'industrie du malheur? Voilà que défilent toutes ces gens dont la fourchette de rémunération, la prime d'ancienneté et le fonds de pension sont, pour ainsi dire, indexés à la croissance du malheur. La relation essentielle n'est plus entre le capital et le travail, mais entre l'inutile et l'intolérable. Mutuelle dépendance déguisée sous les parures de la fraternité humaine et de l'harmonie sociale, vaches sacrées de l'Occident... etc., dans la même veine, avec quelques détours et zigzags en se laissant couler. Le torrent, maintenant loin de sa source, s'épuise et se noie dans un lac placide; la dérive ralentit, s'arrête enfin sur une rive nouvelle.

Une bouffée de temps clément, quelques heures de soleil ont fait fondre le givre dans la fenêtre. La cour, la ruelle, les hangars de la rue voisine sont découpés en blocs rouges, gris et blancs dans le bleu pâle du ciel. Allen s'est habillé, il a fait son lit. Il a attendu que le bruit d'une porte indique la sortie de Ginette et il a fait le tour de son logement, lentement, comme un convalescent qui prend avec précaution la mesure de ses forces retrouvées. Dans sa pièce favorite, il s'est assis devant sa table de travail, parcourant des yeux les rayons de sa bibliothèque. Bienheureuse solitude... Solitude peuplée de ses amis fidèles, rangés selon la place qu'ils occupent dans son cœur. Thucydide d'abord, qui suffirait à lui seul, vingt-cinq siècles après sa mort, à l'intelligence des hommes du temps présent. Hérodote, merveilleux raconteur et conteur de merveilleux. Le moraliste Plutarque, maître de la biographie, pillé par Shakespeare. Tacite, sénateur, consul, gouverneur de province, qui connaît de l'intérieur les mécanismes du pouvoir. Suétone, commère de la cour impériale. Tite-Live, qui trouve dans l'Histoire prétexte à romans qui servent de prétextes aux prêches de Machiavel. L'austère Polybe, qui a inspiré Camden et Montesquieu... Et les autres, jusqu'à l'ineffable Arrien, qui a donné son nom à une affliction largement répandue, le syndrome d'Arrien: la quête de la célébrité par la fréquentation obsessive des gens célèbres, la gloire reflétée, la lumière par le voisinage du soleil... Des amis secrets, au début dispersés, isolés, puis rassemblés sans ordonnance au cours des années, au caprice des rencontres.

Rébarbatifs au premier contact, impénétrables dans leur antiquité, mais petit à petit déchiffrés, apprivoisés, jusqu'au jour où l'on constate que le mur est tombé, que les portes se sont ouvertes et que le pays ancien s'offre à soi comme simultanément le père et le fils d'aujourd'hui. Ainsi se révèlent la vanité des calendriers et des chronologies, la frivolité des passants qui attachent tant d'importance à dater leur passage dans un temps qui n'a pas de mémoire; il n'y a pas eu d'horreur ou de beauté dont l'horreur ou la beauté ne soit évanouie déjà; on n'a rien retenu et tout recommence. Allen promène la main sur les livres, en sort un, et un autre, de leur tablette, tourne les pages, l'œil attiré par les annotations, les notules, les traits répandus dans les marges, les papillons collés sur les plats intérieurs, sommaires de longs entretiens à demi oubliés avec de vieux amis et dont il retrouve la chaleur...

Quelle solitude? La solitude est l'excuse des faibles; pour y échapper, ils se réfugient dans la sécurité du troupeau. L'affaire, c'est de reconnaître et d'assumer sa solitude comme une condition naturelle. La reconnaissance d'une nécessité qui devient facteur de libération, donc de puissance. On porte en soi son destin qu'il n'en tient qu'à soi de réaliser par ses propres moyens. Il n'y a de frein que le doute, d'encombrement que la sensiblerie, d'obstacles que des chimères : rien qui n'ait de réalité en dehors de soi, hors de ses propres perceptions. Rien en dehors de sa volonté qui n'a qu'à s'imposer, qu'à passer la bride aux événements et aux hommes... Solitude bienheureuse. Recouvrement exaltant d'une ferveur qui n'a jamais été perdue et dont Allen ne se souvenait même plus à l'instant même qu'elle avait été, pendant quelques jours, engouffrée dans le marasme. L'appartement était maintenant trop petit, le silence agaçant. Il passa la main sur sa joue et découvrit qu'il n'était pas rasé. Depuis quand?

Le téléphone sonna.

Victor Thomas proposait une rencontre.

Ça tombait bien. Une autre affaire à régler le jour même; il y aurait demain d'autres chats à fouetter. On ne doit pas laisser traîner de vieux papiers d'emballage ni de bouts de ficelles. Table rase. Allen avait fini d'être à la remorque des uns et des autres, d'attendre que vienne d'ailleurs la poussée salvatrice. Il n'avait besoin de personne, de Thomas moins que de tout autre.

L'inertie avait fait place à une sorte d'emportement, d'impatience d'agir. Un coup de téléphone à Gravel : mais oui, un revenant, il allait mieux, il était même en grande forme; bien sûr, il était temps, il savait tout ça, on en discuterait, on déciderait; bien sûr, on se battrait; mais non, Cruciani, pas d'importance, au diable Cruciani, on sera mieux sans lui; alors, au bureau, en fin d'après-midi.

Il neigeait toujours, mais les flocons devenaient plus légers, la température s'était adoucie. La neige se posait en liséré chatoyant sur le ruban des fils électriques, les arabesques des branches d'arbres, dans les volutes et les torsades des balcons. Allen avait décidé de marcher malgré l'état des trottoirs où il enfonçait jusqu'à mi-jambe dans la neige vierge. Quelques personnes ici et là déblayaient un escalier, soulevant à la pelletée de petits nuages blancs qui scintillaient un moment dans la lumière. Des automobiles, un camion, glissèrent silencieusement à travers le rideau de neige et disparurent. Allen s'abandonnait au ravissement; tous les mouvements de son corps dans ce paysage dépeuplé étaient une affirmation de ce qu'il portait en lui de singulier.

— Vous n'avez pas eu trop de peine à vous rendre jusqu'ici?

Victor Thomas avait préparé du café. La cuisinette du petit appartement servait rarement; on n'y trouvait qu'une cafetière, quelques tasses, soucoupes et ustensiles, en plus d'une table et de deux chaises. Thomas louait à la semaine ce qu'il appelait des parasols, endroits discrets qui le gardaient à l'abri des curieux et dont il changeait plusieurs fois par année; il ne rencontrait jamais deux informateurs à la même adresse.

— Une bonne marche, ça fait du bien...

D'habitude, on étire les préliminaires. Question pour le dompteur de mettre sa bête en confiance.

— Pas tellement froid, heureusement.

Il n'y a pas d'aussi fausses relations sans agressivité. Normalement. L'informateur a sa minute de pouvoir : dira, ne dira pas; de petites agaceries, comme si on avait le choix; pour voir si l'autre s'impatientera; le défier un peu, pas trop, juste assez pour établir un équilibre entre deux états antagonistes, pour jouer à la charade d'une négociation. Normalement. Thomas n'éprouve pas pour ses informateurs le mépris que ceux-ci cherchent à déceler dans la lueur des yeux, dans les plis de la bouche et jusque dans la distance qu'il met entre eux, et qui les justifierait d'être belliqueux. Pour Thomas, ces gens sont des outils de travail; leur manipulation est une technique. Ce qui ne le rend pas pour autant insensible à ces impondérables dans la posture, dans la voix, qui trahissent les états d'âme. Sans l'instinct, la technique est improductive. Aujourd'hui, dès l'entrée d'Allen, Thomas avait senti que leurs rapports entraient dans une nouvelle phase; cela confirmait la décision qu'il avait déjà prise. On pouvait se passer des préambules.

— J'ai pensé, dit-il, qu'il est temps de revoir nos arrangements. La situation a bien changé.

Il ajouta en souriant :

— Et vous aussi...

Les deux hommes étaient assis à la table, l'un en face de l'autre, détendus comme à la fin d'une aventure commune qui s'est déroulée sans accroc. Allen n'avait pas cherché d'autre sens aux paroles de Thomas. Les arrangements, quant à lui, étaient déjà terminés; il ne pouvait donc en être autrement pour le policier.

— Je suis déjà très occupé. Je le serai davantage...

— J'imagine.

— Les journaux ont raconté des bêtises.

— J'ai lu.

— Ça ne finit pas, ça commence.

— Oui.

Ainsi donc, il n'y aurait pas d'affrontement. Ce fut au tour d'Allen de sourire.

— Vous n'avez plus besoin de moi…

Libre à Thomas d'interpréter.

— … et je n'ai pas encore besoin de vous.

Thomas se leva, piqué par cette désinvolture. Debout devant la fenêtre, les mains dans les poches, il tournait le dos à Allen.

— J'en ai vu d'autres…

Il parle à voix basse, comme s'il lui est indifférent d'être entendu.

— Tout le monde s'indigne et dénonce. Tout le monde gueule. Chez soi. Entre amis. Dans les bars. Tant qu'il n'y a pas de risque. Parce qu'on a une carrière. Une hypothèque. Quand ce n'est pas une femme, ou une piscine. Alors, on parle. Chez soi, entre amis… Certains semblent aller plus loin. Comme Cruciani. Ils cultivent le potager de la dissidence parce qu'ils en récoltent des légumes. Ceux-là, le pouvoir les encourage; la comédie de la loyale opposition. Maintenant, ce sera votre tour. Le jeu de la chaise musicale. Les gens n'ont pas de convictions, seulement des convoitises…

Allen le regardait avec une curiosité un peu embarrassée, comme s'il commettait en l'écoutant une indiscrétion; Thomas semblait inconscient de sa présence.

— Les filous ont l'énergie de leurs appétits. Mais les autres? Le problème, ce n'est pas d'avoir des idées, tout le monde a des idées. C'est de mener l'idée quelque part, en droite ligne, jusqu'au bout… N'importe quelle idée. Faire une collection de timbres. Apprendre la guitare. Ou faire justice. Mais ça dure deux semaines, ou deux ans, le temps que ça t'amuse. Tu lâches dès que ça devient pénible et que l'effort répugne. Alors, pour te disculper, tu débites des sornettes : la nature humaine est immuable, on ne change pas le monde; pendant que tu fais l'ange, la bête triomphe, as you can't beat them, join them! Tu te renies, tu abjures et tu prends ta place dans les rangs des soumis… Commencer une affaire, c'est rien. C'est persister qui compte. Aller au bout.

Thomas s'était retourné vers Allen.

— Vous ne pouvez pas savoir…

— Peut-être. Vous non plus, d'ailleurs.

C'était dit sans hostilité.

— Où se trouve-t-il, le bout? C'est quoi, le bout d'une collection de timbres? De l'instauration de la justice?

Une manière de camaraderie naît parfois d'un dialogue qui, sous le revêtement du badinage, livre à chacun une part intime de l'autre; encore doit-on être plus attentif à l'autre qu'à soi-même. Ni Thomas ni Sauriol n'écoutaient vraiment. Ils se retournaient la balle comme des joueurs de tennis dans une séance de réchauffement. Il n'y avait pas de mise.

— Il faudrait concevoir qu'il y ait une fin, n'est-ce pas? Un point où, le but atteint, on s'arrête. Mais une fois conquis le sommet de l'Everest, on redescend...

C'était au tour de Thomas de sourire.

— Je connais l'argument. Puisqu'on devra redescendre, à quoi bon l'escalade? Puisqu'on finira par mourir, à quoi bon vivre? Puisque la canaille toujours l'emporte, à quoi bon combattre? C'est ça?

— Pour certains, oui.

— Mais pas pour vous, Sauriol? Vous êtes différent?

La pénombre s'insinuait dans la pièce. Sauriol n'avait pas bougé de sa chaise et Thomas restait debout, accoté à l'armoire de cuisine. Que leur restait-il à se dire?

— Différent? On verra bien...

Thomas déposa les tasses dans l'évier. Ils sont tous pareils, pensait-il, euphoriques dès qu'on retire la bride; l'école est finie. Mais le jour vient, plutôt tôt que tard, où la liberté leur pèse; ils cherchent alors de nouvelles chaînes. Celui-là se croit différent... Thomas n'avait pas besoin d'un Sauriol devenu réticent. Ordre et Justice allait s'effondrer, la page était tournée, le livre fermé. Demain, Sauriol ne serait pour lui qu'une fiche inactive, enfouie dans la mémoire de la BGD.

— Avant de connaître la fin, dit Sauriol, tout ce qu'on peut raconter, c'est des histoires.

Il s'était levé.

— On n'est jamais rendu quelque part qu'à la fin du voyage.

Thomas haussa les épaules.

— On l'a dit avant vous.

Aucun des deux hommes n'avait esquissé un geste de rapprochement. Ils n'avaient pas, en se quittant, à jouer la comédie de la poignée de mains.

IL AVAIT PLU À NOËL. Physique avait passé la journée dans une résidence pour vieillards démunis avec quelques compagnons de la Fraternité mariale; on y avait préparé et servi un repas de fête et distribué de menus articles utilitaires. La pluie avait tassé, foulé la neige. Les flocons des jours précédents n'avaient rien gardé de leurs configurations féeriques; l'eau glaciale les avait étriqués et racornis en mottes ardoisées, exposant la désolation de l'hiver. Dans la Zone, les Dufour avaient reçu à déjeuner leurs enfants et petits-enfants pour la traditionnelle distribution de cadeaux; comme il en allait de même pour la plupart des autres mandarins, ce qui provoquait une affluence de visiteurs, les effectifs de contrôle au check-point avaient été doublés. Des plaques de glace polies par la pluie subsistaient dans les rues peu fréquentées de la ville. Jocelyne Jost hantait l'étage désert de la présidence au sommet du Bunker, se promenant d'un écran vide à un fax silencieux. C'eût été au sergent Ganga d'assurer la permanence en ce jour férié; Jost lui avait donné congé parce qu'elle n'aurait pas supporté l'exiguïté de son appartement à quelques jours d'une échéance qu'elle ne pouvait plus repousser, celle de la visite à son père. Elle avait beau rabâcher «Je n'irai pas cette année, c'est trop absurde!», elle avait conscience de l'inanité de cette résolution tout à fait rationnelle; le remords qu'elle aurait d'écouter la raison serait encore plus cuisant que le supplice d'une démarche déraisonnable. Et le temps ramènerait le calme; elle devait maintenant, aujourd'hui, se situer au-delà de l'épreuve dont elle ne doutait pas, au milieu même de son trouble, qu'elle triompherait. Triomphe. Quel triomphe?... La pluie n'a pas de sens en hiver, elle est inutile; personne ne l'espère, elle gêne tout le monde et rompt l'accoutumance qui avait commencé de se créer à la torpeur hivernale. Pluie stérile qui dénude le sol mais n'y fait rien verdir. La morosité de la nature accentue le spleen de Pascal Pothier; il est en visite dans la famille de sa femme, où il est évidemment la vedette. Questions rituelles : «Que penses-tu de ceci? et de cela? La vérité, la vraie vérité, c'est quoi?» Surtout par politesse, comme une façon de rendre hommage en quelque sorte protocolaire. Et l'ennui de répondre, quand on ne retiendra des réponses que la confirmation de ce qu'on pensait déjà. Il n'y a pas de dialogue, il n'y a jamais de dialogue. On lance jour après jour des paroles dans le vent, cerfs-volants colorés qui amusent un moment les badauds et se perdent. Qu'en reste-t-il? La lassitude. «Je comprends que tu peux pas parler, Pascal, mais...» Le repos apparaît tout à coup comme une plage lointaine, ombreuse et tranquille, une plage sans soleil sur une mer cendrée, une plage sans horizon sous un ciel voilé... «Je lui répète qu'il travaille trop. Penses-tu qu'il m'écoute?» Une voix qui veut être entendue au-dessus du fracas de la vaisselle. «Il ne sait pas dire non, comme si la Terre cesserait de tourner...» La cacophonie s'amortit et se noie dans un brouillard léger; on avance doucement dans la mer comme dans une mort bienfaisante. Les yeux clos dans la sérénité de la paix éternelle. L'apaisement des tempêtes, la fin du voyage. C'est fini. Fini les mensonges. Fini de feindre. Feindre le zèle, la compassion, l'obéissance, l'amitié, même l'amour. Fini de jouer un rôle. La béatitude du néant. Libre enfin.

— Pascal!

L'appel assourdi d'un univers dont on s'éloigne sans regret. C'est fini.

— Voyons, Pascal!

Qu'est-ce donc qui secoue un corps dont on s'était débarrassé? Quelle est cette violence? La chute dans le vide. L'étourdissement. Et la douleur du carcan qui s'abat, le déchirement de l'âme recapturée. La nausée de l'éveil dans l'horreur de l'existence.

— Fais-nous pas des peurs pareilles!

— Quoi?

— T'as perdu connaissance...

— Ça va, Pascal?

— Je l'ai toujours dit, il travaille trop.

— Oui, ça va. Un petit malaise...

— Il m'écoutera pas. Il m'écoute jamais.

— Étends-toi là.

— C'est rien.

Le docteur Ilsa Storz demeura à l'hôpital toute la journée et une partie du lendemain. À la salle d'urgence, c'était l'engorgement normal du temps des Fêtes. Victor Thomas ne reprendrait le travail que la semaine suivante. Il avait dit: «Je vais me reposer et lire un peu...»

Un corps criblé de balles a été découvert dans la valise d'une automobile volée, dans un terrain de stationnement du centre-ville; il n'avait aucune pièce d'identité. L'incident n'offrant rien d'extraordinaire, personne ne s'y intéressa; de toute façon, la plupart des journalistes avaient pris congé. Dans les faits, il s'agissait d'un adolescent qui avait déjà été reconnu coupable de deux meurtres crapuleux et qui venait de terminer un nouveau stage de réhabilitation.

Les employés des transports publics se sont mis en grève, pour la troisième fois en deux ans.

La pluie avait été suivie de gel. Une croûte lisse et glacée s'était formée sur les nappes de neige le long des rues et dans les parcs, une calotte rigide qui portait les écureuils, les chiens et les enfants, mais cassait sous le poids des adultes. La nuit, les surfaces planes devenaient des miroirs réfléchissant la lumière froide de la lune. Les trottoirs étaient à peine praticables; les vieux ne s'y risquaient qu'en accrochant des crampons à leurs bottes. Le poids de la glace et le vent avaient cassé des branches d'arbres et rompu des fils de transmission du réseau de l'Hydro; des pannes d'électricité s'étaient ainsi ajoutées aux périodes mensuelles de délestage; on ne s'en plaignait même plus. L'hiver enseigne la résignation. Ou la sagesse, ce qui revient au même. Où finit l'une, où commence l'autre? La frontière est mouvante et fragile, un souffle la dissipe. Le vent du nord a déjà tout balayé.

On a parlé plus tard du «Congrès de fondation de l'Alliance populaire», comme s'il avait été nécessaire de donner une allure planifiée à ce qui avait été un événement chaotique; en réalité, les protagonistes avaient porté tant d'attention à la mécanique de l'engin qu'ils ne s'étaient guère souciés de définir à l'avance le but de l'opération. On peut penser que la fin était déjà contenue dans le commencement; sur le coup, ce n'était certes pas évident. Même l'affaire Valade, qui s'est produite la semaine suivante, a été par la suite intégrée dans la mythologie du «Congrès». Avec le recul, on ne distingua plus qu'un enchaînement d'épisodes tragiques réglé par la volonté d'un homme.

Il n'y a pas de passé; il n'y a que la mémoire partisane d'aujourd'hui, qui affichera demain une autre vérité. On n'attrape en passant qu'un reflet dans une glace, et on continue. Pour atteindre le cœur de l'événement, il faut d'abord en reconnaître la périphérie.

Allen Sauriol avait protesté.

— Ne la mêle pas à ça.

— C'est un vote de plus.

— Elle n'y comprendra rien.

Justin Gravel, en manches de chemise, scrutait les feuilles de papier quadrillé étalées devant lui.

— Pas nécessaire qu'elle comprenne.

Ginette Rousseau avait donc reçu une carte de membre d'Ordre et Justice. Elle avait eu un moment la tentation de s'en réjouir; Allen lui faisait peut-être enfin une place dans une famille dont elle avait été exclue jusque-là.

— Si je peux vous aider, dit-elle.

— Tu n'auras qu'à faire ce qu'on te dira.

Pouvait-il en être autrement? Son existence n'est qu'un jeu d'ombres sur une toile imaginaire. Qu'importe un geste plutôt qu'un autre? Ils sont tous sans substance. Le monde réel est une contrée interdite; la vie se déroule ailleurs, où elle n'ira jamais. On regarde la porte close et on attend. Allen était demeuré toute la nuit à la permanence; au matin, un camelot d'Eddy Dufresne alla chercher Ginette pour l'amener à la réunion, et le soir la ramena, seule encore. Douze heures, une demi-journée, dont il lui semble qu'elle n'a rien vu. Une vaste salle remplie de monde et de turbulence; des discours pour elle incohérents; des trépignements, remous et convulsions sans causes ni desseins intelligibles. Sur une plate-forme à l'avant, Allen, Gravel et quelques autres; dans un coin, Physique et Dufresne; le long des murs, paraissant tenir le plafond sur leurs têtes, des atlantes immobiles qui portent en bandoulière les sacs des camelots d'Eddy. Une allégorie statuaire qui n'exprime rien pour elle. Des personnages sur un écran de télévision, tout proches et inaccessibles. Elle ne voit rien. Le bruit engloutit les mots dans leur propre emportement, comme la chute les gouttes d'eau. Dans le scénario de l'événement, l'essentiel a la couleur du hasard. Une voisine se penche vers Ginette.

— Tu travailles pour qui?

Un regard incompréhensible lui répond. Le sourire de l'autre, le sourire complice qui croit discerner dans l'opacité des yeux et la rigidité des membres des signes qui ne trompent pas.

— T'en as avec toi?

Ginette frissonne sans raison, le mouvement machinal d'un corps mal à l'aise sur la chaise de bois. Le mouvement de tête pourrait dire non.

— Tu passeras pas la journée…

L'inconnue est sans âge; elle s'est levée trop tôt et, comme on le lui avait recommandé, n'a pas mis de maquillage; l'amollissement des traits n'en est que plus marqué. Elle regarde furtivement autour d'elle, ouvre sa sacoche, fouille, en retire un étui contenant un sachet de poudre blanche.

— Tiens…

Physique n'avait pas succombé à la frénésie des préparatifs de la réunion. Les allées et venues, les courses, les appels téléphoniques, les sautes d'humeur de Gravel, la tension sous le calme apparent de Sauriol, l'ardeur inlassable de Dufresne et, dans le tohu-bohu général, le labeur silencieux de Sylvie Mantha. Tout ce remuement avait une signification qu'il n'avait pas besoin de disséquer : établir l'ordre et la justice, servir les pauvres, défendre les faibles. Pourquoi chercher au-delà de la simplicité des intentions? Il n'é-tait pas vraiment intéressé à l'action politique; il faisait confiance à Gravel, à Sauriol, à ceux qui les appuyaient. À proprement parler, il n'y avait pour lui aucun enjeu réel dans ce congrès; il n'en attendait rien, sinon la satisfaction de voir triompher ses amis. La misère est l'essentiel de la condition humaine; s'il est futile de penser l'abolir, on a néanmoins le devoir de la soulager; ceux qui y contribuaient devenaient ses frères. Frères disparates, en vérité. Phy-sique inventoriait cette insolite congrégation. Il y avait Cruciani et les arti-sans des premières heures du mouvement; les camelots et les membres re-crutés dans le journal, qu'il avait déjà rencontrés à la permanence et dans quelques assemblées publiques. Puis il y avait les autres, les hommes et les femmes enrôlés par les soins d'Eddy Dufresne, qu'il voyait aujourd'hui pour la première fois et qu'il ne reverrait probablement jamais, une petite pègre de quartier, pushers, filous, souteneurs et prostituées, leur état écrit dans leur face, leurs vêtements, leur attitude collective surtout, une passion fac-tice qui se manifestait par un chahut intermittent commandé par Eddy. Ces gens avaient évidemment été payés, ou on leur avait promis qu'ils le se-raient. Combien, et par qui? Fallait-il s'en offusquer, comme Cruciani qui pé-rorait de nouveau sous le tintamarre? Le bien s'accomplit souvent avec d'é-tranges instruments; pourquoi faudrait-il qu'il n'arrive qu'en carrosse, vêtu de soie?

Les mêmes murs contenaient différents univers. L'absence de tout carac-tère particulier dans le décor ne gênait personne; chacun y créait sans entrave le paysage de son imagination. Au temps où le bâtiment servait d'é-cole, la salle était le gymnase; on en avait retiré tout l'équipement amovible lorsque la propriété avait été vendue à l'Association nationale khmère. Les seuls éléments qu'on ne s'était pas donné la peine d'enlever, deux échelles suédoises, restaient fixés au mur. Même si les Khmers avaient ajouté quelques placards, leur calligraphie élégante et rigide faisait l'effet d'une ornementation de frise; l'attention ne s'y arrêtait pas davantage que sur les rayures et les entailles dans les boiseries qui, jusqu'à hauteur d'homme, ceinturaient la salle. Au-dessus, on avait replâtré les parois, mais les vieilles lézardes brunes pointaient sur le fond blanc. Ainsi, l'austérité du lieu don-nait aux débats, par contraste, une vivacité largement artificielle.

Il est sans doute exagéré de parler de débats, si on entend par là une con-frontation d'idées contraires, deux camps cherchant chacun à convaincre ou à confondre l'autre. Dès l'ouverture de la réunion statutaire d'Ordre et Justice, il avait été clair qu'il n'y aurait pas de bataille d'idées.

— Ça vient d'où, ce monde-là? avait demandé Cruciani, d'une voix forte, toisant la troupe d'Eddy.

Il n'avait pas attendu une réponse que personne ne s'apprêtait à lui donner. Il était arrivé avec quelques comparses, des gardes du corps plutôt que des associés, et s'était installé avec brusquerie derrière la table, sur la plateforme où se trouvaient déjà Sauriol et Gravel. Quelques applaudissements, légers et dispersés, s'étaient rapidement éteints. L'assistance le regardait avec curiosité, comme dans l'attente d'un numéro dont on espère qu'il sera divertissant.

— Alors.

Il promenait sur la salle ses petits yeux gris-vert; il était conscient de sa taille haute et musclée, dominant, écrasant ses voisins de table. Il avait laissé loin derrière lui la colère. Sa position est inébranlable; il a consulté des avocats, les avis sont unanimes, Ordre et Justice lui appartient en propre; la constitution du mouvement n'a aucune valeur contraignante, personne ne peut donc lui arracher sa création en tripatouillant quelque élection, et lui seul décidera de son sort. Quant au journal, la situation est sans doute un peu confuse et, justement, du genre dont on fait les beaux procès; on verra ce qu'on verra. Alors, quelle dérision que ce recrutement effectué en catastrophe par les petits minables! Une jolie gang! Avait-on pensé le surprendre? Il savait tout; Charles Croteau l'avait instruit de ce qui s'était tramé. «Je te dis ça, Dan, mais que ça reste entre nous. Pas un mot!» Le troupeau rassemblé par Gros-Delard brairait dans le vent.

Adélard Dufresne, autrefois dit Gros-Delard, s'avança tel que convenu.

— Faut nommer un président!

— Il y a un président, c'est moi!

Les applaudissements de ses comparses déclenchent le fou rire. Il n'y aura guère d'hostilité, sinon de commande. La bande à Eddy est plutôt prête à rigoler; les autres attendent. Croteau regarde le plafond, penche la tête, contemple le plancher; il fait semblant de réprimer un bâillement. Cruciani est au bord de l'impatience. Il n'est pas ici pour prêcher ni pour livrer combat, il tient à mettre les choses au point, c'est tout. Il a répété plusieurs fois dans son salon ce qu'il allait dire : des irresponsables, des extrémistes ont dénaturé les objectifs, égaré l'action du mouvement dont il est le fondateur, le propriétaire et le président; il a déjà trop tardé à faire maison nette, l'heure est venue, on retourne à la mission originale, les énergumènes n'ont qu'à partir, on n'a pas besoin de journal; quant aux naïfs qui se sont donné tant de mal pour organiser un pronunciamiento, ils en seront quittes pour leur peine, car il y a encore des lois dans ce pays!

Gravel s'est levé sur sa bonne jambe, faisant un effort pour hausser son épaule tombante.

— Monsieur Cruciani...

Il est interrompu brutalement.

— J'ai la parole!

— C'est ce que j'allais dire...

Le rire, cette fois, est général. Même Croteau se laisse entraîner, oubliant la prudence qu'il s'est lui-même enjoint de pratiquer.

— Monsieur Cruciani a la parole.

Gravel s'est laissé tomber sur sa chaise.

Le hasard a saisi l'événement et l'a moulé plus efficacement que ne l'eût fait la préméditation. Dufresne n'a même pas besoin de donner le signal; la troupe manifeste spontanément, comme si tout à coup les règles d'un nouveau jeu avaient été comprises sans qu'on ait eu besoin de les expliquer. On s'amuse et l'agitation se nourrit du froissement qu'elle produit chez le grand rouquin qui, debout derrière la table, lève un bras, puis l'autre, puis brandit les deux ensemble pour réclamer le silence. Gravel et Sauriol gardent la mine sérieuse, leur sérieux factice alimentant le brouhaha. Si la pensée de faire appel à Gravel ou Sauriol pour établir le calme a effleuré une seconde l'esprit de Cruciani, elle s'est vite envolée. Il eût affronté froidement les menaces. L'ébauche de quelque violence l'eût stimulé. La bouffonnerie l'atteignait dans le recoin le plus vulnérable de l'âme : on lui déniait le respect. La dérision est la plus insupportable des injures parce qu'elle dépouille l'être de sa dignité. Lui! Raillé par cette canaille! Le projet de discours est enseveli sous l'avalanche du ressentiment. Il se taira quand il aura décidé de se taire, et pas une minute plus tôt. Ses paroles maintenant s'élèvent et retombent sur les vagues d'un chahut dont il tire une sourde satisfaction. Que dit-il? On l'entend, mais personne n'écoute; il parle, mais ne s'entend pas. Les phrases n'ont guère plus d'importance pour Cruciani que pour son auditoire turbulent; la passion les disjoint, les rassemble, les emmêle. Il faudrait un effort pour en capter la signification; Sauriol est peut-être le seul qui la pénètre parce qu'il pourrait imaginer pour lui-même des circonstances, sinon des réactions, similaires. La gamme des sentiments n'est pas si large; les mêmes notes servent à des instruments différents. Sous quelque ciel que l'on soit, on ne peut rien entreprendre qui ne suscite le grenouillage, rien bâtir qui n'invite les démolisseurs; ceux que vous aidez vous récompensent par l'envie; les petites gens que vous élevez ne songent qu'à vous abaisser; vous donnez votre confiance, on vous trahit. Il n'importe pas à Cruciani que le message se perde. Il monologue; la voix baisse, elle murmure, elle chuchote, et à nouveau se gonfle. Le discours est devenu une incantation purificatrice. Au bout de la colère et de l'amertume, il y a la raison retrouvée et avec elle le soulagement. Les épaules se dressent, le geste ralentit, la cadence du verbe retombe et le regard devient presque paterne. L'assistance ricane; elle flaire une victoire qui n'aura rien de généreux. Sauriol, lui, a compris : le bonhomme a été frappé par l'éclair au milieu de la tourmente; il a eu la révélation de la vanité de l'ambition, éternelle consolation de l'orgueil offensé; quel aveuglement que d'attendre quelque chose de ce ramassis! En fin de compte, il l'a échappé belle! Il ne lui reste plus qu'à s'extirper de ce cul-de-sac... Sauriol aurait éprouvé quelque sympathie pour un Cruciani effondré par la spoliation de son œuvre, et eût peut-être été prêt à suggérer quelque accommodement compensatoire. Pour le Cruciani matois qui n'hésitait pas à tout renier pour échapper à l'humiliation, il n'a que du mépris. Il se lève.

— C'est assez!

Debout à l'avant, le dos tourné à la table, Eddy Dufresne esquisse un geste; le silence couvre aussitôt la salle, déconcertant tout le monde par son irruption, figeant l'auditoire comme au théâtre un rebondissement inattendu. Dufresne a repris sa place le long du mur, les bras croisés sur la poitrine. Il était heureux, d'un bonheur composé de fierté et d'un élan du cœur qui le portait, le transportait presque physiquement vers Sauriol. Pour Eddy, la journée consacrait un nouvel état. L'homme qui avait été Gros-Delard avait progressivement disparu. Il avait d'abord fait place, au cours des mois précédents, à Eddy; maintenant, à compter d'aujourd'hui, à Adélard Dufresne. Comme on débarrasse un objet de la poussière qui en masquait la valeur, les événements ont soufflé l'enduit de fausse lourdeur qui enveloppait le vieil homme; ce n'est pas une métamorphose, puisqu'il n'y a rien de changé et rien de nouveau dans le nouvel homme en vérité, mais plutôt un éveil dont Dufresne est le seul à ne pas s'étonner.

Pour Charles Croteau, le comportement de Dufresne n'était pas plus déroutant que celui de Cruciani. L'affaire se déroulait d'une façon imprévue; il ignorait le scénario et ne reconnaissait pas les acteurs. Il ne s'expliquait pas pourquoi Dufresne jouait le rôle de chef de chœur, et Cruciani de ténor perdu dans le mauvais opéra. On lui avait caché des choses à la permanence. Avait-il été dupe de Cruciani? La mauvaise conscience est inventive, elle voit partout des traquenards. Qu'allait-il advenir de lui, Croteau? Il était évident que Cruciani ne remporterait pas une partie qu'il ne contestait même pas. Que voulait-il? Quel était son jeu? À quoi rimait cette harangue incohérente? Il avait dit à ses amis : «Suivez-moi!» mais il ne les conduisait nulle part. Croteau avait pris la précaution de ne pas s'asseoir au premier rang, malgré l'invitation pressante de Gravel; il avait désiré un écran entre l'estrade et lui; s'il parvenait à éviter tant le regard de Sauriol que celui de Cruciani, il subissait quand même la pression des gens qui l'entouraient. Comment se taire quand braillaient les amis de Cruciani? Comment demeurer impassible au milieu du chorus des partisans de Sauriol? On est muet et on demeure flegmatique, s'appropriant le rôle de l'observateur impartial. Il s'agit de tenir, la tête fixe, comme attentif à tout ce qui se dit, la main fermée sur la moustache épaisse, l'image du penseur pesant le pour et le contre de chaque argument; la journée finira bien par finir…

Le temps n'est pas le même pour tous; celui que l'un subit, l'autre dompte.

— Nous sommes réunis aujourd'hui pour jeter les bases…

Comme si Cruciani n'était pas là, debout lui aussi, subitement coi, le regard incertain.

Jusqu'à cet instant, le cours des événements était réversible. On ne pouvait exclure que la querelle s'apaise; des concessions de part et d'autre, une poignée de main, l'unité retrouvée, précaire sans doute, mais avec un peu de bonne volonté, etc. Une issue que Cruciani lui-même, obscurément, et Croteau et quelques autres n'auraient pas trouvée intolérable. On s'est défoulé, passons l'éponge; tout le monde sauve la face; les plus timorés échappent au supplice de faire un choix et chacun retrouve ses vieilles pantoufles. Demain sera ce qu'était hier, comme aujourd'hui. Quelle est l'alternative? La rupture, le reniement, le risque, le saut dans l'inconnu, de sorte qu'aujourd'hui déjà ne se souvient pas d'hier, et ne sait même pas s'il y aura un lendemain. Mais qui, balançant l'âme sur la corde raide de l'incertitude, choisit vraiment? On imagine qu'on soupèse, qu'on compare et qu'on suppute. Le moment passe, il est passé, et plus rien n'est réversible.

C'est alors qu'on discerne l'inexorable impulsion des antécédents.

Durant «l'indisposition» de Sauriol, Justin Gravel avait commencé la rédaction d'une sorte de proclamation qu'il se proposait de soumettre à la réunion et de publier ensuite dans le journal. C'était un canevas dont il était assez fier, et il avait tenu à le lire à haute voix à Sauriol :

… Une société qui se caractérise
par le mépris de l'ordre. On ne parle que de droits, jamais de devoirs. La satisfaction de tous les appétits personnels est un droit sacré; en l'absence de toute autre morale, le plus fort est le roi légitime de la jungle humaine. L'anarchie des valeurs et le désordre civique instaurent la tyrannie des minorités et la rancœur impuissante du grand nombre…

Le mépris de la justice. Chacun n'obéit qu'aux lois qui lui plaisent. L'État recule devant toutes les pressions; pétrifié par les puissants, il s'acharne sur les faibles, assurant ainsi la suprématie de la violence.

Le mépris de la vie. Pendant qu'on sacralise la propriété des hochets de la cupidité, on n'accorde aucune valeur à la vie humaine; la loi dédaigne la victime et protège l'assassin.

Le mépris du travail. On ne récompense que la frivolité et la supercherie. Les héros sont les amuseurs publics, les combinards, les escrocs. Le labeur du grand nombre entretient une poignée de parasites. Il n'y a maintenant d'honneur qu'à se soustraire à l'effort.

— C'est une ébauche, avait dit Gravel. Il reste à développer.

— Ah...

— C'est un premier jet.

— Oui.

Sans l'enthousiasme que Gravel escomptait.

— T'es pas d'accord?

— Bien sûr, je suis d'accord. C'est pas une question d'être d'accord...

— Bon. C'est quoi?

Les deux hommes étaient restés seuls dans le bureau du rez-de-chaussée. Sylvie Mantha était allée chercher du poulet frit à quelques rues de là; Eddy était attendu plus tard.

Sauriol marchait lentement devant Gravel, assis sur une chaise de bois la jambe gauche allongée sur un tabouret.

— Sais-tu à quoi je pense? Aux écrits d'Hérodote et de Thucydide. Quatre, cinq cents ans avant Jésus-Christ. Tu ris? Le monde qu'ils décrivent est à l'image du nôtre, et vice-versa. Rien n'a changé. Ce que tu dis, on l'a répété d'un siècle à l'autre à travers les âges. On modifie le décor, les gadgets, les idéologies; l'homme croit qu'il invente; les plus ignorants parlent de progrès...

— Et alors?

— Quand tu dénonces la société, tu interpelles la masse. Tu lui cries : voici ce que vous souffrez, qu'attendez-vous pour réagir? Tu la mets au défi : cessez de tolérer l'intolérable! Tu lui fais porter la responsabilité de ce qu'elle-même déplore. Tu lui donnes quoi, sinon le spectacle de sa propre servilité? Tu espères la secouer, la tirer de sa léthargie? La masse est veule, depuis le début des temps. Elle s'est toujours accommodée d'une forme ou l'autre d'esclavage. Mais elle ne supporte pas de l'entendre. Sauf de la part des bouffons. La comédie est une douce et plaisante purgation, elle fait passer le remords en rigolant...

Gravel gardait les bras croisés sur la poitrine, réprimant un soupir d'impatience. Il lui semblait que Sauriol, si peu loquace aux premiers temps de leur collaboration, exhibait une propension croissante à la verbosité. Passe encore dans les réunions publiques; l'assistance n'avait jamais l'air de s'en plaindre. Mais la tendance se manifestait maintenant en petits comités et même en conversations privées. Même dans les moments où il y avait plus pressant à faire que d'épiloguer sur le caractère laxatif de la comédie... Dans trois semaines, la réunion générale d'Ordre et Justice fixera le sort de chacun, et Sauriol s'égare dans les méandres de théories fumeuses. Hérodote et Thucydide! Au début, Gravel ne s'était pas inquiété de l'avenir du mouvement qui l'intéressait seulement comme support du journal; le journal était son œuvre à lui, une extension de lui-même, une revanche sur la société pour les humiliations et les échecs du passé. L'éclipse de Sauriol, suite à l'algarade de Cruciani, l'avait ébranlé, le forçant à réfléchir sur la fragilité d'un support qui tenait à des fils si minces. Le journal possédait l'apparence d'une réalité plus solide, il avait ses collaborateurs et son public, mais qu'en était-il des annonceurs et du réseau de distribution?

— Tu n'éduqueras jamais la masse, elle est incapable d'apprendre. Il faut lui fournir des coupables qui la disculpent. Elle n'a jamais de responsabilité; on l'a trahie. Elle n'est jamais crédule; on lui a menti. Elle n'est jamais lâche; on a abusé de sa bonne foi. Et surtout, avant tout et par-dessus tout, ne lui demande aucun effort, aucun sacrifice, aucune résolution.

L'impatience de Gravel se calme, comme si le monologue de Sauriol, par le ton beaucoup plus que par la pensée, apaisait des inquiétudes qui ne se laissaient identifier qu'au moment de disparaître.

Comment ménager la survie du journal, advenant l'effondrement d'Ordre et Justice? Gravel avait jonglé avec quelques hypothèses de rechange. Il avait commencé par sonder Charles Croteau, l'imprimeur, se donnant l'air de ne pas en avoir l'air; l'autre n'avait rien compris, ou fait semblant de ne rien comprendre. «Mais je ne sais pas plus que toi ce qui va se passer. Attendons…» Avec Eddy Dufresne, au moins, il n'y avait pas eu d'atermoiements. «Quel problème? Il n'y a pas de problème. Allen revient dès qu'il est guéri.» D'autres approches discrètes avaient produit les mêmes sons de cloche, l'incompréhension sincère ou factice. Gravel avait été assez lucide pour se rendre à l'évidence : il était le seul à envisager que le journal puisse subsister après une débâcle du mouvement. Et le mouvement, de façon subtile encore parce que personne ne l'exprimait en termes clairs, sans doute parce que personne n'avait poussé jusque-là le raisonnement, semblait tourner autour de la personne d'Allen Sauriol. Pourquoi? Par quelle alchimie? L'homme n'avait rien de remarquable, venait de nulle part et ne serait nulle part sans Ordre et Justice qu'un autre avait créé. Suffit-il donc de la rencontre de quelques idées nébuleuses et d'une personnalité embryonnaire pour que se réalise une sorte de confluence où chacun des éléments se trouve magnifié par une simple conjoncture qui ne leur doit rien? Les idées, non moins que les intérêts, n'ont de pouvoir que par la médiation de l'individu; qu'est l'individu s'il ne s'approprie quelque idée ou quelque intérêt? Sauriol semblait avoir le don de remuer ceux qui l'entendaient. Le milieu où s'exerçait son influence était petit, sans doute, mais Gravel n'en connaissait pas d'autre qui ait une certaine cohésion; le petit univers qui gravitait autour de Sauriol offrait au journal de Gravel un public, un outil de diffusion et une source de financement; sans lui, Gravel se retrouverait seul. Ce serait, une fois de plus, repartir à zéro; l'histoire d'une existence jalonnée de perpétuels commencements, chaque nouveau départ ramenant au même point de chute.

— Alors? La cible est là, patente. L'objet de scandale et de dégoût universel, insolent et invertébré, arrogant et corrompu. C'est le système politique qui camoufle sous le couvert des idéologies, toutes les idéologies, le règne de l'insolence, de l'hypocrisie, de l'incompétence et de la fatuité, la glorification de la rapacité. Le système politique et ses profiteurs, voilà la source du désordre et de l'injustice. Voilà l'ennemi. C'est ce qu'il faut répéter inlassablement. Répéter : il n'y aura pas de respect de la vie, de la justice, de l'ordre et du travail tant qu'on n'aura pas balayé le système qui souille tout le monde de sa propre putréfaction.

Sauriol n'a pas élevé la voix. Il continue d'arpenter la pièce; il ne voit plus Gravel, il s'adresse à quelque auditoire invisible qu'il évoque par la seule intensité du ton, par une sorte de chaleur qui, pour être retenue, n'en paraît que plus vibrante.

— Qui fera le balayage? La nouvelle élite que nous allons mobiliser. Celle de l'audace et de l'énergie. Celle qui n'accepte ni compromis ni manigances. Qui mènera le combat sans demander ni donner quartier. Comment vaincre? De la même façon que les libérateurs et les réformateurs de tous les temps : en se ménageant la connivence de la masse. La connivence, rien de plus. L'élite donnera le spectacle dans l'arène. Il suffira que le peuple applaudisse dans les gradins. C'est le mieux qu'on peut attendre de lui, c'est tout ce qu'on lui demande. Et nous aurons le pouvoir! Le pouvoir...

C'est un murmure qui se perd. Comme si le bruit risquait de dissiper quelque vision lumineuse mais encore fragile comme une fumée. Justin Gravel s'est redressé sur sa chaise, il a laissé choir le pied gauche sur le plancher. Il s'est laissé prendre; l'imaginaire a transfiguré cette petite pièce mal chauffée, aux meubles démodés, perdue dans un quartier délabré, isolée par l'hiver dans une ville indifférente. Comme si le pouvoir était déjà là, tiré du néant par la parole. Sur quoi peut-on bâtir, en vérité? Des études, des rapports, des analyses, des simulations, béquilles de la raison irrésolue? Ou sur la passion? Le transport de la foi qui imprime son propre mouvement à la réalité récalcitrante? La raison froide se laisse administrer, diriger, orienter; on la contrôle. La passion n'admet pas de freins; si on ne s'y abandonne, elle s'éteint. Se peut-il que cette reddition ne soit pas toujours l'effet d'un aveugle et irrésistible emportement, mais parfois d'une sorte d'argumentation à demi lucide, à demi instinctive? Une passion dont on reconnaîtrait tout à coup l'utilité? Davantage, la nécessité? Parce que tout le reste n'est qu'incertitude et perplexité, et qu'on ressent soudainement, sous l'envoûtement de la parole, le besoin de doter sa vie d'un grand dessein?

Sylvie Mantha arriva, les bras chargés; puis Eddy, plus tôt que prévu, et enfin Benoît Mantha, qu'on n'attendait pas. On s'était partagé les ailes et les cuisses de poulet, la salade de choux, les frites froides et mollasses.

— La première, la seule chose, c'est de nous garantir une majorité solide à la réunion. Sortir gagnant. Le reste...

Sylvie ramassa les boîtes de carton dans lesquelles on avait déposé les restes. Allen dégagea quelques feuilles, essaya d'éponger sans grand succès des îlots graisseux.

— La liste des membres. J'ai pointé en rouge les votes sûrs.

On se passa les feuilles autour de la table.

— T'as pas marqué...?

— Lui? Tu le connais?

— Il est membre depuis le début.

— Recruté par Cruciani.

Gravel s'étira avec un sourire presque narquois.

— Je suis le seul ici qui n'ait pas été recruté par Cruciani.

On entendit le grognement d'Eddy.

— Qu'est-ce que tu veux dire?

— Je me suis recruté moi-même. Avez-vous déjà oublié?

— Sans lui, tu serais pas ici non plus.

— Disons que nous avons tous le même père spirituel... qu'il nous faut maintenant démolir.

— D'une façon ou l'autre, dit Sauriol, il n'y a pas de grande entreprise qui ne commence par un parricide...

Mantha se dodinait sans impatience, curieux de voir sur quoi déboucheraient ces propos bizarres. Sylvie ne les écoutait même pas.

— Ce que j'affirme, reprit Gravel, c'est qu'on ne doit pas s'arrêter aux loyautés d'hier. Le passé n'a pas de poids dans la balance. L'important, c'est la loyauté d'aujourd'hui. Qui votera pour nous, qui votera contre nous.

La révision de la liste des membres occupa quelques heures. Sylvie tenait le compte, «pour», «incertain», «contre», et les trois colonnes s'allongeaient côte à côte, une progression dans l'une compensant une poussée dans l'autre. Il était assez vite apparu que la base irréductible de chacun des deux camps était à peu près égale, et que rien n'était plus incertain que le partage des «incertains».

— Conclusion...

— C'est toujours pareil. On peut être sûrs de ses adversaires; pour ses partisans, il vaut mieux douter. À forces égales, on sera perdant... Eddy? Tu peux trouver des votes?

— Combien?

— Plus ou moins. Tout ce que tu peux recruter. Et le temps court...

Dufresne avait posé la main sur l'épaule de Sauriol.

— T'inquiète pas.

Les autres s'étaient réparti les noms des «incertains»; les jours suivants avaient été occupés par les téléphones et les visites; pressions et cajoleries qui accrochent ou glissent sur des visages dont l'ouverture est peut-être sincère, peut-être fausse; les notes qu'on collationne jusque dans la nuit; les noms qu'on retranche d'une colonne pour les ajouter à l'autre.

Benoît Mantha avait pris Eddy à part.

— Si t'as besoin d'argent pour les inscriptions, parles-en à Sylvie.

Dufresne arrivait en trombe; il s'enfermait avec Sylvie, le déclic de l'imprimante craquait en sourdine dans la pièce voisine, et Dufresne repartait en enfonçant dans une poche de son paletot une poignée de cartes de membres d'Ordre et Justice.

On avait donc un peu de temps pour la théorie. Bienheureux, en quelque sorte, les dissidents de l'exil qui n'ont autre chose à faire que combiner des programmes et pourfendre de loin des ennemis inatteignables; de ratiociner sur les cruciales subtilités de l'Écrit, reposoir d'Idées dont la pureté ne subira jamais l'assaut de la rue. Justin Gravel avait entrepris, puis abandonné la révision de son texte; à la veille de la réunion, il n'avait plus d'énergie; même les muscles de sa jambe gauche avaient cessé de recevoir des messages d'une volonté fourbue; il devait s'appuyer sur quelqu'un pour se déplacer. Il était temps qu'arrive le dénouement.

Dufresne avait le bras autour des épaules de Sauriol et le serrait à petites secousses délicates.

— Je t'avais dit de ne pas t'inquiéter.

Cruciani avait fait inscrire quelques nouveaux noms en dernière heure; une manœuvre dérisoire, naïveté, présomption, ou vertige de la défaite, qui sait? La partie était déjà jouée.

Sauriol avait griffonné des phrases disjointes sur des pages arrachées d'un carnet, qu'il essayait de classer dans l'ordre d'une pensée qui restait, même à ce stade, encore nébuleuse. Il réclama une attention qu'on se serait passé de lui prêter.

— On pavoisera plus tard. Écoutez-moi…

Dufresne était trop heureux pour s'apercevoir que personne ne l'avait remercié pour ses efforts dont on calculait facilement l'importance décisive. Y eût-il réfléchi un moment, il y aurait vu une sorte d'hommage, la confirmation de la confiance qu'on avait déposée en lui.

— … Toute victoire en elle-même est stérile. Le fruit, c'est la suite. Mais quelle suite? Demain soir, qu'y aura-t-il de changé dans la vie de ce pays?

Un éditorialiste écrira un jour que l'Alliance populaire «est née par surprise au hasard d'un discours improvisé devant un auditoire qui n'y comprenait rien». Sans doute. Mais on n'effleure alors que la surface des choses. La surprise, le hasard, l'improvisation, autant d'alibis de l'ignorance. Il n'y a pas plus de génération spontanée en politique qu'ailleurs. Une chaîne de petits événements, à l'insu des observateurs et des protagonistes, avait préparé l'apparition de l'Alliance. Ce dont personne hier n'avait prédit ou même souhaité la création, aujourd'hui paraissait à chacun naturel. N'eût-il pu en être autrement? Qu'un maillon saute en cours de route, l'inévitable prend une autre direction. Ainsi, l'ambiguïté sera toujours le fait de l'événement; la thèse de l'accident aura autant ou aussi peu de mérite que celle de la fatalité. Il n'y aura jamais de vue objective de ce qui n'existe, au bout du compte, que dans le récit qu'on en donne. Et le récit variera selon les temps et les hommes.

Le petit groupe que Sauriol contraignait à l'écouter ce soir de veillée d'armes n'avait pas besoin de comprendre; la complicité des émotions, combien plus importante que les affinités de l'intelligence, s'était forgée de longue date. Ce n'était pas le devis d'une entreprise commerciale qu'il soumettait à des associés, mais un cri de ralliement à des troupes fourbues au seuil de la victoire. L'invitation à un ultime effort. Il n'était pas suffisant de chasser l'ennemi du terrain, encore fallait-il l'occuper pour en réaménager l'espace. Il n'est pas étonnant qu'il n'y ait pas eu de véritable programme; c'eût été prématuré. Sollicité par la morosité d'un succès enfin assuré, on avait moins besoin de raisonnement que de chaleur, d'une flamme ravivée qui survivrait, au-delà de la réunion du lendemain, jusqu'aux lendemains des batailles prochaines.

Les dissonances et les hoquets de l'assemblée avaient peut-être ennuyé Cruciani, mais ils ne l'avaient pas dissuadé d'abandonner complètement le scénario qu'il avait établi avec ses conseillers. Il sauverait au moins la péroraison.

— Les gens honnêtes et sensés n'ont pas de place ici! s'écria-t-il avec une indignation de commande qui souleva un éclat de rire. Il descendit de l'estrade avec fracas.

Traînant derrière lui une faible partie de l'assistance, sous une avalanche de railleries plus méprisantes que n'eussent été des gestes d'hostilité, Cruciani quitta la salle, suivi jusqu'à la rue par les reporters et les caméramans.

Charles Croteau était demeuré cloué sur le bout de sa chaise, incapable de se soulever et de suivre Cruciani, malgré toute l'envie qu'il en avait. L'indécision le paralysait.

À l'arrière de la salle, Pascal Pothier n'avait pas bougé, indifférent à la bousculade. Il n'avait pas dit un mot à son caméraman depuis le départ du studio jusqu'à l'ouverture de la réunion; l'autre s'était impatienté.

— So, what you want?

— Fais ton travail. T'es pas un enfant.

— Ça va pas, toi? Les nerfs!

— La poutine. La boss réclame de la poutine. Donne-lui de la poutine.

— I don't give a shit. Alors, pour l'intro?

— Fuck off.

— Up yours, kiddo!

Les yeux clos, Pothier se laissait bercer dans la houle des trépignements. Loin de cette pitoyable réalité, cet esclandre ridicule, ce bonhomme qui sort de la salle avec la mine satisfaite du chevalier qui vient de terrasser le dragon, cet autre bonhomme qui s'agite maintenant sur l'estrade comme un vendeur de potions magiques.

— ... On trouverait absurde de gérer l'économie et d'administrer les entreprises selon des notions et des procédés en vigueur il y a cinquante ou cent ans. On se moquerait des gestionnaires qui appliqueraient les recettes de leurs grands-pères. On le crie partout : le monde a changé! Vive le changement, la nouveauté, le dynamisme créateur! Partout! Partout, sauf dans la vie politique de chez nous. N'allez surtout pas toucher à nos institutions politiques! Ici, les principes, les procédés, les recettes sont sacro-saints, immuables, produits d'une révélation divine faite à nos arrière-grands-pères, inscrits dans l'éternité. Nos institutions politiques ont atteint une incomparable perfection. L'Histoire s'est arrêtée. Le ciel est sur la terre et n'aura pas de fin. Ne touchez pas à notre système des partis qui fait l'envie de l'univers!... Pourquoi? Pourquoi ce respect inconditionnel d'une tradition dans un monde qui n'en respecte aucune autre? Pourquoi cet acharnement à préserver une relique quand on s'acharne à détruire tout le reste? Pourquoi? C'est pas sorcier, c'est vieux comme le monde. Demandez-vous seulement : ça profite à qui?...

Pothier rit tout bas. Il se regarde comme s'il était détaché de son corps et au-dessus de son corps; il voit ses cheveux ternes et clairsemés, trop longs, tombant sur sa nuque; il voit ses épaules arrondies de vieillard. Télé-Cité a résilié son contrat pour *Les enquêtes de Pascal Pothier*. On lui a dit que «la formule a vieilli, le style est dépassé». Tant mieux, il rit doucement.

— ... Les entraves des soi-disant principes éternels. C'est fini, le temps des idéologies des deux côtés de l'anatomie et des quatre points cardinaux. Elles ont déchaîné trop de fiel et de misères. Trop de mensonges, d'impostures et de trahisons. Les partis ont été trop longtemps l'opium du peuple...»

Et ça continue, un bourdonnement d'insectes dans le désert. Il n'y aura pas de «Pascal Pothier est sur les lieux...» Sur les lieux de quoi? D'un rassemblement de minables suspendus aux lèvres d'un exalté?

— ... la conspiration des mégatrusts et de leurs hommes de paille. Les politiciens, les fonctionnaires des organisations syndicales, les médias, complices et marionnettes du pouvoir... Tout se tient. Peut-on compter sur les politiciens des riche pour corriger l'iniquité de la pauvreté? Sur les politiciens des privilégiés pour fonder la justice? Sur les politiciens des pollueurs pour sauver notre Terre?

Comment Pascal Pothier serait-il sur les lieux, quand il n'y a pas de lieux réels, mais des décors de pacotille et du vent, des fragments de verre coloré qu'on brasse dans un kaléidoscope et dont les images n'ont pas plus de substance les unes que les autres? Il n'y a de réel que l'irréalité. On secoue le cylindre et l'univers a changé.

— Changez de politiciens, changez de partis : vous n'aurez rien changé du tout. Les mêmes gredins tirent les ficelles!

Le cauchemar de Pothier refait surface : une source sûre lui apprend que la fin du monde est pour demain, il court à la salle des nouvelles, la Française le félicite et lui donne quinze secondes à la fin du bulletin, Pothier proteste, la fin du monde! Il tente de rassembler ses collègues, personne ne l'écoute, on est affairé, Pothier crie, la fin du monde! La Française est inflexible, il se passe des choses capitales dans la Ligue mondiale de hockey, la super-vedette du cinéma japonais donne une conférence de presse, il reste quinze secondes pour la fin du monde... Ce n'est pas ça le cauchemar. Le cauchemar commence maintenant. Pothier flotte au milieu de la salle des nouvelles dans une sorte de bulle transparente et insonorisée, détaché du grouillement des insectes autour de lui, des insectes qui poursuivent avec fébrilité des travaux qui seront demain totalement anéantis. L'inéluctable de l'ineptie. Les insectes ont raison, ils ne peuvent vivre qu'une vie d'insectes; leurs travaux, ambitions et querelles sont à leur mesure d'insectes. Et lui, dans sa bulle, qui observe et qui juge la sottise des insectes; lui, qui a reçu la révélation de la fin du monde, que sera-t-il devenu quand la Terre morte continuera sa course inutile dans l'espace sidéral?

Pascal Pothier est sur les lieux... Comme tous les journalistes, l'eunuque qui décrit les ébats du harem. Même pas. L'eunuque jouait un rôle, exerçait un certain pouvoir sur les événements, quand ce n'était pas le pouvoir tout court. Pothier se regarde : il n'est rien d'autre qu'un voyeur, pourvoyeur de frissons à une masse de voyeurs. Pour le profit d'un consortium lointain qui le paie avec des breloques, l'apparition sur des millions d'écrans, le fast-food d'êtres primitifs. Mais qu'y a-t-il d'autre? Que restera-t-il de cette assemblée qui ne sera pas englouti dans le marais des turbulences sociales où s'égarent les spasmes des impuissances collectives? Quelques bouts de pellicule, la sortie de Cruciani, quelques phrases de Sauriol bien choisies, coupées et raboutées pour souligner l'extravagance du discours, quelques scènes d'une éloquence perfide, une femme qui bâille, un clochard le doigt dans le nez. La rigolade, puis le silence.

— ... Écraser le despotisme des rapaces de la politique... Un regroupement de tous ceux qui sont prêts à se battre pour établir l'ordre et la justice, imposer le respect de la vie et du travail, assurer la sécurité de nos foyers et de nos rues, protéger ce qui survit de notre planète... Pour balayer la racaille, faire maison nette et retrouver ainsi la dignité, un grand mouvement du cœur et de la raison, une alliance populaire...

Sauriol s'est assis. Dufresne n'a pas besoin d'orchestrer les applaudissements qui éclatent spontanément. Justin Gravel s'est levé. Il sent bien que l'auditoire ne tolérerait pas un autre discours; la salle baignait dans une euphorie qui l'emportait lui aussi. On n'en avait pas discuté au préalable, mais il savait ce qu'il avait à faire. Debout sur ses deux jambes, les épaules droites, il n'avait plus à se chercher de rôle ni à s'interroger sur lui-même. La voie était nettement tracée : quelle ambition satisfaire, sinon celle de servir? Une idée qui s'incarne dans un homme, dans un mouvement, dans une communauté ardente, dans lesquels se noient les faiblesses et les infirmités? Comment placer ailleurs que dans une réussite collective la mesure du succès personnel? Sa voix résonnait de ferveur.

— C'est aujourd'hui le premier jour d'une nouvelle époque. Le premier jour d'une renaissance. Le premier jour d'une alliance populaire qui, guidée par son chef Allen Sauriol, donnera au peuple un nouveau pays! C'est aujourd'hui que ça commence!

Plus tard dans la nuit, deux techniciens des services de Victor Thomas récupéraient leur équipement, micros et caméras, dans les bouches du système de ventilation; le Sommaire quotidien, préparé à cinq heures et transmis à sept heures à la Direction générale de la Sûreté, contenait trois lignes sur la création de l'Alliance populaire; on y mentionnait quelques noms déjà inscrits dans le fichier central; pour le reste, on renvoyait à une nouvelle fiche ouverte à la B.G.D., où tout le matériel était déposé en vrac. Pour l'instant, Thomas n'y était pas intéressé; il avait deux informateurs parmi les nouveaux membres de l'Alliance.

Les saisons débutent dans l'insouciance de la nouveauté; le temps affadit l'une et l'autre. La neige vieillit, se dessèche et se racornit; le froid la fige. Même la nouvelle neige éprouve l'âge de l'hiver; la désinvolture des premières chutes fait place à l'indifférence, puis à la lassitude. Il neige comme avant, mais sans conviction et sans joie. La neige qui tombe trouve au sol les signes prémonitoires de sa propre mortalité. Le froid purifie la lumière, fait disparaître les ombres et les demi-tons; seules subsistent les couleurs primaires; la lumière que rien de vivant ne tamise est directe et crue. Le milieu de l'hiver est impassible; il n'a gardé aucun souvenir de la douceur de la terre. Où trouverait-on l'espérance d'une régénération? Le jour se lève un peu plus tôt, mais le changement est masqué par un couvert de nuages ou un brouillard de polluants qui retient la nuit. Depuis le début de la grève dans les transports en commun, la rue s'anime plus tôt, mais quelle différence? La nuit est la même au réveil qu'au coucher. Les humains continuent de besogner avec le même absurde entêtement.

— Qui c'est, celui-là?... Je te parle, toi!

— Kam.

Dufresne surveillait la distribution des paquets de journaux sur le quai de livraison.

— Je te connais? T'as ta carte?

L'arrière de l'imprimerie donnait sur une impasse, une ruelle qui avait été bloquée par un mur de brique, on ne savait par qui ni pourquoi. On y était à l'abri du vent mais le passage, même lorsqu'il était libre de neige, était trop étroit pour accueillir automobiles ou camionnettes; on y avait foulé un sentier depuis la rue transversale et les camelots faisaient la navette de la plate-forme à leurs véhicules.

— Cambiz Amadzadegan?

— Oui, Kam...

— T'as une auto?

— Non... Kam.

— C'est ça, parfait. Kam.

— Oui.

Colonnes parallèles d'anoraks, pelisses glabres aux poils anémiques, vieux manteaux, blousons, toques, calottes. La lueur d'une ampoule électrique à l'extérieur, l'éclairage intérieur diffusé par l'ouverture de la porte dont le battant était retenu par une pièce de métal, se fondaient en un îlot jaunâtre. À cause de la hauteur et de l'extension du débarcadère, des moitiés d'hommes seulement émergeaient de la nuit, ondulaient un moment dans la clarté malingre pour être ensuite ravalées par la noirceur.

Éclairé de dos, Dufresne n'est qu'une silhouette trapue, perchée à l'avant-scène. Tournant la tête vers le répartiteur, il attrape une grappe de reflets blafards...

— Need a helper?

... qu'il perd en la redressant.

— Just a sec. Yeah. Valade.

Une vareuse noire, une tuque à pompon encadrant un visage rosé et de longs cheveux blonds sortent de l'obscurité. Dufresne le reconnaît; un type calme et silencieux qui fait ce qu'on lui demande. Il indique Kam.

— Tu peux le prendre?

Une signe de la tête à l'un, un signe de la main à l'autre.

Kam prend sur l'épaule deux paquets de journaux et suit Valade. Dufresne répète la consigne :

— Pas question de faire des détours! Pas question d'embarquer du monde! Point final!

Les rues ne mènent nulle part; elles sont toujours immobiles, un décor indifférent aux contorsions des acteurs. L'illumination y est factice; elle concentre la nuit au lieu de la disperser; la vie humaine s'y manifeste sous des formes primitives. Des ombres flottent le long des pistes foulées sur les trottoirs, une à une, silencieuses, s'agglutinent sans se voir aux intersections de rues, fusion éphémère de matières anonymes, et repartent aveuglément. Les globules se fractionnent et s'effilent dans les ornières glacées.

Les grévistes devaient en principe maintenir des services de transport dits essentiels aux heures de pointe; en réalité, tous les services avaient subi une réduction progressive à mesure que s'étaient multipliés les actes de sabotage du matériel roulant par les syndiqués. On avait fini par fermer complètement le métro; quelques autobus circulaient encore, mais de façon si erratique que personne ne comptait sur eux.

Les saletés de la pollution recouvrent de nappes grivelées les surfaces aplanies par les revirements de la température, mais la neige n'a pas d'odeur sous le linceul. Le froid n'est qu'une dimension morale de la nuit d'hiver; les frissons, puis l'engourdissement, viennent de l'âme que le froid paralyse; l'animal, lui, courbe la tête et d'instinct pousse le corps vers quelque destination qu'il a connue déjà dans une autre saison; une main tient le foulard devant la bouche, l'autre, le collet fermé sur le cou, contre la brutalité du vent; les jambes soulèvent leurs bottes dans un mouvement de bielle hoquetant, alimenté par quelque énigmatique nécessité.

Le tacot de Valade, la vitre baissée du côté d'Amadzadegan pour lui permettre de retenir la portière de sa main droite, emprunte les rues secondaires comme le feront plus tard, le jour levé, les automobiles plus luxueuses dont les conducteurs ne veulent pas souffrir du spectacle des piétons grelottants. C'est le long des grandes artères seulement que s'écoule le flot des automates; de temps à autre, une voiture s'arrête, pourquoi ici plutôt que là, sinon par caprice? prend un passager et repart. La route est jalonnée de figures tremblotantes dressées sur des bancs de neige, le bras tendu dans une sorte d'imploration résignée. Les grévistes patrouillent tantôt dans un quartier, tantôt dans l'autre, à l'affût de tout ce qui pourrait être une tentative de service organisé de transport. Au début, de petits entrepreneurs avaient essayé avec des camionnettes et des minibus de desservir quelques grands voies; les véhicules avaient été incendiés «par des inconnus», leurs chauffeurs battus à coups de chaînes et de bâtons. Les commentateurs des médias avaient dénoncé les «profiteurs» et les «provocateurs», les «pêcheurs en eau trouble» qui avaient tenté d'exploiter à leur profit personnel une situation pénible, pour lancer ensuite leurs appels coutumiers à la modération et au dialogue. L'Ordre avait été le seul journal à s'en prendre au syndicat et aux grévistes; il avait publié un relevé des «incidents» – sabotage du matériel, violence contre les cadres – que tous les journalistes syndiqués avaient ignorés. Justin Gravel avait parlé de ce «néo-terrorisme, camouflé par une presse servile, toléré par un gouvernement de trouillards qui s'attaque aux faibles sans défense et sans voix». Tout cela était demeuré sans écho, si l'on excepte quelques remarques ironiques sur «les extrémistes qui proposent d'imposer à la société un ordre qu'ils sont incapables de faire respecter dans leurs propres rangs». Même chez les syndicats, on ne prenait pas au sérieux «cette feuille de chou»; des camelots de L'Ordre avaient été hués et on s'était un peu tiraillé en quelques endroits, mais de façon presque nonchalante, comme on agite la main pour éloigner les mouches en été. Pourquoi s'attarder à ce qu'on n'a aucune raison de craindre? C'est un autre mythe que les pouvoirs, quels qu'ils soient, se sentent menacés par la parole, que certains appellent des idées… Au commencement était le Verbe. Ça fait plaisir aux poètes et autres innocents, et c'est parfaitement inoffensif. Un mythe entretenu à dessein. La parole n'inquiète que lorsqu'elle se tait pour faire place à l'action; la chasse aux idées n'a toujours été qu'une diversion dont le seul objet est de distraire le badaud pendant qu'on le plume Ainsi, le contenu de L'Ordre était-il moins irritant que le simple fait qu'il soit distribué, c'est-à-dire l'occasion d'une présence dans la rue. On ne voit pas les idées, elles n'existent pas sinon transmuées en un assemblage de chair et de muscles. En vérité, il en allait de même pour presque tous les camelots, les vétérans comme Valade, les nouveaux venus comme Amadzadegan; ils lisaient rarement plus loin que les titres du journal; ils étaient déjà acquis à son esprit. Les envolées de Gravel ne leur apprenaient rien qu'ils ne savaient déjà, de cette façon dont on connaît les choses par leurs reflets sur sa propre vie mieux que par l'analyse de leur substance. Le journal leur donnait une identité, un rôle, la solidarité d'un groupe; c'était là l'essentiel du message. Valade n'aurait pu dire ce qu'il y avait dans le numéro de L'Ordre qu'il allait ce matin distribuer à la porte des ateliers d'entretien de la Société de transport où les lignes de piquetage étaient toujours massives et houleuses; Kambiz encore moins que lui.

On a demandé par la suite : pourquoi avoir envoyé les deux hommes à cet endroit? Bravade ou étourderie du répartiteur? Ne pouvait-on imaginer l'accueil qu'on y ferait à un journal qui attaquait en termes virulents la grève et les grévistes? Deux hommes contre deux cents? Qu'espérait-on? Opérer des conversions, recruter des membres? On n'a jamais eu de réponse.

Valade aurait garé son automobile au coin d'une rue donnant directement sur l'entrée principale des ateliers où les piqueteurs étaient le plus nombreux; c'est là qu'on l'a retrouvée, les vitres fracassées, les portières enfoncées... deux jours plus tard. Personne ne l'avait remarquée, paraît-il, personne n'avait signalé l'existence de cette carcasse : «Ici, ailleurs, des minounes, il y en a partout!»

Qu'est-il arrivé ce matin-là?

Le crime n'a jamais de témoins quand il est l'œuvre d'une meute.

Une vieille dame avait alerté l'Urgence.

Tout ce qu'elle avait aperçu de sa fenêtre, à deux rues des ateliers, c'était une masse sombre trépignant au milieu de la rue qui s'était ensuite retirée comme une marée en laissant deux épaves sur la glace rugueuse.

Non, elle n'avait rien entendu, c'était ça, le plus étrange. L'humidité de son taudis l'avait fait lever, elle aussi, plus tôt que d'habitude; le désarroi ordinaire des matins noirs et solitaires, l'avait poussée à scruter la rue pour quelque signe de vie. Elle avait surpris le déroulement d'un film muet comme un cauchemar du demi-réveil.

Sur le coup, elle n'avait discerné qu'un amas inerte autour duquel des bouffées de vent soulevaient et faisaient tournoyer lentement, presque paresseusement, des feuilles de journal. Une forme humaine enfin s'était dégagée de l'obscur monceau, avait tenté de s'asseoir, était retombée...

Après le départ de l'ambulance, une bourrasque avait balayé la rue; elle happa les journaux abandonnés et les transporta en tourbillons saccadés jusqu'à un terrain vague où ils s'éparpillèrent.

Victor Thomas s'était laissé choir dans son fauteuil avec un magazine publié par le ministère de la Justice; il lisait distraitement; discours du ministre, farci des platitudes habituelles; notes sur de récents amendements au Code pénal; essais rédigés dans le jargon des juristes; statistiques aussi inutiles qu'alambiquées, avis de nominations. Dans la chaleur de l'appartement, ses paupières se fermaient et il sommeillait brièvement; sa tête penchait et tout à coup tombait sur le côté, il se réveillait, tournait une page ou deux et sommeillait de nouveau. Quelques images entraient furtivement dans une demi-conscience, Bélisle seul, Bélisle avec des figures inconnues, et en sortaient aussitôt; des images floues mais vaguement déconcertantes qui s'entremêlaient et se dissolvaient dans un brouillard. Bélisle était là, il n'y était plus, il lui échappait. Un repos qu'une inquiétude indéfinie mais persistante l'empêchait de savourer. Comment contrôler Bélisle et sa nouvelle cellule du Talion? Pourquoi l'instinct assoupi lui faisait-il flairer quelque mensonge quelque part, dont la raison bien éveillée ne trouvait jamais de trace?

— J'ai apporté des petites choses de la charcuterie...

La voix d'Ilsa le fit sursauter.

— Je t'ai réveillé?

— Non, je dormais pas...

— Je mets les viandes dans le frigo. Tu veux un drink?

Elle se pencha, l'embrassa sur la joue et se dirigea vers la cuisine avec son filet à provisions.

— Si tu m'accompagnes...

— Le temps de me changer.

Il sommeillait de nouveau quand elle revint, mais si légèrement qu'il entendit tinter les cubes de glace dans les verres.

— Marmotte...

Ilsa avait pris sa place habituelle sur le canapé, les jambes allongées sur les coussins.

— Tu connais this gruppe, partei, something, l'Alliance populaire?

Victor se donna l'air de siroter sa boisson, puis posa son verre sur le magazine qu'il tenait sur les genoux.

— Comme ça... Pourquoi?

— On nous a amené deux types à l'Urgence ce matin...

— Oh?

— Ça t'ennuie...?

— Pas du tout.

— C'est curieux. L'un d'eux ne s'exprimait qu'en allemand. So they sent for me. C'était un Iranien qui a travaillé en Allemagne. Puis, quand j'ai eu terminé ses pansements, il a retrouvé un peu de français. Vois-tu la curiosité? Sous le choc, c'était l'allemand, pas sa langue maternelle, qui lui était revenu...

— Ah.

— Son freund, or partner, or whatever, était en train de mourir, l'Iranien le tenait par la main et lui disait : Seien Sie ruhig. Tout doucement. Il était mort et l'autre continuait, Seien Sie ruhig, Be quiet...

— Tu ne te souviens pas des noms?

Ilsa avait fermé les yeux. Elle ne l'entendait pas.

— Il était plutôt petit, les cheveux noirs, les sourcils noirs, la barbe noire. L'autre, sur la civière, c'était un jeune aussi, le mort, avec de longs cheveux blonds, le visage presque rosé... ce qui restait du visage.

Victor laissa couler un moment de silence.

— Tu me demandais...

La jeune femme ouvrit les yeux, secoua la tête d'un petit mouvement sec. Elle regardait Victor comme si elle était étonnée de le trouver là.

— Il n'y a plus que les jeunes qui meurent.

— Tu me demandais...

Il avait camouflé le sursaut d'impatience, réprimé la bouffée d'agacement. Les témoins sont tous pareils. Ilsa comme les autres. Les esprits ordinaires ne retiennent des événements que les apparences les plus banales; ils étouffent sous la sensiblerie la signification réelle des choses. Il était inutile de la presser. Pour lui, le plaisir de la sollicitude qui avait été jusqu'à présent enjoué, presque amoureux, recelait maintenant une part de condescendance.

— L'Iranien tenait sur lui un grand sac avec des journaux. Je voulais l'examiner, il refusait de lâcher le sac. Par la suite, il s'est calmé. Le journal avait une adresse, un numéro de téléphone. Peu après, ils sont arrivés, deux types, un maigre avec une canne, qui boitait, et un petit gros. Nous avons échangé quelques mots. Ils m'ont donné leur journal... Tiens.

Elle tendit à Victor un exemplaire de *L'Ordre* qu'elle avait gardé, plié dans sa sacoche.

Victor avait eu le journal le jour même de sa parution, mais il affecta de le découvrir. Ilsa le regardait, attendant un commentaire qui ne venait pas.

— Qu'en penses-tu?

— Oh...

— Moi, la politique, tu le sais. Hallo, Wie geht es Ihnen? Und so weiter, und goodby and excuse me. Mais eux, on dirait, c'est autre chose...

— Ah?

— Ils disent les choses sans ménagement. Sans cette hypocrisie universelle qui nous étouffe. Il y a là une sorte de sens moral. C'est courageux...

— Le courage des mots sur une feuille de papier.

— Si c'est pour ça qu'on les tue...

Victor refusait de se laisser irriter par ce débordement inopiné.

— Que s'est-il passé? Un accident? On tue tous les jours. Toutes les victimes ne sont pas des héros. Ni des innocents.

Mais Ilsa suivait une autre voie.

— ... s'apercevoir tout à coup que, sans le savoir, on cherchait quelque chose dont on n'est pas sûr d'être satisfait quand on pense le reconnaître. Il y a peut-être une signification à ce qui se produit autour de nous. À moins qu'il n'y en ait aucune dans les événements, mais seulement en ce qu'on fait tout seul au milieu du chaos. Alors, on fait quoi? Est-il possible de choisir? Qu'est-ce qui vaut la peine d'être fait? Par quel chemin? Avec quelle boussole? Ils sont peut-être heureux ceux qui ont une boussole, même s'ils en meurent...

La posture de Thomas dans son fauteuil exprimait une patiente résignation; après les états d'âme viendraient les élans de la chair. Comme d'habitude. Il regardait Ilsa sans l'interrompre.

— C'est comme un arrangement de lettres. Dans une langue, il forme un mot intelligible; dans une autre, rien du tout, nichts. Les mêmes lettres. Ainsi de nos actions. Leur valeur dépend du dictionnaire moral qu'on utilise, non?

— Peut-être...

— Sans boussole et sans dictionnaire, on empoisonne les enfants pour sauver de l'argent aux pollueurs, et on ressuscite les vieux à prix d'or dans nos hôpitaux de science-fiction. On se scandalise de la violence et on absout les criminels... Alors, on ne sait plus. Je ne sais plus où va ton pays...

Thomas se figea. C'était la première fois qu'elle parlait de «son» pays, comme s'il n'était devenu le sien.

— Ils croient à quelque chose, ces gens-là, dit-elle. Comment avoir un sens moral sans une foi, la foi, n'importe laquelle? Das macht nichts aus. L'une, l'autre, it doesn't matter, mais peut-on vivre autrement?

Victor pensait à Sauriol, à Gravel et aux autres miteux qui gravitaient dans leur orbite. Il eut dans la voix une inflexion dédaigneuse.

— Il y a des boussoles fêlées, contrefaites, ou purement imaginaires. C'est pas parce qu'on brandit un drapeau... ou un journal, qu'on sert à quelque chose. Ce ne sont pas les discours qui servent la justice...

Il voulut remettre à Ilsa l'exemplaire de L'Ordre, comme pour mettre un terme à la discussion, mais elle tournait la tête. La jeune femme soupira; elle n'avait pas non plus le goût de poursuivre. Il lui apparut que Victor ne comprenait rien aux questions qui la tourmentaient; mais elle le savait déjà, pourquoi s'en offusquer maintenant? Il n'avait pas changé, il lui offrait aujourd'hui la même stabilité qu'auparavant. C'est elle, sans doute, qui changeait; elle trouvait vides aujourd'hui les certitudes d'hier. Elle bâilla ostensiblement pour qu'il ne s'aperçoive pas qu'il l'agaçait.

L'agitation et le bruit étaient trop grands au rez-de-chaussée. Parmi les hommes de Dufresne, même ceux qui avaient des emplois et qui d'ordinaire disparaissaient pour la journée dès qu'ils avaient épuisé leur stock de journaux étaient revenus à la permanence de l'Alliance. Le remuement et le tapage emplissaient la cuisine, débordaient dans le corridor et les bureaux.

Il était clair que personne ne partirait avant qu'une décision n'ait été prise. Sauriol et Sylvie Mantha étaient montés à l'étage dès le retour de Gravel et de Dufresne; on avait convoqué Physique, Benoît Mantha et Charles Croteau pour ce qui allait devenir la première réunion du conseil de direction de l'Alliance.

— La question : quoi faire?

Gravel avait rapporté les renseignements obtenus à l'hôpital.

— Le médecin a réussi à lui arracher un bout de l'histoire. Sans elle, c'était incompréhensible. En allemand. Il était encore sous le choc. Il a été assommé, mais c'est tout. Une seule blessure à la tête et des ecchymoses, presque rien. Eddy lui a demandé de nous attendre, mais il s'est envolé. Sylvie a son nom, elle pourra le retracer dans les dossiers.

— S'il a fourni la bonne adresse, et s'il y demeure encore…

— De toute façon, c'est pas urgent. Il pourrait ajouter quoi? Il ne reconnaîtrait personne.

Croteau se donnait l'air de peigner sa moustache avec deux doigts qu'il tenait sous le nez et auxquels il imprimait un petit mouvement de rotation. Comme s'il était absorbé dans une profonde réflexion. Il leva le regard vers Sauriol.

— Il est évident, dit-il, qu'il faudra désormais être prudent.

Sauriol s'adressait à Gravel.

— Et l'autre?

— Il était mort avant l'arrivée de l'ambulance.

— Il est évident, reprit Croteau, que…

Sauriol le coupa sèchement.

— Il est évident qu'il faut se battre.

Dufresne grogna :

— Ils vont payer.

Une rumeur exsudait du rez-de-chaussée le long des murs et se répandait à travers l'étage. Dehors, le vent avait renoncé aux bourrasques qui avaient charrié au début du jour de gros nuages de formes hétéroclites; il avait maintenant tiré sur la ville une couverture grisâtre brodée d'une frange azurée. De tout petits flocons de neige isolés, incongrus dans leur isolement, traversaient l'espace en mouvements imprévisibles, si légers qu'ils allaient tantôt d'un côté, tantôt de l'autre, virevoltant comme si la direction du vent n'avait sur eux qu'une prise incertaine. Bientôt, les flocons se multiplieraient, se regrouperaient, formeraient une nuée que le vent pourrait enfin saisir et propulser à sa guise. Alors, les petits flocons solitaires reviendront mollement, poursuivant leur évolution nonchalante pendant que s'ouvrira dans le ciel une déchirure au rebord molletonné; il y percera un fuseau de lumière d'une beauté grandiose et glaciale, fantaisie d'une nature somnambule. Mais qui peut faire une place à l'émerveillement dans l'effort quotidien et machinal de survivre? Que faire d'une beauté qui ne doit rien aux hommes et se suffit à elle-même?

On avait célébré tard dans la nuit la création de l'Alliance populaire, et chacun était rentré chez soi. Les quotidiens avaient donné un maigre paragraphe à l'affaire; un titre se lisait «Law and Order Groupe in Disarray»; à Télé-Cité, on n'avait vu que la sortie de Cruciani, sans le bénéfice d'une intro de Pascal Pothier.

Vingt-quatre, quarante-huit heures, les aiguilles tournent sur le cadran des vieilles horloges, la grisaille et le froid persistent; les périodes de délestage du réseau d'électricité ont été prolongées d'une heure. C'était hier, ainsi sera demain. Ginette Rousseau s'absente en cachette, revient sans explication, s'enferme dans sa chambre. Allen ne voit rien; il sort, il rentre, parce que l'horloge impose son rituel; les muscles obéissent encore mais lentement; le cœur bat mais ne vibre plus. C'est le danger qui exalte, le combat qui enivre, l'adversaire qui soutient. L'ennemi terrassé, que reste-t-il? La cuisine. Gravel s'affaire au journal, Dufresne à la mobilisation de ses camelots, Croteau à ses vacillations secrètes, Mantha à son commerce, Sylvie à ses dossiers, Physique à son gagne-pain dans un entrepôt. Juste avant la clôture du soi-disant congrès, Sauriol les avait tous nommés membres du conseil de direction de l'Alliance populaire sous les applaudissements de l'assistance qui, à ce stade, avait hâte qu'on en finisse; une idée germée à la dernière minute dans l'enthousiasme du discours, sur laquelle il n'avait consulté personne. Et personne n'avait demandé quel serait le rôle dévolu à ce conseil, l'Alliance n'ayant encore ni constitution ni statuts. Tant de sueurs et de griseries, de chocs et de tensions, pour en arriver à quoi? Les lendemains de victoire sont toujours tristes. Tout a changé, bien sûr, mais rien n'a changé.

Sauriol a compris avant tous les autres la signification de cette mort.

— Ce ne sera plus jamais pareil. Il est impossible de continuer comme avant!

— La police fera enquête, dit Croteau.

Benoît Mantha produisit un petit rire cassant.

— Comme pour Tho.

— Qui?

— Tong Quang Tho. Un pharmacien. Assassiné à deux pas du magasin.

— Et après?

— Cinq témoins. Qui n'ont rien vu. Pourquoi auraient-ils vu quelque chose? Le système judiciaire ne protège que les criminels.

Mantha n'était pas bavard; quand il parlait, c'était d'une voix sèche qui faisait entendre qu'il n'aurait rien à ajouter, la question pour lui était tranchée.

— Même nous, dit Sauriol, qui pourtant aurions dû savoir, allions tomber dans le piège. On s'inquiète de programmes, de manifestes. D'exposer des idées, de persuader, d'obtenir des votes. D'invoquer les lois, de dénoncer la crapule du haut des chaires de nos petites églises politiques. Quelle naïveté! Que d'innocence! Comme toujours, depuis le début des temps, c'est dans la rue que ça se décide…

Physique laissa tomber :

— Si personne ne chasse les vendeurs du Temple…

On le regarda, lui qui prenait si rarement part aux discussions, attendant une suite qui ne vint pas. Physique buvait les paroles de Sauriol; il ne s'était même pas rendu compte qu'il avait parlé.

— Qui nous écoutera, qui nous suivra? Qu'offrons-nous? De belles paroles? Le pays en regorge, les journaux en débordent, la télévision nous en abreuve. Quoi de plus trivial que l'expression d'une bonne invention? Le fard sur la pourriture. C'est ça, le piège émasculateur : se complaire dans la contemplation placide de sa propre vertu, espérer patiemment que le peuple lui rende hommage, et se glorifier en attendant d'obéir aux règles fixées par la canaille. Rien de plus futile que d'avoir raison si la raison est impotente. La vérité bafouée n'est pas la vérité, c'est une imposture!

Gravel, sans quitter Sauriol des yeux, jetait sur un bloc-notes des bouts de phrases qui s'entremêlaient sur la page comme des graffiti.

— La mort est courante et banale; elle n'a pas de valeur sinon celle que lui reconnaissent pour eux-mêmes les vivants dans le moment et le lieu de son passage. Cette mort est pour nous symbolique et providentielle; elle nous montre la voie. Elle sonne l'appel. On nous a déclaré la guerre, nous ne tendrons pas l'autre joue. Il y aura des funérailles, elles seront une riposte et une affirmation. On nous dispute la rue, nous nous en rendrons maîtres!

Sauriol avait à peine élevé la voix; le poing droit frappait à coups rythmés la paume de la main gauche. Il regardait ses auditeurs un à un d'un regard dont l'intensité était en quelque sorte tournée vers l'intérieur. Eddy Dufresne souriait béatement, la paupière à demi fermée, le cœur inondé d'un bonheur paisible; il servait le chevalier sans peur qui s'était battu à ses côtés à la Watson-Belhsund, qui avait donné son sang pour sauver Rusty. Le chef. Sylvie demanda :

— Savez-vous s'il a de la famille?

On croyait que Sylvie était mal à l'aise dans les discussions politiques; elle s'asseyait en retrait, prenait des notes, le corps droit, la tête penchée, le regard gris voilé par les lunettes, et parlait peu. Cet effacement ne devait rien à la timidité; c'était l'effet d'une indulgence discrète, presque maternelle, pour les spéculations oiseuses auxquelles les hommes trouvent tant de plaisir. Mais on ne peut pas être toujours en récréation.

— Quelqu'un doit réclamer le corps, fit-elle. Il a des parents, non? L'hôpital a dû les prévenir.

— Il n'avait sur lui que son permis de conduire et sa carte bleue, dit Gravel.

Allen s'adressa à Sylvie.

— Et sa fiche?

— Son adresse, numéro de sécurité sociale, membre depuis huit mois.

— C'est tout?

— Oui.

— Nom du père? Famille? Employeurs?

— Rien.

Croteau saisit l'occasion de faire parade de fermeté.

— Alors, vos fiches sont mal faites.

Sylvie Mantha rougit mais ne dit rien. Dufresne, qui se sentait visé, apostropha l'imprimeur :

— C'est pas le temps des niaiseries. Le formulaire est là. Ils écrivent ce qu'ils veulent. C'est pas important. De la paperasse. C'était un gars fiable, ça suffit.

— Sans doute, dit Croteau, qui commençait à regretter son intervention. Il reste qu'on le connaît pas. Tu le connais, toi? Non... Suppose, funérailles, manifestation, on y va en grand. Après on découvre un quelconque pot aux roses. On a l'air de quoi?

— Quel pot aux roses?

— Je ne sais pas plus que toi. C'était peut-être un pusher, un pimp. A-t-il un casier judiciaire? On ne sait pas, voilà le problème. On en fait un héros, et on apprend par la suite que...

Croteau laissa mourir la phrase.

Physique donna des signes d'impatience.

— Même s'il était un larron, qu'est-ce que ça change à la manière de sa mort?

Sylvie aussi s'impatientait.

— La première chose à faire, c'est de réclamer le corps. Avant que quelqu'un d'autre...

Croteau l'interrompit presque malgré lui, par mauvaise humeur qu'on ait balayé si légèrement une objection qui lui paraissait toujours bien fondée.

— Pour en faire quoi?

Eddy Dufresne avait déjà enfilé son paletot de cuir.

— Ils seront contents de s'en débarrasser, dit-il. Je m'en occupe.

Rapidement, on se mit d'accord : Mantha ferait les arrangements avec un entrepreneur de pompes funèbres, le corps serait incinéré sans délai et les cendres ramenées à la permanence; Physique et Sylvie verraient à l'aménagement des lieux en chambre mortuaire et à la mobilisation des membres; Dufresne organiserait avec ses camelots une garde d'honneur qui accompagnerait le cortège jusqu'au monument du parc de la Montagne, où les cendres seraient dispersées dans le vent; Gravel et Allen régleraient la mise en scène des cérémonies.

Pendant trois jours, il ne fut question que de Valade, mais personne ne parla de lui; personne ne le connaissait. Il avait sûrement des parents quelque part, mais il eût fallu partir à leur recherche; on n'en voyait pas la nécessité. À quoi bon? Ce n'était pas la vie de l'homme mais ses cendres qui avaient un prix.

Le soleil se lève presque blanc dans le ciel fade; sa lumière est une générosité insensible et sans objet, elle ne laissera rien derrière elle au retour de la noirceur. La neige est renfrognée, rabougrie; le froid l'a rendue mesquine. Le froid est insidieux, on s'y habitue, ou plutôt on s'y résigne et enfin s'y abandonne. La chair anesthésiée, le squelette fonctionne comme une mécanique jusqu'à ce que les rouages se figent.

Pascal Pothier marche comme un automate le long de la tranchée de l'autoroute; le trottoir de la voie de service est cabossé, la neige bloquée par le parapet de béton l'a recouvert de tas inégaux compactés par le vent. Il traverse le quadrillage des rues et des viaducs, sans hâte, d'un pas égal; les automobiles et les camions filent autour de lui, agitant derrière eux de petits ballons de vapeur. Il ne semble y avoir d'autre vie que minérale, blocs de béton et de brique, carrelages d'acier et de verre; des démolitions ont créé ici et là des défilés dans lesquels le vent a sculpté la neige en terrasses ondulées. Un vieil hôtel a été éventré, laissant à jour une structure délabrée, des portes sans chambranle fermées sur le vide, des cavités rectangulaires dans lesquelles on a oublié, ici une chaise, là une commode, débris que le froid préserve sans plus de répugnance que de sympathie. Pothier détourne le regard, il est fatigué de la mort des autres. Le froid lui pince les joues et les oreilles, le corps est traversé de frissons, mais il en est à peine conscient. Il est fatigué. L'affaire Valade, c'est un enterrement de trop. Un ordre de trop de la part de la Française. Une corvée de trop. Quelle inanité que l'effort de vivre quand tout s'effondre. Où est-il rendu? Ses pas l'ont mené dans le quartier où il a passé son adolescence comme un poisson remonte le fleuve lointain où se reconnaît l'espèce. Mais qu'y a-t-il à reconnaître aujourd'hui?

En ce temps-là, il y avait au bout de la rue un canal dans lequel glissaient l'été, entre les usines construites sur les deux berges, les petits bateaux de marchandises et les embarcations de plaisance; il y avait une cabane pour le gardien de l'écluse, quelques pots de géraniums et un écran de peupliers. Il ne reste rien de tout cela. Quelqu'un avait fait entendre la crécelle du «développement économique» et les autorités avaient dansé la gigue de la «création d'emplois»; on avait démoli la cabane, coupé les arbres et recouvert le canal de béton pour le convertir en voie de service à l'usage des camions; quelqu'un avait vendu beaucoup de béton. Peu après, les usines vétustes avaient fermé leurs portes; la route inutile n'était plus qu'un corridor de ruines. Pothier s'est arrêté et balance lentement le corps en répétant à voix basse «Ainsi mon âme, ainsi mon âme...» Une corvée de trop. Comment s'intéresser à une mort qui n'est pas la mort puisqu'elle n'est la mort de personne, mais une manœuvre politique? Il s'était rendu à la permanence de l'Alliance populaire, en se reprochant de n'avoir pas eu le courage d'envoyer paître la Française. Où est le courage? Pourquoi y attacher quelque gloire? Pourquoi marcher dans le froid quand on n'a plus de destination? L'horizon est clos par les grandes arches des voies rapides entremêlées dans le ciel; à distance, on ne voit pas que les culées et les piles se désagrègent et s'effritent, découvrant des blessures de métal rouillé, des nervures rongées par la gangrène. Comment savoir si on avance ou si on est cloué devant un décor qui se déploie sur une gigantesque toile circulaire? On se croit l'acteur; on n'est peut-être qu'un spectateur rêvant dans son fauteuil qu'il est acteur; quand on s'éveille, la pièce est terminée. On eût dit les approches de la permanence de l'Alliance obstruées par des moraines, des fragments d'humanité charriés et endigués par les rues voisines, quelques centaines d'objets bariolés qui se meuvent en émettant de petits souffles frimassés, contenus par une double ligne de casques noirs de motards. Le caméraman n'a pas eu de difficulté à se rendre jusque-là, on s'est écarté à la vue de son appareil, et Pothier a suivi machinalement. Du balcon du premier étage pendait une large pièce de drap noir qui ondulait au-dessus de la porte du rez-de-chaussée, ouverte malgré le froid. Le caméraman voulut passer en écartant un casque noir; il se heurta à un mur. «Hé, baquet, décolle!» La ligne des casques noirs s'était resserrée. Une voix ordonna : «Piss off!» Pothier avait déjà amorcé un mouvement de retraite. Le caméraman avait l'air stupéfait, il répétait : «Télévision! Télévision!», la formule magique qui aurait dû renverser tous les obstacles, et dont il ne concevait pas qu'elle restât impuissante. On le repoussait maintenant, on le bousculait; il fut soulevé par les aisselles et porté jusqu'au pied d'un escalier, loin de l'attroupement qui continuait de se gonfler. Le caméraman observa que les hommes casqués tenaient à la main une sorte de gourdin d'un mètre de longueur environ, lié au poignet par une lanière de cuir; il chercha des yeux Pascal Pothier; ne le voyant pas, il imagina qu'il avait été refoulé lui aussi. Il grimpa l'escalier jusqu'au balcon, cala son appareil sur la grille de métal, plia un genou pour ajuster le mécanisme; il avait une meilleure vue en plongée qu'il n'aurait obtenue en bas; il tourna la tête, aperçut les figures pressées dans les fenêtres avoisinantes, et reporta son attention sur ce qui se passait dans la rue. Tant pis pour Pothier... Disparaître d'une scène où l'on n'a plus de rôle, à supposer qu'on en ait déjà eu. On s'est fait gruger peu à peu l'espace de son existence à son insu mais au su de tous; on est le dernier à comprendre que le respect qu'on croyait inspirer s'est évanoui, s'est rétréci à quelques formules insipides de politesse. Pothier a bifurqué, il traverse une esplanade de béton ouverte aux quatre vents; sur une dizaine de piquets de métal dispersés dans un désordre artificiel, des manières de gratte-ciel miniaturisés et bâtiments divers de la taille de jouets, artistiquement déformés. Il se souvient d'avoir couvert l'inauguration de ce «Jardin de la symbolique urbaine», panorama de désolation et de sclérose, monuments élevés à la pédanterie. Une image incongrue lui remonte à la mémoire : un clochard avait tendu une corde entre deux piquets pour y faire sécher des chaussettes et un caleçon. Cela remontait à... Il a oublié. L'image s'efface. Pothier n'a pas laissé de traces sur la surface glacée. Les pieds ont cessé d'avoir froid, ils sont devenus insensibles, et le pas a ralenti. La rue déroule une courbe interminable. D'un côté, une masse rocheuse dont les saillies sont ornées de festons de glace; on en avait dynamité le versant pour faire passer des voies ferrées qui ne servent plus. De l'autre côté, en contrebas, le long profil des vieux logements au-dessus de boutiques abandonnées, les vitrines placardées, les escaliers enneigés formant les arcs-boutants de murs décrépis. Tout à coup, c'est le petit square enclos par quatre rues et quatre plans de façades rouges, brunes, grises et bleues, montant droit du trottoir. Un quadrilatère modeste ceinturé d'une grille aux barreaux garnis de rosettes; il y a une entrée à chacun des quatre coins et, tout autour, de vieux arbres frigides. En plein centre, un monument à quelque fondateur de quelque chose, tenant la pose héroïque au-dessus d'une fontaine rococo, avec six petits bassins disposés en couronne, quatre têtes d'Indiens et quatre castors en angle, des quenouilles en gerbes dorées sur le socle; un ensemble vert-de-gris auquel s'accrochent des touffes de neige. Pothier a maintenant le pas lourd. Il s'arrête devant la statue. Il a fait ce qu'il y avait à faire et il n'en reste rien; le froid a tout recouvert, l'hiver a enseveli dans le même linceul les vivants et les morts. Il est au terme de son voyage. Le temps est venu de se reposer. Il lui semble que la lumière du monde faiblit lentement. Il s'assied sur l'un des bancs de bois qui font face au monument. Le silence enveloppe le square. Il ne sent ni ses bras ni ses jambes. Quel besoin en aura-t-il désormais? Il ne reste enfin qu'à dormir. Une lueur évanescente miroite à l'entrée du néant : «Pascal Pothier est sur les lieux...» Pothier sourit. La lueur vacille et s'éteint.

— Pour qui se prennent-ils?

C'était dit sans hargne la première fois. Plutôt avec incrédulité.

— Pas de nouvelles de Pothier?

Trente-six écrans rangés en trois bataillons égaux au-dessus de la table de contrôle. À droite, celui des drames, désastres et catastrophes de six continents; à gauche, celui du sport et du show-business; au centre, celui des nouvelles locales et régionales qui occupaient seulement cinq des douze écrans disponibles.

— Il est assez grand pour retrouver son chemin tout seul.

— Celui-là, depuis quelque temps...

Une pièce longue, étroite, au plafond bas, tirant son éclairage de la luminosité scintillante des lucarnes ouvertes sur l'univers, qu'une cloison de verre séparait de la grande salle du service de l'information. On s'était ramassé autour des fauteuils de la Française et de ses acolytes devant le pupitre de mixage. Le cosmos en vingt-neuf séquences simultanées. L'incubateur de la réalité : ce qui n'apparaîtra pas sur l'écran n'aura pas eu lieu.

— Non, mais vraiment, pour qui?

Avec une pointe de colère maintenant.

— C'est du folklore.

— Une troupe de fiers-à-bras casqués comme des motards? Armés de triques? Avec des brassards noirs? Ça ne vous rappelle rien?

— Combien sont-ils? Deux cents, trois cents? Des romantiques attardés. Les funérailles sont toujours propices à l'hyperbole.

— Regardez-les.

— Du guignol.

— Ce sont pas des funérailles, c'est une déclaration de guerre.

— Voyons donc. Les croisades, les sauveurs du monde, c'est fini ce temps-là. On fera toujours marcher quelques paumés avec des semblants d'uniformes. Et après?

La Française et ses adjoints, absorbés par leur travail, ne portaient pas attention au caquetage. Les pantins se démenaient toujours dans les limbes des écrans muets, attendant que les démiurges décident de leur sort, la relégation aux oubliettes ou la grâce d'une vie plus fugace encore que celle de l'éphémère. Les autres insectes continuaient de bourdonner.

— De toute façon, qui c'est, le mort?

— Personne.

— Où est la nouvelle? On couvre les enterrements, maintenant?

Le début de l'existence est fragile; il suffit d'une distraction pour l'étouffer. Encore un peu, parce qu'on est déjà sur la pente et que le cadran talonne, on fera le consensus sur l'avortement : l'événement n'a pas eu lieu. Ce qui n'a pas vu le jour ne dérangera personne. Le caméraman proteste :

— La nouvelle, c'est l'image!

Évidemment, de sa part...

— J'aurais pu être assommé, moi!

— Ah, voilà une nouvelle : notre intrépide caméraman terrassé par les gros méchants.

— Excellent pour l'image.

— À condition d'avoir une image. Si l'intrépide caméraman a succombé, que saurons-nous du drame? Qui en aura croqué tout le pathos?

La Française poussa un long soupir quand le voyant rouge se mit à clignoter sur l'un des trois téléphones disposés devant elle; elle saisit l'écouteur. Le caméraman tourna les talons.

— Pas de problème, dit-il, le 15 était là, et le gars du *Matin*, et le gars du *Star*, et les flics...

Il referme doucement derrière lui la porte du studio. Le message était livré; si la Française n'avait pas entendu, on le lui transmettrait. Pourquoi se fatiguer à tenter de convaincre, quand il suffit de pincer le bon nerf? Pourrait-on ignorer ce que les concurrents auraient l'air de prendre au sérieux? Tout ce qu'on a dit ou pensé de l'événement ne compte plus : la concurrence a créé la nouvelle.

La contenance de la Française a brusquement réprimé le tapage. Elle a remis l'écouteur sur le combiné. Elle semble paralysée sur son fauteuil, le regard rigide. Elle se secoue, reprend l'appareil, presse un bouton.

— Archives? Alix?... Écoutez. Pascal Pothier. Sortez-moi tout ce que vous avez. C'est urgent.

À une adjointe :

— Faites une sélection avec Alix. Préparez un sommaire.

À un reporter, derrière elle :

— Les réactions. Famille. Collègues. Personnalités. On choisira. Tout ce que vous pouvez trouver d'ici...

Elle leva la tête vers le cadran du studio.

— Vous avez deux heures... Deux heures et demie, mais tout bloqué, n'est-ce-pas?

Elle s'aperçut enfin qu'on la regardait avec une sorte de stupéfaction.

— Il est mort.

— Pascal?

— On l'a trouvé mort dans un parc.

— Quoi? Il a été tué?

— On n'en sait rien encore. Le corps a été transporté à la morgue. Jacek? Où est Jacek Bujak?... Bujak, vous y allez? Tout de suite. Voyez qui est chargé de l'enquête, et vous m'appelez dès que possible.

— On l'a tué...

— Attendons...

Une tête ébouriffée sur un petit corps rebondi, une voix chantante à l'accent espagnol :

— Quand on se met à tuer les journalistes...

— Bujak! Un moment. Faites l'impossible pour qu'on retarde l'annonce, n'est-ce pas? Nous serons... reconnaissants.

— On tue les journalistes, c'est toujours comme ça que ça commence!

La Française frappa des mains comme une maîtresse d'école.

— Allons!

Une sorte d'instinct, ou peut-être simplement l'antipathie que Pothier lui avait toujours inspirée, la retenait de souscrire à l'hypothèse de l'attentat. Cela eût rendu l'homme intéressant; elle répugnait à lui conférer de façon posthume une valeur qu'il n'avait jamais eue à ses yeux. En vérité, elle était soulagée de la disparition de Pothier, le dernier des dinosaures, le dernier survivant de l'ancien régime. Désormais, elle ne verrait dans le service que ses créatures à elle, des gens qui lui devaient leur emploi. Peut-être laisserait-elle germer un soupçon de générosité... d'ailleurs rentable. La mort d'un journaliste est la nouvelle par excellence. Héroïque ou banale, qu'importe? La tribu se rallie autour du catafalque; les hommages fabriqués et les anecdotes sélectionnées; l'embaumement moral, toujours plus fardé que l'autre. Puis on invitera un universitaire à parler des tensions sociétales dans le contexte de la globalisation des artifices de la communication; il saura si bien enchevêtrer les mots que chacune des options, la mort héroïque et la mort banale, prendra les couleurs de l'autre pour ne constituer qu'un seul brouillard... d'où seul percera le phare omniprésent de Télé-Cité.

La requête avait suivi la voie hiérarchique, du bureau de la Présidence de la Commission nationale de la sécurité publique au bureau de la Direction générale de la Sûreté, de là au directeur de la Section IV (Renseignements et analyse/subversion/terrorisme), jusqu'au responsable de la Région 1; c'est-à-dire de Jocelyne Jost à Trivini Päts, adjoint de Fraser, puis à Patrick O'Leary, qui l'apporta personnellement à Victor Thomas.

— Premièrement, qu'est-ce que ça veut dire?

O'Leary est grand et mince; il serait plutôt bel homme n'était-ce que la tête rondelette est trop petite et qu'une calvitie profonde lui donne l'air d'un oiseau déplumé; ou, disent certains, d'un oiseau vidangeur toujours en alerte de peur qu'on lui ravisse la carcasse dont il se nourrit.

Il s'est amené chez Thomas sous le coup de l'appréhension. Le réflexe est conditionné par l'expérience : la note de service la plus anodine est parfois un guet-apens. Sa nervosité est transparente.

— What should I know about this?

Thomas relit les deux phrases sur la feuille à l'entête de la Présidence, cabinet du directeur, et le griffonnage «donnez suite» avec les initiales de Fraser.

— Ça me paraît clair...

Ce n'est pas ce que O'Leary voulait entendre, mais le contretemps le calme. Il n'est pas sûr que Thomas n'ait pas compris.

— Le Cirque a fait son travail, au moins?

— Mais oui.

— On a le matériel?

— Plus de deux heures. Mais en vrac. Ce sont les bandes originales. Pas de montage, pas de classement ni d'analyse. Je peux identifier comme ça, de mémoire, les plus connus, mais c'est tout.

— C'est tout?

O'Leary allait s'agiter de nouveau. Thomas se dressa devant son supérieur.

— On manque de personnel, paraît-il. Ces messieurs sont surchargés, paraît-il. Il faut faire la queue et attendre son tour. Alors, demain, huit heures, pas question.

O'Leary reculait toujours devant l'agressivité verbale. C'est pourquoi il n'avait jamais pu digérer Thomas, et pourquoi leurs affrontements périodiques ne déplaisaient pas à Fraser; une sorte d'assurance contre la collusion. Thomas continuait : «Les services techniques traînent les pieds pour faire pression. Nous n'avons pas à payer pour eux. Les gratte-papier du ministère nous servent toujours la même rengaine : apprenez à faire mieux avec moins! Nous n'avons pas à payer pour eux non plus.

O'Leary avait sorti ses lunettes de leur étui et les frottait avec une nonchalance étudiée..

— Premièrement...

Mais il n'alla pas plus loin. Il avait espéré, déjà, que cette pantomime serait décodée par ses subalternes comme l'annonce d'un orage dont ils auraient eu à se garder. L'intention avait été vite perçue, personne n'avait été dupe; O'Leary s'en était rendu compte et le geste n'était plus qu'un voile transparent sur ses propres moments d'embarras. De toute façon, le comportement de Thomas le rassurait; s'il avait été partie à quelque manœuvre cauteleuse, il eût été moins agressif. S'il n'était pas menaçant, c'est qu'il pouvait être menacé. Si on n'est pas l'un, on est probablement l'autre, il n'y a pas de milieu. Le péril partagé devrait endormir les animosités personnelles, du moins le temps de sa virulence.

— Pourquoi? Le bonhomme demande qu'on lui fasse du cinéma avec le show de... comment? L'Alliance populaire. Pourquoi? J'ai parlé à Päts : le directeur n'en sait pas plus long. J'ai parlé à la grande Jojo. Toujours aussi aimable, celle-là. La tombe. Alors? Il n'a jamais fait ça, le vieux.

— Voulez-vous savoir? Il n'a rien à faire. Il s'ennuie... entre la Jojo et le Ganga.

Ce n'était pas le moment d'être frivole.

— Premièrement, je ne veux pas de surprise.

O'Leary ne parvenait jamais au deuxièmement; on ne fait qu'une chose à la fois, qui est ainsi et toujours la première.

— Je veux voir ce qu'il va voir avant qu'il le voie...

Sans rire.

Les deux hommes s'enfermèrent dans la salle de projection.

La journée de la manifestation avait été ensoleillée, les images étaient claires, mais que disent les milliers de mots qu'elles valent? Une pléthore de vignettes. Un travelling sur la face du décor striée par les balcons et les escaliers; les ombres embusquées dans les fenêtres. Un long drap noir suspendu masque le numéro civique de la permanence; la caméra va chercher celui de la porte à l'étage; dans l'embrasure, deux casques noirs, visière baissée sur la mentonnière. Subitement, les casques se multiplient, ils sont un champ de polypes cancéreux. La caméra a plongé dans la rue; une étendue de têtes casquées, de têtes couvertes de tissu ou de fourrure, de têtes nues vibre d'une pulsation vaste et désordonnée et pourtant régulière, comme le bouillon d'une soufrière. Le technicien du Cirque a varié la distance focale, il s'est amusé; le travelling optique produit un enchaînement d'oscillations, torsions et contorsions qui disjoignent les lignes, désarticulent les plans, brésillent les masses. Le cinéma-vérité a basculé dans l'abstraction, l'œil désorienté se perd. Au bout de la rue, deux chiens efflanqués trottinent l'un derrière l'autre, font halte, se tournent vers le rassemblement, entretiennent un moment l'impulsion de s'y joindre, la rejettent et repartent, le museau incliné sur quelque piste plus alléchante. Une corneille invisible craille tout à coup, comme un trait rouge soulignant le silence de l'événement.

O'Leary frétille.

— Grassement payés, and they don't know their asses from their elbows.

Cela fait l'objet d'une note bien sentie au directeur de la Section V (Administration / Services techniques), responsable du Cirque, avec copie à

Fraser naturellement. Peut-être. Peut-être pas, un peu de prudence, une note en attire une autre, on va rapidement d'escarmouches en engagements, et ça dégénère. Aujourd'hui, c'est ta négligence; demain, c'est mon erreur; la même éponge sert tous les tableaux. Alors, on bougonne et on laisse filer. Thomas soupire : «Y a pas de quoi...» Les artistes du Cirque ont donné leur petit numéro; ils savaient qu'ils provoqueraient de l'exaspération quelque part, c'est réussi, maintenant aux choses sérieuses.

Le spectacle a changé de rythme. Eddy Dufresne paraît dans la porte du rez-de-chaussée. Il est vêtu d'une vareuse grise, la manche parée d'un brassard noir. Tête nue, il avance d'un pas lent et mesuré. Derrière lui, six hommes casqués portent sur leurs épaules une sorte de plateau drapé de noir, soutenu par des brancards, sur lequel repose un coffret au milieu d'une couronne de fleurs rouges. Viennent ensuite, tête nue, brassard noir au bras, Allen Sauriol et Julien Gravel, Physique et Sylvie Mantha, Benoît Mantha et Charles Croteau. L'objectif de la caméra s'arrête sur chaque visage, le cadre en gros plan, passe au voisin. «Enfin!...» dit O'Leary. Thomas regarde distraitement; rien de neuf, chacun a déjà sa fiche; ce qu'on ne sait pas déjà sur eux, il n'est pas urgent de l'apprendre. Les casques noirs ont formé une double haie autour des porteurs et des dirigeants de l'Alliance. Le cortège s'ébranle au milieu de la rue. L'attroupement balance puis se disloque; on ouvre une brèche, Dufresne marche de son pas mesuré, la foule se déverse derrière les porteurs dans un embrouillement de formes qu'on dirait hâlé par quelque machine lumineuse, les casques noirs reflétant le soleil. On avance dans une calme confusion, en rangs tantôt larges, tantôt étroits, qui s'entremêlent et se défont aux cadences dissemblables des pas. La caméra enregistre : une salade de fronts découverts ou léchés par les cheveux, nez et pommettes cramoisis, yeux cillant dans la luminescence, mentons enfouis dans les écharpes, presque tous des hommes qu'on finira par identifier de face ou de profil. On repère chaque arbre au milieu de la forêt, un à un, mûr pour l'étiquetage et l'inventaire. Qui peut demander mieux? Le Cirque travaille bien. O'Leary s'est rasséréné, ou presque. La caméra se déplace; elle est nichée sur un toit à l'abri d'une cheminée, et suit de haut le cortège qui longe l'enfilade de magasins d'une rue commerciale. On ne distingue plus les individus; vus de dos, ils forment une sorte de magma qui coule lentement, les grumeaux des casques scintillant sous le soleil, entre deux rubans de curieux. La perspective rétrécit la rue et rapetisse les hommes. Au loin, la pente de la colline traverse l'horizon, une masse blanche pointillée d'arbres coupant le bleu frigide du ciel.

— And they walked into the sunset... C'est fini?

— Encore la cérémonie.

— C'est long?

Thomas ne répond pas. On regarde, mais que voit-on quand l'image n'a pour soi d'autres dimensions que celles de l'écran? Deux longues et larges terrasses reliées par trois marches, entourées d'une balustrade. Au milieu, un bloc ceinturé de pilastres au-dessus duquel s'élance une haute colonne à torsades soutenant une figure allégorique aux ailes déployées. Tout autour, un vaste espace nu d'où le vent a chassé la neige, montant jusqu'à la ligne des arbres au-delà de laquelle se dresse brusquement un mur de rochers polis, arrondis, par les éléments. La lumière crue accentue la froideur des choses, minéraux insensibles et végétaux cataleptiques. À quoi se mesure l'industrie des hommes? La caméra du Cirque n'a pas le goût de moraliser, ni O'Leary et Thomas celui de dépasser l'observation du dérisoire : un groupe amaigri par l'étendue du décor, se livrant à un rituel insipide dans la totale indifférence de la ville. L'image ne ment pas; elle dit si peu. Gravel, pâle et malingre, grelottant sous un manteau trop léger, lançant quelques phrases qui se perdent dans le vide. Puis Sauriol, qu'on entend clairement parce que le technicien a rajusté le son; un homme moyen, sans charme ni distinction, une voix quelconque qui tend vers l'aigu. Thomas reconnaît tout ce qu'il sait déjà et réprime un bâillement. O'Leary n'a remarqué que le début d'une bousculade : des gens de la télévision ont tenté de s'approcher de l'orateur, les casques noirs les ont refoulés, quelques jurons ont retenti et le calme est revenu. O'Leary soupire : c'est maintenant un effort de demeurer attentif à ce qui se passe au pied du monument. Sauriol a fini de lancer les cendres dans le vent, le groupe se disperse. Les casques noirs regagnent leur local par noyaux plus ou moins disloqués, qui ne méritent plus d'attention. Les gens de la télévision se sont éclipsés. C'est terminé. Tout est clair et il n'y a rien à comprendre. O'Leary est enfoncé dans son fauteuil; il y resterait s'il pouvait s'attarder dans l'inertie du spectateur, attendant que perce enfin quelque lueur sur les intentions de Dufour. Thomas est déjà levé.

— Voilà, je lui apporte ça demain matin. Tel quel.

O'Leary a la résignation morose.

— Mais qu'est-ce qu'il veut…?

L'un voit les arbres; dans chacun, les formes tordues et rabougries, les branches chétives, l'écorce malade, le tronc rachitique, et n'en perçoit que la débilité. Ses yeux ne le trompent pas; il n'a pas tort.

L'autre voit la forêt, le contour des massifs, le galbe des taillis, la densité des marmenteaux, l'élan des drageons, et ne perçoit que la manifestation d'une vitalité indifférente, insensible aux infirmités de ses éléments. Sa vue est bonne; il a raison.

L'objet ne renvoie à l'observateur qu'un reflet de lui-même. La lumière sera tantôt ondes, tantôt corpuscules, ou les deux à la fois, selon le mode d'expérimentation, alors qu'elle est peut-être autre chose aussi. La conjoncture qu'on explore par cette intrusion même est déjà altérée avant qu'on ait pu la saisir. On invente ce qu'on prétend décrire, ce qui fait qu'on disputera toujours du sens et même de la réalité des circonstances. On doit donc se contenter de relever les traces laissées par l'événement, mais elles ne livrent rien de ses racines ou de ses fruits.

Le sergent Ganga a cueilli Victor Thomas à la sortie de l'ascenseur et l'a conduit au bureau de Jocelyne Jost. En civil, la mallette à la main, Thomas avait l'air d'un représentant de commerce égaré au milieu des uniformes, une silhouette guindée sur une moquette moelleuse. La réception est distante.

— Vous avez tout?

Thomas s'attend qu'on l'amène au bureau du Président; il a préparé un train de commentaires qui diront le moins possible de façon tout à fait respectueuse, comme on donne patiemment aux vieillards des explications auxquelles on sait qu'ils ne comprendront rien. Il en va de même pour la Jojo.

— Nous aurions pu, vous savez, vous brancher directement…

Avec politesse. Avec regret qu'on se soit donné du mal pour rien parce que, sans doute avec les meilleures intentions du monde, on ignore que…

Jost fait un mouvement du menton.

— Vous pouvez la déposer là.

Machinalement, avant même d'avoir compris, Thomas avait obtempéré. La mallette était sur le pupitre de Jost.

— Merci.

Ganga avait tourné les talons et se tenait dans la porte.

— Le sergent vous rapportera le matériel. Dès que possible.

Machinalement, Thomas suivit Ganga jusqu'à l'ascenseur.

En quelques secondes, Thomas avait été empaqueté, ficelé et relégué aux oubliettes, le bras droit de Ganga fixé à mi-chemin d'un salut.

L'humiliation n'eut le temps de faire surface qu'à la sortie de l'édifice; une morsure cuisante qui brûle la chair, paralyse l'âme, ressentie l'espace d'un éclair, brutale et fugace, mais qui ne laisse pour marque qu'une sorte de grimace sardonique. Dans l'atmosphère raréfiée de l'Étage, le terme englobant les formes de vie qui végètent dans cette oasis de boiseries de chêne, de tapis pastel, d'éclairage velouté, le reste de l'univers est accessoire. Toutes les hiérarchies se ressemblent, mutées dans l'illusion du pouvoir, papillons galonnés dansant sous une cloche de verre. Tant mieux. Les papillons se grisent de l'élégance de leurs menuets et ne savent rien des taupes industrieuses. Deux ordres différents d'une même Nature, trop étrangers l'un à l'autre pour être vraiment antagonistes; le contact forcé produit la tension, mais l'écartement la dissipe. À mesure qu'il s'éloigne de l'Étage, Thomas sent les effets de la décompression; il respire lentement, à grands coups. Pourquoi s'inquiéterait-il de l'intensité de l'exécration de la faune de l'Étage qui l'a transpercé tout à l'heure? C'est passé. Le Président avait demandé à visionner les séquences de la manifestation de l'Alliance populaire, rien d'autre; il n'avait pas requis sa présence. Le lieutenant Jost ne l'attendait pas dans le rôle de messager, et il n'était pour elle qu'un nom dans un organigramme. Pas une tragédie. Un malentendu dont la source était l'anxiété endémique de son supérieur. O'Leary s'est empêtré dans un imbroglio de sa propre fabrication, traînant Thomas à sa remorque. Quoi de plus simple? Et quoi de plus ridicule que ces alarmes de fonctionnaires, des tourments de ronds-de-cuir aux abois, épiant les froncements de sourcils de leurs directeurs qui connaissent les mêmes angoisses devant leurs maîtres? Poltronnerie générale qui s'intensifie, comme le froid, à mesure qu'on s'élève, asphyxiant progressivement la notion du bien et du mal; à l'altitude supérieure, les consciences sont mortes; l'autorité repose sur la renonciation à la morale. Pour un peu, Thomas serait reconnaissant aux gens de l'Étage; leur existence est une offense permanente qui fortifie sa conviction d'avoir choisi avec le Talion le parti de l'honneur.

Il a tombé une neige éparse, puis le vent s'est levé en petites bourrades suivies de brèves accalmies, ensuite en longues secousses, puis en une seule et incessante poussée dans laquelle s'insèrent sans l'interrompre de violentes saillies. Les six grandes fenêtres du bureau de Jacques Dufour sont obscurcies par une mitraille de flocons gris affolés, précipités dans tous les sens à la fois. Les murs gardent le corps des éléments, mais l'âme n'a pas de cloisons contre la nuit, le froid, le vent, la sarabande de la neige; elle n'a d'autre chaleur que la sienne, d'autre horizon qu'intérieur où frémissent mollement des ombres que le soleil eût vite fait de dissiper. Mais le soleil a abandonné les hommes. Alors s'insinue dans le cœur le pressentiment d'une fatalité qui se présente à pas menus sous des couverts anodins, comme celui de la curiosité. Quelques images à la télévision, quelques secondes à peine, et Jacques Dufour, intrigué, a demandé à voir le film de la manifestation de l'Alliance populaire. Quoi de plus inoffensif? Sans doute. Manifestation d'autorité, comme le soupçonne O'Leary? Désœuvrement, selon Victor Thomas? Comment faire croire à quelque nécessité toute simple du destin? Il faut que tout événement ait une cause, n'est-ce pas? Ainsi veut la raison. La cause, avant d'être cause, fut elle-même événement, qui eut sa propre cause. Une filiation bien tracée, de sorte que le lien soit manifeste d'un effet à l'autre, l'univers intelligible et le jugement probant. On bannit le mystère et le hasard dans l'ordonnance des choses; ne subsistent alors que l'imperfection de l'entendement humain et l'insuffisance du savoir; le progrès palliera l'une et l'autre indubitablement.

Dufour s'est installé dans la petite salle de projection, Jost assise à côté de lui. Ganga est resté debout derrière eux, fasciné moins par ce qu'il voyait sur l'écran que par sa propre participation à la séance; il était là pour répondre aux désirs que pourrait exprimer le grand patron, un verre d'eau, un coussin, et quoi encore, un rôle de steward; dans son cœur, il communiait en quelque sorte aux préoccupations transcendantes de l'État.

Personne ne dit mot durant le visionnement.

Ganga paradait devant les fantômes de sa famille, dont il se voyait l'ornement. Apprendrait-il un jour ce que son poste avait coûté à l'oncle Mohun? Qu'est-ce que ça changerait? Les cousins Prem et Dipraj, discrets, effacés, continueraient de mener les affaires, grossiraient la fortune et prendraient du poids; Ganesh garderait la maigreur des pauvres, mais il porterait l'uniforme et des galons; l'oncle Mohun aura fait son devoir de chef de famille.

Jost s'ennuyait. À une autre époque, elle eût scruté le comportement et les discours des acteurs, pris des notes, esquissé quelque synthèse qu'elle eût rédigée plus tard pour les classeurs de la Présidence, même en étant sûre de n'ajouter qu'un grain de sable à un Sahara de rapports inutiles; elle l'eût fait pour elle-même, pour la satisfaction de maîtriser les dossiers qui lui passaient sous la main. Aujourd'hui, elle n'était qu'une spectatrice narquoise. Qu'y avait-il à retenir de cette comédie, sinon la preuve de l'infantile appétit des hommes pour la vie en bandes? Pour les rituels et les allégories? Pour le théâtre, c'est-à-dire le factice, l'illusion, le trompe-l'œil? Pour les chimères avec lesquelles ils exorcisent une réalité qui les épouvante? Petits hommes, tristes hommes… Que fait-elle dans cette charade? À quoi joue-t-elle? Elle jette de temps à autre un regard de côté, sans parvenir à décider si l'immobilité de Dufour est l'effet de la somnolence ou de la concentration. Elle se réfugie en un coin reculé d'elle-même, d'où elle contemple un trio saugrenu figé devant un cinéma loufoque.

Si l'observateur changeait de lunettes, il apercevrait au même endroit, au même moment, autre chose. Mais le moment est déjà passé et déjà l'observateur lui-même a changé. La somnolence n'est peut-être qu'une forme de concentration, ou vice-versa, ou l'une et l'autre à la fois. La géométrie de l'incertitude. Dufour avait somnolé les yeux ouverts, et observé les images les paupières closes. Il n'avait pas besoin d'étiqueter les arbres; les arbres n'ont de validité que fondus dans la forêt. Il avait toujours été conscient des ensembles, indifférent aux parties, ce qui lui avait valu une réputation de détachement, de froideur même, à l'égard des individus. Il semblait paradoxal qu'il affichât souvent pour les défauts et les erreurs des autres une indulgence qu'on eût dit paternelle; ses détracteurs parlaient alors de mollesse. À vrai dire, il n'y avait pas de paradoxe; la foi en la primauté de l'ordre justifiait parfaitement une tolérance provisoire pour l'activité illicite d'un Victor Thomas, autant que la curiosité à l'endroit d'un groupe encore aussi marginal que l'Alliance populaire. Si l'arbre s'avère utile à la forêt, il n'importe qu'il soit tordu. Comment ne pas chercher à poser des étais autour de l'édifice qui menace de s'effondrer? Autour de lui, il n'est que finasseries de combinards; l'autorité patauge et s'enlise dans la mare des petits bénéfices; l'appât du pot-de-vin émousse la volonté de gouverner; l'État est livré aux groupes de pression, cliques et cabales absorbés dans l'édification d'une tour de Babel. S'il ne veillait, lui, jusqu'où s'égarerait la dérive? Il n'aura pas trop d'un nouveau mandat.

Dufour a regagné son bureau.

La tempête s'est apaisée en s'éloignant. Le parc d'abord émerge dans les hautes fenêtres et, bientôt, la bordure du fleuve; seule la rive éloignée demeure enveloppée dans le brouillard.

Gravel s'est effondré sur la première chaise qu'il a trouvée au rez-de-chaussée, avant même de se débarrasser de son paletot; Physique rapporta de la cuisine un petit banc qu'il plaça sous le pied gauche de Justin. Gravel était épuisé, mais son exaltation intérieure n'était pas encore dissipée.

— On aurait dû revenir en formations, dit-il à Eddy Dufresne qui traversait le corridor dans une presse tapageuse.

Le désordre du retour laissait les participants échoués sur une plage déserte suspendus dans l'attente, en proie à une émotion subitement privée de son objet et qui s'exacerberait jusqu'à ce qu'elle trouve un substitut. Gravel en était sûr : il eût été préférable de revenir à la permanence en formations au milieu de la rue. Une leçon à retenir : sans mise en scène, même les grandes passions tarissent.

Le drap noir qui pendait au balcon pouvait maintenant être enlevé; Sylvie Mantha le plierait soigneusement, le roulerait dans un papier de soie et le déposerait dans une armoire, d'où on le sortirait dans un an à la même date, pour le suspendre au même endroit.

Dufresne n'avait pas entendu. Sauriol suivant, entouré d'hommes qui lui tapaient sur l'épaule, lui serraient le bras, déposant sous leurs bottes des traînées d'eau sale. On s'accrochait à lui pour garder le contact comme si c'était de lui seul qu'émanait l'euphorie des dernières heures et que lui seul pouvait en assurer le prolongement. Même Croteau se laissait porter dans le sillage, goûtant le plaisir d'une assurance encore malingre qui ne survivrait peut-être pas à l'éloignement.

Dufresne, d'une voix forte :

— On sait ce qui reste à faire!

Il se tourna vers Sauriol. On s'entassait dans la cuisine, débordait dans le corridor et les bureaux jusqu'à la porte, tenue ouverte par la cohue qui se répandait sur le trottoir. Gravel, assisté de Physique, avait réussi à se frayer un chemin et parvenir au centre de la pièce.

Sauriol regarda fixement dans les yeux, un à un, les hommes qui formaient un cercle dense autour de lui. Dans les deuxième et troisième rangs, les têtes oscillaient, s'étiraient, dans l'espoir d'obtenir eux aussi le viatique de ce regard. Lui, s'adressant à tous :

— Je compte sur vous.

Sans un mot de plus, Sauriol sortit par la porte d'en arrière, avec Gravel, Physique et Croteau, pour monter à l'étage par l'escalier de la remise.

L'hiver s'essouffle dans la ville. Il dure sans plaisir. Les nouvelles neiges n'ont plus de surprises; elles restent maigres, à peine gênantes, aussi lasses de tomber que les gens sont las de les pousser hors des balcons et des escaliers. C'est une saison désormais sans avenir. Les heures sont recluses sur elles-mêmes; le jour est un peu plus long mais ne change rien à la froidure; quand il paraît, les événements ont déjà pris leur cours. Le ciel est couleur d'acier, bas et claustrant. La saison insensible à la fragilité des hommes laisse les hommes insensibles à son épuisement. Comment affirmer la vie sinon par la colère?

Adélard Dufresne a pris la tête de la colonne principale, celle qui allait donner l'assaut. La nature de l'opération n'accordait pas grand place à la subtilité : on attaquerait de front le rassemblement des grévistes, là où Valade avait été tué, et une deuxième colonne bloquerait la seule rue par laquelle les syndiqués pourraient fuir. Après quoi on se disperserait. Sauriol, Gravel et quelques autres seraient à la permanence, une dizaine de témoins confirmant leur innocence.

On laisserait sur place une centaine d'exemplaires de L'Ordre, le numéro spécial sur les obsèques de Valade, avec les photos du défilé et du regroupement au pied du monument, les paroles que Gravel aurait voulu avoir prononcées, le discours de Sauriol évidemment remanié. Il n'y aurait pas d'équivoque. Mais qui pourrait être identifié sous les casques noirs?

Les hommes sont arrivés à pied, un à un, aux points de rassemblement, sites déserts dont les parages baignaient dans la nuit, à quelques rues seulement de leur objectif. Chacun avait une trique et plusieurs, en sus, un coup-de-poing américain ou une matraque. Les réverbères éloignés composaient des halos flous et fuyants comme la survivance d'une luminosité dans la rétine d'un œil clos; on ne percevait de motion que dans la réfraction des tons de noirs sur les visières relevées, un maelström aux profondeurs incertaines. Paysage onirique où l'obscurité n'a pas de substance; chacun y définit pour lui-même sa propre dimension.

Dufresne ne se rappelle rien du temps qu'il était Gros-Delard; c'est une vie antérieure perdue dans les limbes du temps. Il se souvient évidemment des personnes qu'il a connues, des lieux qu'il a fréquentés, même des chambres à la semaine où il a habité, mais comme on se remémore quelque chose qu'on a vu à la télévision; ce sont des images extérieures à lui-même, dans lesquelles il n'apparaît pas. Sa vie a commencé quand on lui a confié la responsabilité de recruter, d'organiser et de diriger un groupe d'hommes. Il ne s'était pas arrêté à réfléchir qu'on s'était adressé à lui parce qu'il n'y avait, à ce moment-là, personne d'autre; ni à déchiffrer dans les attitudes de Sauriol et de Gravel qu'ils n'anticipaient pas de merveilles. Dufresne n'avait pas eu de vanité à ménager. Il ne s'était pas demandé s'il possédait les capacités nécessaires pour réussir : qu'avait-il à faire du succès? D'instinct, il avait accompli ce qu'il fallait. Sur une toute petite échelle au départ; l'échelle avait grandi et l'avait hissé avec elle.

Dufresne leva les bras pour signaler le départ.

On rabattit les visières.

La consigne est simple et précise : des rangs étendus sur la largeur de la rue, le pas lent et mesuré, le silence.

Une coulée de lave, lourde et noire, soutenant, emportant chacun des individus qu'elle résorbe, fond en elle-même. Chacun pourtant y affirme sa propre identité; le groupe n'écrase pas l'individu, il l'exalte. Qui sont-ils, impersonnels porteurs de gourdins, têtes usinées dans la même matière plastique, les bottes battant sourdement le pavé d'une rue sans visage? Ils sont d'âges qui n'ont pas d'âge, de dix-huit à quarante ans peut-être; ils seront tous catalogués un jour ou l'autre, s'ils ne le sont pas déjà, et la fiche assemblera sur eux tous les détails usuels qui n'apprendront rien à qui essaierait de les comprendre. Le primordial est ailleurs, dans une province de l'être où l'on ne sait pas nommer, peser, mesurer, quantifier. Ils ont choisi de combattre, ils ont choisi de défier, de récuser la fatalité de la soumission. Un choix qui ne leur est pas imposé par l'universelle nécessité, celle d'obéir, de se plier, de se taire, pour la seule et pourtant péremptoire raison qu'il faut manger. Un choix qui ne doit rien à la peur, aux remords, à l'ambition, à la concupiscence, à l'espoir d'apaiser les dieux et de subjuguer les hommes; un choix qui n'est pas entaché par la convoitise ni par le calcul. Dans toute leur vie, plus courte ou plus longue, quelle autre décision aurait été ou serait jamais aussi gratuite?

C'est une seule masse qui avance sans hâte d'un pas cadencé et qui tout à coup, devant les grévistes, semble jaillir de la nuit.

Sidérante apparition qu'on regarde avec incrédulité : la police? mais non, la grève est légale, les autorités se terrent, le syndicat est tout-puissant; une mauvaise blague? qui oserait?

Qui ose?

Les grévistes sont des proies piégées, le dos à la clôture de métal qui ceinture le terrain des ateliers et à la grille qu'ils ont eux-mêmes cadenassée.

Ils sont aussi nombreux que les casques noirs, mais comment le sauraient-ils? Dans l'éclairage parcimonieux qui tombe le long de la bâtisse grise, on distingue seulement la première ligne. Il y en a combien d'autres? La stupeur paralyse puis amorce la panique. On eût fait face à un assaut désordonné, répondu à des cris par des hurlements, une échauffourée comme on les trousse couramment avec les mercenaires du patronat, des gens qui respectent les règles du jeu; un théâtre dont le parterre est réservé aux journalistes de la télévision, une escouade de la police dans les coulisses comme des anges gardiens, un grand tumulte et peu de mal. Mais voilà que la nuit a enfanté un monstre aveugle et muet qui les écrase avant même de les avoir atteints. La lenteur de la marche a quelque chose d'inhumain; la lourdeur du silence, quelque chose de terrifiant. Le réflexe de la fuite arrive trop tard.

Comment parler de liberté et de dignité sous un tel prétexte?

La liberté est telle qu'on la définit pour soi, le reste n'est qu'idéologie stérile. Elle est telle qu'on la pratique, le reste n'est qu'illusion. Certes, elle n'est jamais totale, mais elle est entière dans chacune des petites parts qu'on s'approprie. Comme le refus de la sujétion, c'est-à-dire le refus d'être «raisonnable» et «civilisé», de saluer plaisamment des gens méprisables parce qu'ils ont la richesse, de répéter des âneries parce qu'elles constituent l'orthodoxie du jour, de tendre l'autre joue à la brutalité des petits despotismes, tout ce qui fait l'inexorable quotidien et dont il faut quotidiennement subir la honte. Il n'y a jamais de respect pour le petit qui courbe la tête; pourquoi y en aurait-il? qu'a-t-il fait pour le mériter? Il n'y a de respect que pour la supériorité, de dignité que dans la puissance, quelle qu'en soit la forme. C'est ce que ressent, qu'importe que ce soit embrouillé, mêlé et enchevêtré, chaque homme anonyme et invisible sous son casque noir. Le ravissement de l'âme enfin libérée se transforme en énergie.

La ligne se déploie, les triques s'élèvent, la deuxième colonne apparaît, coupant la seule voie de retraite.

Le ministre de la Justice est sorti en fermant lui-même la porte derrière lui. La première ministre ne s'était pas levée de son fauteuil, ni le chef de cabinet de sa chaise. Les journaux restaient étalés sur le bureau.

— Il ne savait rien!

Avec dérision:

— On ne l'avait pas prévenu!

Les mêmes photos, corps étendus sur le pavé, visages ensanglantés, le même mot en surimpression, «MASSACRE», avec quelques variations sous la manchette : une vingtaine de blessés selon les uns, une trentaine selon les autres, et «autres photos à l'intérieur». On a tout lu, jusqu'aux semonces véhémentes des chefs syndicaux : le gouvernement a le devoir de faire respecter les droits et libertés, d'étouffer dans l'œuf le néo-fascisme, etc.

— On a besoin d'un coup de balai là-dedans.

Le regard est sur la porte close.

La première ministre se formalisait rarement des attaques de l'opposition, mais elle ne supportait pas de résistance de la part des membres de son parti. Elle s'attendait non seulement qu'on lui obéisse et qu'on la serve, mais encore qu'on devine ses intentions et devance ses désirs; elle voulait par-dessus toute chose qu'on lui épargne les ennuis. Contrariée, elle devenait rouge, le sentait et s'en trouvait chaque fois profondément humiliée, comme d'une faiblesse secrète soudainement exposée sur la place publique. Sa colère contre elle-même se retournait contre l'instrument de sa mortification; elle s'en rendait compte et se trouvait ridicule. Elle ne pardonnait pas qu'on provoquât chez elle une réaction indigne d'elle-même. Si elle ne pouvait pas aujourd'hui déplacer le ministre de la Justice, elle frapperait ailleurs. Ses chevilles et ses pieds enflés lui faisaient mal; elle se débarrassa de ses souliers et les poussa sous le bureau avec un soupir de soulagement.

On avait déposé sur un guéridon les transcriptions des informations données à la radio et à la télévision, ainsi que des conversations téléphoniques avec les chefs du Cartel intersyndical, la présidente de la Ligue des droits de la personne, le directeur général de la Coalition du patronat et quelques autres sommités. Tous les éléments d'une tempête politique, et que trouve-t-il à dire, le ministre? «… quelques descriptions très vagues, on ne peut identifier personne avec certitude, rien qui tiendrait en cour.» Le radotage de l'incompétence. «Qui vous parle de la cour? Qu'on agisse! Qu'on perquisitionne, qu'on arrête, qu'on interroge, qu'on saisisse des documents, des armes, ce qu'on voudra! Mais qu'on agisse! N'avez-vous rien compris?» S'il y a urgence, c'est de pacifier les médias et les bonzes du syndicalisme. «L'enquête se poursuit!» Qu'on inculpe quelques gueux de l'Alliance, l'affaire deviendra *sub judice*, le temps passera, on oubliera comme on oublie tout le reste; un jour, on laissera tomber «faute de preuves concluantes». En attendant, on dénonce. L'indignation! La fermeté! Les droits et libertés! La rengaine est connue, il suffit d'orchestrer timbales et grosses caisses. C'est pourtant simple. La première ministre s'est carrée dans son fauteuil, les poings serrés, le regard fixe : on ne peut faire confiance à personne, il faut voir à tout soi-même. Elle incline la tête vers son chef de cabinet.

— J'y réfléchis depuis quelque temps. Le problème est en haut, au sommet. Dufour est trop vieux. Ou trop rusé, ou trop naïf. Le résultat est le même. Est-ce lui qui manipule Rocheleau, ou Rocheleau qui le manipule? Fameuse, cette Section de sécurité de l'intérieur! Vous savez ce qu'elle coûte. Qu'est-ce que ça rapporte? Des ragots, des histoires de fesses. Ils ont l'air de penser que ça me plaît... Il faut un coup de balai. On ne me fera jamais croire qu'on ignorait ce qui se tramait : ils ont des ressources, des informateurs, ils savaient.

— Il est parfois difficile d'intervenir avant que...

— Pensez-vous! Alors, on les paie pourquoi? Non, ils connaissent sûrement les coupables. Dufour ment à Fraser comme il ment au ministre. Ou c'est à lui qu'on ment. Et on piétine. L'affaire pourrait être élucidée en vingt-quatre heures.

— Ils ont peut-être jugé que...

— Ils n'ont rien à juger. C'est à moi de décider.

La première ministre se redressa. Elle avait confirmé pour elle-même son autorité, ce qui ramena le calme dans son esprit. Elle enleva les boucles qui lui pinçaient le lobe des oreilles; elle les jeta machinalement dans l'unique et long tiroir de son bureau, au fond duquel se trouvaient déjà trois autres paires; plus tard, elle les cherchera en vain dans son sac à main et croira les avoir perdues, celles-là aussi. Le geste était une sorte de prélude au travail.

— Alors, pour la Commission nationale de la protection publique...

Le chef de cabinet écrit sur le bloc-notes quadrillé qu'il tient sur les genoux. C'est un homme jeune, petit, plutôt rondelet, châtain, imberbe, qui semble rouler quand il marche. Il a un nom qu'on reconnaît quand il s'annonce quelque part mais qu'on oublie dès qu'il est parti. On dit «J'ai reçu un appel de...» ou «J'ai rencontré chose, là, machin, le chef de cabinet», comme s'il n'avait pas de substance hors de sa fonction. Quant à lui, il voit l'obséquiosité des quémandeurs, la civilité des ministres et des hauts fonctionnaires comme un hommage à sa propre importance. Ambitieux et satisfait de lui-même, il savoure toutes les occasions d'étaler un pouvoir qu'il croit exercer; un miroir qui se prend pour l'image qu'il réfléchit. Aucune besogne ne lui répugne, ce qui fait son utilité; il est assez intelligent pour saisir ce que la première ministre attend de lui, anticipe ses desseins comme ses caprices, en donnant une touche d'indépendance à des initiatives soigneusement choisies pour leur caractère inoffensif; il se juge indispensable et par là inamovible.

— Un dernier détail, dit-il en se levant.

Il doit faire vite avant qu'elle ne s'impatiente.

— Les messages de condoléances aux familles...

— Mais oui. Faites le nécessaire.

S'il n'y avait pas eu de réunion du comité de direction de l'Association des retraités de la Sûreté nationale la semaine suivante, Hubert Rocheleau aurait laissé à l'attention de Dufour le message prévu pour les situations d'urgence. Le hasard ayant été obligeant, il avait patienté. Le temps de mettre de l'ordre dans ses propres émotions et d'établir sa ligne de conduite.

Maintenant, l'un près de l'autre en conciliabule dans un coin de la salle, les deux hommes avaient l'air de Don Quichotte et de Sancho. Dufour courbait les épaules, la tête inclinée et penchée sur le côté comme s'il entendait mieux d'une oreille, les bras derrière le dos. Rocheleau se tenait tout droit, ses petites mains potelées sur le ventre.

— ... le décret, qui sera rendu public. Et la résolution exécutive, secrète évidemment.

— Tu es certain?

— Les deux documents sont rédigés.

Les autres membres du comité se pressaient autour du buffet traditionnel; les discussions n'avaient pas traîné, et on était passé à l'aspect le plus agréable de la réunion; personne n'était pressé de rentrer.

Rocheleau ajouta :

— J'ai eu tout le temps de les lire. Je n'ai pas conservé de copie, ça va de soi.

— Ça va de soi.

— La Commission devient un organisme consultatif. Composition élargie, communautés culturelles, intervenants sociaux, le tralala. Une opération de relations publiques. La présidence est abolie, ses fonctions transférées chez Fraser.

— Et toi?

Rocheleau laissa tomber les bras le long du corps et leva la tête vers Dufour.

— Rattaché directement à la bonne femme...

— Par le chef de cabinet?

— J'imagine, le petit chose, là, machin...

Dufour n'avait pas encore vraiment assimilé la nouvelle.

— Il a un dossier?

Comme s'il n'avait pas compris, ou refusait de comprendre que le jeu se jouerait désormais sans lui. Comme s'il n'était pas prêt à confronter la réalité de son renvoi.

— Des peccadilles. Jusqu'à présent.

Rocheleau n'en dirait pas plus.

Dufour tourna les yeux vers le plafond, puis redressa les épaules.

— Quand?

— Quelques semaines. Peut-être davantage, peut-être moins.

Comme si le délai laissait entrouverte quelque porte par laquelle pourrait se glisser... quoi? Le réflexe de peser les options alors qu'il n'y a rien à mettre dans la balance.

— Quelle stupidité...

Avec une tristesse véritable, sans amertume, une sorte de douleur causée par l'égarement de ceux-là qu'on voulait protéger et qu'on ne peut retenir de se précipiter à leur perte.

— Tu ne peux pas remettre tous les meubles... à ces gens-là...

— Non.

Rocheleau a baissé la tête et fait un pas de côté. Dufour n'a pas bougé. Il y a maintenant un écart entre les deux hommes.

— On devrait rejoindre les autres...

Dufour est immobile.

— ... avant qu'ils nettoient le buffet.

Rocheleau se permet de toucher le bras de Dufour pour le guider vers la table où on les reçoit avec les blagues habituelles, celles qu'on répète depuis trente ans et qu'on préserve avec quelques autres souvenirs, parce que c'est tout ce qu'ils ont en commun et tout ce qui prouve qu'ils n'ont pas toujours été des vieillards inutiles. Le geste de Rocheleau, le premier de ce genre qu'il se soit jamais permis, a secoué Dufour. Une familiarité qui n'a rien de blessant, une familiarité respectueuse même. Mais de ce respect qu'on manifeste aux vieilles dames infirmes et aux hommes âgés qui eurent un jour quelque notoriété et dont on s'étonne en les rencontrant qu'ils ne soient pas encore morts.

Que faire désormais sinon afficher l'acquiescement à l'inévitable et la sérénité? La roue qui tournait s'est arrêtée. Dufour regarde passer des heures qui ne mènent nulle part jusqu'à ce que le chef de cabinet s'annonce. Ainsi, elle n'a pas eu le courage de le confronter elle-même.

Le petit chose arrive à l'heure fixée. Quelques observations anodines qui tombent à plat, le temps qu'il fait, le temps qu'il fera.

Le chef de cabinet s'est assis. Les mains se rejoignent à l'extrémité des doigts, une croisée d'ogives à la hauteur de la poitrine. La voix doucereuse qu'on emploie pour les malades. Une voix qui marche sur des œufs.

— Nos prédécesseurs vous avaient beaucoup demandé... renoncer à votre retraite... la générosité de demeurer en poste dans une période de transition qui n'a pas toujours été facile... la première ministre connaît bien votre sens du devoir... ce serait vraiment abuser que...

Dufour est impassible. Il sent que le petit chose se détend. On n'a rien cassé, le terrain semble ferme. Les doigts se tapotent. Le chef de cabinet regarde Dufour droit dans les yeux avec une trop parfaite imitation de la sincérité. Le ton est toujours patelin; il est temps de faire le saut.

— Vous avez toujours votre domaine à ...?

— Domaine? Une petite maison et un boisé.

— Bien des gens vous l'envieraient.

On a franchi l'obstacle du mutisme. C'est moins pénible que ce qu'on avait craint; le vieux ne s'accrochera pas.

— Loin des tracas de la ville. La paix. Je ne me permets même pas d'en rêver. Enfin, pas encore. Malheureusement... Mais rien ne presse pour la résidence de la Zone. Les déménagements, on sait que...

Dufour a fermé à demi les paupières.

— La première ministre sait que vous n'êtes pas friand de cérémonies, mais elle tiendrait à vous manifester publiquement la reconnaissance du gouvernement... d'une manière qui vous conviendrait, évidemment, au moment que vous jugeriez opportun... Enfin, songez-y.

— J'y songerai.

Le chef de cabinet est complètement soulagé. Il entre maintenant en territoire familier.

— Il est normal qu'un rajustement soit apporté à votre pension. Je vous communiquerai...

— Parfait.

— Bon...

L'exercice du pouvoir apprend une chose : certains hommes se cabrent sous le bâton, mais aucun ne résiste à la carotte.

— Ah...

Il allait oublier.

— On apprécierait vos vues sur l'orientation de...

Pure formalité dont on ne tente même pas de farder la redondance. Le poisson pris dans l'épuisette, il n'est plus nécessaire d'être courtois. Le chef de cabinet a autre chose à faire.

— D'ici l'annonce officielle, n'est-ce pas, la discrétion. La discrétion.

Il est sorti d'un pas rapide.

Dufour s'est planté devant une fenêtre, les mains derrière le dos. Le soleil approche de son zénith; en bas, les ombres allongées en sillons parallèles ont retraité à l'intérieur des arbres, treillis, poteaux et charpentes; elles en sortiront tout à l'heure mais dans une autre direction comme si l'instant de recul leur avait fait changer d'avis. Au dehors, le ciel est d'une teinte coruscante, effet de l'éblouissement provoqué par la scintillation de la lumière sur la neige; il se forme à la périphérie du regard une bordure calcinée comme sur une pellicule exposée; les pupilles se rétractent, les cils se rabattent devant la cornée, les commissures des yeux se plissent; la brutalité du jour aveugle. De l'intérieur, derrière la vitre teintée, l'œil regarde sans cligner. Les glaces descendent le fleuve en larges bancs solennels au milieu d'un cortège de glaçons, fragments et débris d'embâcles, qui s'entrechoquent calmement et se culbutent sans hâte; leur bruissement est sans écho, c'est une agitation muette, une convulsion indolente. Le spectateur immobile voit couler une saison qui ne le connaît plus.

Où s'arrête le mouvement centrifuge de la vague soulevée par la conjoncture? Le raz-de-marée finit quelque part par un paisible clapotis que d'autres flots résorbent.

Ginette Rousseau n'avait pas participé à la cérémonie de la dispersion des cendres de Valade. Seul Physique avait pensé à l'inviter, timidement, comme s'il avait anticipé un refus et se reprochait déjà une démarche qu'elle prendrait sûrement en mauvaise part. Elle avait répondu sèchement : «Il n'y a pas de place pour moi.» Il n'y avait nulle part de place pour elle, même pas dans la vie d'Allen Sauriol; après des mois d'équivoque, il ne lui manifestait plus qu'une politesse sans entortillage, un simulacre de déférence semblable à une cloison opaque. Il n'avait plus de temps pour elle. Il était maintenant dévoré par une passion vive, pressante, omniprésente, qui avait débarrassé les recoins du cœur de tout ce qui était trouble, les toiles et effiloches poussiéreuses, les sentiments inavoués, les élans réprimés. Ginette eût dû s'en réjouir; elle avait réalisé, l'ayant perdu, que le désir même inexprimé, même perclus d'Allen avait été une source de chaleur, la seule qui ait donné quelque ancrage à sa vie. Elle s'était arrachée à une petite existence en province, insipide mais tranquille, dans un milieu tissé d'affinités diverses, inconscientes et profondes; elle avait été solitaire peut-être mais dans son pays. Où était-il aujourd'hui? Rien ne ressemblait à ce qu'elle avait cru être son pays, ni les sons, ni les couleurs, ni les odeurs. Le passage de la province à la ville avait été le voyage de l'exil. Elle avait été pour ainsi dire dépossédée d'elle-même. À quoi s'accrocher dans ce lieu où tout est étranger? À une complicité inopinée, fondée sur un malentendu qui se développe dans l'insolite : à la découverte d'une poudre magique qui a raison de la détresse. Ineffables délices : on colmate les fissures par lesquelles suintent les miasmes de la pestilence humaine, son être à soi s'élargit, s'allonge, se gonfle et s'amplifie pour occuper tous les points de l'univers; il domine, il commande, et rien ne prévaudra contre lui. Tout le reste est écrasé, pulvérisé, réduit à néant. L'âme ainsi délestée de son fardeau de chair se laisse ravir; elle est invulnérable... Le temps que dure l'extase. On étire le temps. Allen lui remet chaque semaine la somme convenue pour les dépenses de «la maison» et ne s'informe jamais de ce qu'elle en fait; comme il n'est jamais là, l'épicerie ne coûte pas cher. Mais combien de poudre magique peut-on acheter avec les petites économies qu'une ménagère réalise sur son marché? Les journées sont longues, personne n'a besoin d'elle et personne ne s'en soucie. Excepté cette femme qu'un destin compatissant lui a fait connaître dans cette foire que fut le congrès de l'Alliance populaire. «L'argent? C'est facile...» Pas vraiment comme une amie, plutôt comme une grande sœur qui prend la petite sous son aile. «L'important, vois-tu, c'est de se débrouiller seule. Être indépendante. Qu'est-ce qu'on sait faire, hein?» Qui s'intéresse à des cendres lancées aux quatre vents de nulle part? Il faut regarder la télévision pour savoir ce qui se passe; si l'appareil reste fermé, il n'est rien arrivé, et la vie continue comme l'hiver et le froid auxquels il est dérisoire de résister. La grande sœur a tout expliqué : «C'est pas la rue, ça, avec les Nègres et les Latinos. Tu travailles en paix.» Un emploi comme un autre. Ginette se fait payer pour laisser des hommes poursuivre sur elle des fantasmes risibles, les pleurnichards, les criards et les taciturnes, les timorés, les inquiets et les matamores. L'ineptie de désirs qui n'ont d'objets qu'eux-mêmes, qui se repaissent dans la solitude de leur propre emportement. Ginette ne ressent pas de souillure pour la raison qu'elle a choisi d'être là et qu'elle n'a rien à voir avec ce qui se déroule; ces hommes n'existent pas plus pour elle qu'elle n'existe pour eux, race de monde qui joue au commerce et à la politique où ils poursuivent d'autres fantasmes qu'ils croient plus nobles. Ginette n'a pas de remords; elle achète une amnésie consolatrice. S'il y avait quelque motif d'anxiété, c'était la crainte de provoquer la colère d'Allen, mais elle l'attiédissait par la même magie. Elle est désormais protégée contre les maléfices. Rien ne peut l'atteindre. Qui la dénoncerait? Qui pénètre sa vie secrète? Physique a deviné, elle en est sûre; il n'est pas impossible qu'il l'ait suivie. Mais Physique ne parlera pas; elle a l'impression qu'il se sent coupable envers elle pour quelque incompréhensible raison, et qu'il voudra expier par son silence. Il lui convient à elle que Physique ait le besoin d'expier. Ainsi, tout devient silence.

Le rassemblement dissous, chacun a rapporté chez soi ce qu'il y avait prêté. Les bannières et les émotions. Physique, en vérité, n'a pas repensé à Ginette sinon pour l'associer à Valade dans une espèce de longue réflexion qui était pour lui une forme de prière. Il n'avait pas été déçu qu'on n'ait donné aucun aspect religieux à la manifestation, c'était plus honnête ainsi. Combien de services funéraires pour des notables notoirement incroyants n'étaient que des simagrées dont le cynisme frisait le blasphème? Quelle qu'ait été la vie de Valade, le Seigneur avait reçu son âme, l'enfant était retourné à la maison du Père; on n'avait pas besoin de faire des manières. Ce sont les vivants qui ont besoin d'oraisons parce que ce sont eux qui souffrent, comme Ginette, mais les grâces qu'on peut demander pour eux ne touchent que les circonstances de leur passage ici-bas, apaiser la douleur, raviver l'espérance, affermir la foi. C'est le voyage qui est pénible; à son terme, la mort a passé. Mais la suite? Y a-t-il une récompense pour les bons, c'est-à-dire une punition pour les méchants, puisque l'une n'a de sens que par l'autre? Alors, fait-on le bien pour obtenir au bout quelque salaire? Sans quoi... Si le méchant n'était puni, le bien en deviendrait-il moins désirable? Étranges notions; indigence du cœur, dénuement de l'intelligence qui ne peuvent accepter le mystère. Le Créateur, lui, n'a pas d'illusions sur sa création. Son Fils eût pu venir sur terre en se manifestant dans tout l'éclat de sa puissance et opérer des prodiges. À quoi bon? l'homme n'eût rien compris car il n'admet même pas le mystère de sa propre existence. Alors, le Fils s'est fait homme et il a accompli de petits miracles avec de petites choses, le pain, le vin, le poisson; il a répandu les cadeaux de petites guérisons. Dans l'ordre de l'univers, des broutilles, parce que l'être humain ne comprend que les broutilles où il trouve quelque petit avantage personnel. Comment Dieu peut-il aimer une telle créature? Pourquoi veut-il en être aimé? Quel besoin en a-t-il? Des questions qui ne révèlent que la débilité de l'esprit humain et l'absurdité de son orgueil. Que faire sinon accepter sa condition? Demander avec humilité et confiance de petites grâces à la mesure de son entendement?

À l'Étage, la routine n'a pas changé, chacun est à son poste à l'heure accoutumée, les mêmes rapports confidentiels arrivent par les mêmes courriers, mais une effluence d'inertie s'est infiltrée partout. Quelque chose d'intangible mais dont on peut relever la trace : une baisse des entrées dans le registre des appels téléphoniques et des messages fax dans leur chemise, dont le sergent Ganga tire des statistiques quotidiennes et hebdomadaires, avec des graphiques en couleurs minutieusement exécutés. Ganta contemple avec un certain malaise l'affaissement des courbes; il consulte ses dossiers et se rassure, il y a déjà eu des chutes aussi marquées; mais c'était l'été durant les vacances, jamais en hiver; et le malaise remonte à la surface. Il n'ose pas en parler à Jost, que dirait-elle? Elle n'a jamais requis de lui qu'il réfléchisse, ce n'est pas son rôle.

Jost est devenue plus distante encore; Ganga a cessé de l'agacer, elle l'ignore. Depuis la visite du chef de cabinet de la première ministre, Dufour n'a rien demandé; les rendez-vous sont plus rares; ceux qui ont lieu avaient été inscrits dans l'agenda depuis longtemps, et il n'y en a pas de nouveaux, les pages des prochaines semaines sont blanches. Jost n'a pas de curiosité; elle vit dans une pénombre intérieure, humeur étrange qui suspend l'enchaînement des jours. Un état d'expectative à l'approche d'une turbulence dont la dimension, rafale ou zéphyr, est inconnue. Le passé a disparu, le présent passe; il ne reste que ce qui n'est pas encore.

On parle des coïncidences comme de phénomènes remarquables. Mais rien ne se produit dans le vide et le hasard n'est jamais orphelin. La coïncidence est une condition naturelle et permanente; chaque événement coïncide avec tous les autres événements qui empruntent au temps le même créneau. Qu'y a-t-il de curieux à ce que certains se rencontrent et se croisent? C'est le contraire qui serait étonnant. Le problème est de discerner les points de convergence. Si on y arrivait, peut-être serait-il possible d'effectuer alors un redressement, d'en infléchir la direction par quelque exercice du libre arbitre, quelque effort de volonté, et faire que ne devienne pas ce qui allait être...

Jost a remis à Dufour sans les lire les copies des rapports sur le «massacre», dont les originaux sont allés directement au bureau de la première ministre à sa demande expresse. Auparavant, Jost aurait noté cette entorse au protocole; aujourd'hui, elle n'y était pas plus intéressée qu'au compte rendu des perquisitions et interrogatoires qui, de toute façon, n'avaient rien donné. Dufour l'avait étonnée en lui disant : «Asseyez-vous, je vous prie, lieutenant...» Il avait poussé les documents sur le coin de sa table. «Je veux vous apprendre... à moins que vous ne sachiez déjà...» Avec l'esquisse d'un sourire. Mais elle ne savait pas. Le projet de restructuration, le départ définitif de Dufour, la montée de Fraser. D'autres à la Sûreté savaient sûrement. Peut-être même Ganga, pourquoi pas? qui ne lui avait évidemment rien dit. C'était ça, la mesure de son importance : qui eût pu trouver un avantage à l'informer, elle? «Alors, voilà... Quant à vous, les dispositions habituelles prévues...» Elle remercie distraitement, et Dufour croit qu'elle songe déjà à la démarche à entreprendre auprès de Fraser. «Bonne chance, lieutenant.» Un peu plus et le ton serait paternel. Jost n'y fait pas attention. Elle a depuis le matin l'âme agitée d'un pressentiment qui bloque, pour ainsi dire, l'intelligence de ce qu'on lui dit et de ce qui l'entoure. En sortant, elle dit «Merci» et tourne le dos.

Ganga est au téléphone. Il a la voix flûtée de l'affectation.

— ... Ah, un moment, ne raccrochez pas, la voici justement. Un moment, s'il vous plaît.

À Jost :

— La résidence des Vergers du Lac.

Jocelyne Jost ferme la porte de son bureau avant de prendre l'appareil. Elle reste debout.

— ... regrette de vous annoncer le décès... Doucement dans son sommeil, il n'a pas souffert. Sincères condoléances... Si vous désirez une autopsie... Non? Alors, pour les arrangements...

La révélation éblouissante du commencement du monde. Il n'y a rien d'autre que la lumière; elle remplit l'espace; elle est, la courte durée de son incandescence, éternelle.

Une semaine plus tard, Jocelyne Jost remettait sa démission à la Sûreté nationale.

L'HIVER NE MEURT JAMAIS EN BEAUTÉ. Ce n'est pas un spectacle ni un feu d'artifice ou un effondrement, mais un départ furtif et maussade qui n'en finit plus, avec de fausses sorties, des percées de soleil vite obturées, des dégels de midi répudiés à quinze heures, un filet d'eau qui miroite un moment et se retire sous la glace. Le jour va de pâleur en grisaille. C'est pour l'hiver une lente déroute. Pour la neige, une défection sournoise; elle n'a plus d'énergie, plus d'imagination, elle est aride, dure et maculée de toutes les saletés des derniers mois. Le froid ne mord plus, il mordille à travers l'humidité.

Les sociétés aussi ont des fins de saison qui languissent avec des hoquets et des spasmes.

La grève des employés du transport en commun avait été réglée peu après le «massacre» avec l'entrée en scène de la première ministre dans le rôle de médiatrice, chacun y ayant trouvé son bénéfice. Pour le Cartel intersyndical, l'affaire avait d'abord été perçue comme une manière de bénédiction; pour une fois, la violence n'était pas venue des syndiqués. Sans doute, il eût été plus profitable qu'il y ait eu un mort ou deux, un cercueil est un splendide point de ralliement, l'Alliance populaire en avait fait la démonstration. Quoi qu'il en soit, il y avait eu assez de sang pour nourrir les médias pendant vingt-quatre heures, transporter les éditorialistes et rallier tous les amants des libertés diverses qui font la gloire de l'Occident. On s'était aperçu, cependant, que les ennuis des grévistes n'avaient pas touché de cordes particulièrement sensibles dans le public : on n'était pas fâché que ces gens-là goûtent un peu aux remèdes qu'ils ne se privaient pas de servir aux autres, et on ne s'était pas gêné de le dire. Comme il eût été maladroit, après avoir exprimé tant de répulsion pour la violence, de poursuivre l'escalade en attaquant l'Alliance, les chefs syndicaux avaient embrassé l'option de «la responsabilité sociale» pour tendre une perche au gouvernement... Ils firent savoir à la première ministre, par l'entremise de Carlo DiPietro, le grand bagman du parti, qu'une offre de règlement tout juste en deçà de leurs demandes maximales serait acceptée; accompagnée, naturellement, d'une amnistie générale pour les manifestations d'ardeur parfois exubérantes de la part des syndiqués et du retrait des accusations déjà portées devant les tribunaux; et d'un engagement de la part du gouvernement de mater une fois pour toutes les groupes de «terroristes» qui menacent la liberté. Comme tant de fois déjà, on efface tout et on recommence. Comme d'habitude, on refilerait le coût à la population; c'est à quoi sert le pouvoir de taxation. Pour la première ministre, ce fut le chant de la grande victoire de «nos institutions démocratiques», avec ritournelle sur l'esprit de dialogue, de négociation et de compromis, l'attachement mutuel au bien commun, le sens de l'équité, etc. Au conseil des ministres, ce fut l'aubade. Ceux qui, en privé, avaient parlé de «nouvelle capitulation» furent les premiers à offrir leurs félicitations; les autres suivirent avec des compliments enjolivés parfois de scherzos qui se voulaient piquants. La première ministre les laissa parler. Elle les regardait dans les yeux, les invitant l'un après l'autre à prendre la parole; chacun sentait qu'elle évaluait le degré d'enthousiasme et de loyauté s'exprimant dans le choix des adjectifs, le ton, la contenance même. Chacun savait aussi qu'elle n'était pas dupe, mais comment ne pas jouer le jeu? La flagornerie générale dépréciait chacun des participants, l'un après l'autre, tant aux yeux de ses collègues qu'à ceux de la première ministre; il se formait ainsi une sorte de collusion du mépris dont l'effet était l'abandon à la dithyrambe; il n'y a pas de raison de mesurer des louanges fallacieuses. Les moins éloquents furent les deux ou trois pauvres d'esprit dont l'admiration pour leur chef était tout à fait sincère. Pour la première ministre, les vassaux ne faisaient que remplir leur devoir d'obéissance à leur suzeraine; elle ne s'intéressait pas aux sentiments de ses ministres mais à leur soumission. La cérémonie de l'hommage terminée, elle consacra un monologue aux «leçons à tirer» dont «la plus importante est la leçon de fermeté»; elle termina avec des observations sur les avantages de la restructuration des forces policières et quelques mots sur de petits dossiers sans importance. Personne ne mentionna l'enlisement des négociations avec les syndicats de la Société du téléphone; dans les circonstances, c'eût été de mauvais goût.

Jacques Dufour avait disparu de la scène. Il n'y avait pas eu de réception officielle; il n'avait pas répondu aux messages laissés par le chef de cabinet, qui avait fini par se lasser, et Fraser n'avait pas donné signe de vie. Un vendredi, à dix-sept heures, Dufour avait serré la main de Jocelyne Jost, qui quittait le même jour, et de Ganesh Ganga, et il était parti. Ganga s'était retrouvé seul le lundi suivant dans les bureaux d'une Présidence qui n'existait plus et qu'il hanterait, oublié, jusqu'à ce que l'oncle Mohun ait une conversation avec DiPietro.

En préparant son départ, Jocelyne Jost avait réalisé qu'elle n'avait presque rien à emporter, une brosse à cheveux, un peigne, un étui avec des petits ciseaux, des aiguilles et du fil. Elle dénicha à l'arrière d'un classeur le parchemin roulé de son diplôme universitaire, des photos de la collation des grades et des membres de sa promotion à l'École nationale de police. Elle mit le diplôme dans son sac, déchira les photos et jeta les morceaux au panier. La mort de son père avait effacé une existence qui, par des liens obscurs, n'avait tenu qu'à lui et qui désormais n'avait pas de réalité.

Elle était libre.

Un sentiment de bonheur calme et sans nuage, qui étouffe les bouffées sporadiques de ressentiment pour les années perdues. Trivini Päts lui avait téléphoné pour dire son «étonnement», exprimer son «regret», les formules d'usage, et lui demander si elle avait des projets. Elle avait dit «Je ne sais pas», et il ne l'avait pas crue, ce n'était pas le genre de «la grande Jojo». Quels projets? Pratiquer le droit, puisqu'elle était toujours inscrite au Barreau? Elle y songerait... plus tard. Que fait-on d'une liberté si ardemment souhaitée et si peu attendue? On la savoure lentement dans le plaisir de la minute qui passe. Les frontières ont éclaté, les contraintes sont abolies dans l'élan de la libération. La raison pédante susurre qu'on ne vit jamais sans frontières et contraintes, comme si elle avait mal du contentement du cœur. Pauvre raison, jalouse de son éminence, qui ne veut rien partager avec l'émotion et s'affole devant l'irraisonné : on sait tout ça et la nécessité reprendra fatalement son emprise. Mais sous quelle forme et dans quel territoire de l'âme? On se dépouille de la vieille peau, la nouvelle se laissera découvrir quand il le faudra. Jocelyne Jost se lève à la même heure qu'auparavant; elle prend le petit déjeuner en écoutant à la radio le babillage des animatrices. Elle tourne les pages de magazines de mode; elle s'est rendu compte pour la première fois du dénuement de sa garde-robe et trouve un plaisir placide à visiter les boutiques chics de quartiers dont elle fait la découverte; elle n'y achète pas, ou très peu, parce que les prix, qui seraient pourtant à sa portée, suscitent une réticence machinale; un chemisier, une jupe, un costume, dont elle voit avant tout la fonction utilitaire, ne valent pas tant d'argent. C'est ce qu'elle se répète avec une conviction peu à peu fléchissante; au fond, elle sait qu'elle n'est pas encore prête à passer de l'anonymat de l'uniforme à des lignes et à des couleurs qui la déroutent. De toute évidence, d'autres femmes sont à l'aise dans ce qu'elle n'oserait plus tout à fait qualifier d'extravagance. Ces vêtements, pense-t-elle, déclarent «Regardez-moi, voyez comme je suis élégante et désirable entre les femmes, regardez comment je me définis!», mais je ne veux pas qu'on me regarde car je cherche maintenant ce que je suis entre les femmes et je ne sais pas encore. Elle achetait donc à prix modique ce qu'il lui fallait dans les grandes surfaces. Elle s'offrit quelques déjeuners

dans des restaurants bien cotés; elle fut déçue, peut-être parce qu'elle ignorait elle-même ce qu'elle aimait après tant d'années des cantines de la Sûreté,
de fast-food et de repas-express à la maison. Elle avait pris l'habitude de
remplir son congélateur d'un peu n'importe quoi, comme de tout envoyer
chez le nettoyeur, des corvées dont elle s'était acquittée à la course et avec
mauvaise humeur. Maintenant, elle allait à l'épicerie et au marché public
deux ou trois fois dans la semaine; elle choisissait ses viandes, ses légumes,
ses fruits, et retournait chez elle à pied, le foulard enroulé sur le cou, la
bouche et le nez pour les protéger contre le froid, les doigts gelés à travers
les gants. Elle faisait elle-même sa lessive et le ménage de son appartement,
ce qu'elle avait laissé jusque-là à un service d'entretien. Jocelyne Jost tirait de
ces travaux une tranquille satisfaction. Elle s'abandonnait à l'impulsion de
devenir une femme «ordinaire» et «normale», un état qu'elle assimilait spontanément, sans réflexion, à l'accomplissement de tâches précises auxquelles
elle conférait un caractère atavique. Mais c'était aussi une curiosité à satisfaire, la quête d'une réponse à la question : qu'est-ce que c'est que d'être
femme? Et aux questions qui se faufilaient à la suite : qu'est-ce que c'est que
d'être enceinte? d'accoucher? d'avoir un enfant? Une curiosité, cependant,
qui ne se rend pas à : qu'est-ce que c'est que d'aimer? qu'est-ce que le couple? parce qu'il ne lui semblait pas, en tout cas pas encore, que la femme ait
besoin de l'homme pour être femme, sinon par quelque convention sociale
à laquelle elle ne sentait pas la nécessité de sacrifier.

Après avoir décidé qu'elle changeait de coiffeur, elle laissa pousser ses
cheveux afin de recommencer pour ainsi dire avec un matériau neuf. Loin
de lui peser, sa solitude l'arrangeait. Elle était trop attentive à l'exploration
d'elle-même pour être sensible à d'autres émotions. Elle n'avait revu aucun
de ses anciens collègues et n'avait pas l'intention de les relancer; le seul contact avait été avec un fonctionnaire des services administratifs à propos d'assurances. Elle avait mis en terre une époque de sa vie : il n'y aurait ni fleurs
ni monument. Pourtant, le climat des zones frigides de l'être ne s'étend pas
toujours à l'ensemble du tréfonds où subsistent des zones tempérées. Jocelyne Jost était toujours aussi intéressée par la chose publique, lisait les journaux, suivait les informations à la télévision, mais elle ne voyait plus sur la
même page ou dans la même image ce qu'elle y avait perçu dans le passé.
Le milieu, la fonction, font le lecteur ou le téléspectateur. Ainsi, elle avait
partagé naturellement la colère de ses collègues devant la perfidie de certains comptes rendus et commentaires perpétrés par de faux dévots de l'objectivité, la glorification des imposteurs qui s'approprient les causes à la
mode, le réflexe pavlovien de canoniser tout ce qui dénigre les valeurs tra-
ditionnelles. Cela, elle le discernait encore, mais elle s'étonnait elle-même
d'en être si peu troublée. Désormais sans attaches, indifférente au sort des

acteurs des mélodrames qui font les manchettes, elle percevait moins de perfidie que de naïveté, moins de mauvaise foi que d'ignorance; des corbeaux sur leurs antennes perchés dont les renards de la finance et de la politique célèbrent les talents. Comment prêter quelque créance à la théorie du «complot des médias» quand on s'arrête à en évaluer les résultats? De gros titres, des reportages percutants, beaucoup d'agitation dans les officines de la politique, ça dure une semaine ou une saison et ça passe. Qu'on détruise un politicien ou un mafioso, un colonel, un financier ou un télé-évangéliste, on supprime quelques microbes, mais le bouillon de culture est intact. Une tornade qui arrache des brins d'herbe et secoue des châteaux de cartes. Quelle astuce du pouvoir que de se plaindre d'un mal qui ne fait pas mal! L'information qu'on s'attribue le devoir et le mérite de disséminer est une goutte d'eau dans l'océan de l'information qu'on ignore ou qu'on choisit de taire. Jocelyne Jost avait épluché assez de dossiers pour le savoir : ce qu'on expose distrait de ce qu'on cache. Que pouvait-elle croire aujourd'hui de ce qu'on racontait sur les conflits dont elle n'avait plus la radioscopie? Les affaires qui l'ennuyaient lorsqu'elle en connaissait les dessous l'intriguaient maintenant qu'on n'en laissait percer que des bouts insipides. Les employés du téléphone sont en grève : des «inconnus» coupent des câbles à la hache, sabotent les circuits, attaquent les cadres, on se plaint de l'inaction de la police. Dans quel journal lira-t-on que la police a reçu l'ordre de la première ministre elle-même de fermer les yeux «afin de ne pas compromettre les négociations»? Jost connaît la chanson : on a toujours peur de «provoquer» les gangsters et les terroristes; la lâcheté se terre sous l'abri du renoncement angélique à la force. Jost ne s'indigne pas, elle est au-delà de l'indignation, qui est une émotion stérile. Elle lit les numéros de L'Ordre. L'hostilité que l'ensemble de la presse manifestait à l'endroit de l'Alliance la lui rendait plutôt sympathique, mais ça n'allait pas plus loin.

Elle a marché jusqu'au port. Les rues sont inertes dans le quartier des vieux édifices de pierre grise qui furent autrefois des entrepôts et bureaux, et parfois les demeures des gens qui vivaient du commerce maritime. Ici, de la descente des glaces au nouvel hiver, on affrétait, armait, avitaillait, chargeait et déchargeait les marchandises. Le progrès venu, on a bâti à quelques kilomètres en aval les hangars de containers, les armateurs habitent en Allemagne et en Corée, les bateaux battent pavillon de pays qui n'ont pas de marine, les équipages parlent des langues qu'ils sont seuls à connaître. Que faire d'installations superflues? Des pâtés de condos dont la plupart sont invendus, des galeries d'art, boutiques et restaurants qui n'ouvrent qu'en été. En attendant, le vieux port dort sous la glace. Dans les rues étroites, le vent virevolte d'un mur à l'autre; les portes sont closes et les fenêtres sans vie. On a dégagé les abords du fleuve en rasant les entrepôts et les débarcadères; c'est maintenant une immense place fantôme qui va de l'ancienne Tour de l'Horloge, dont le cadran sans aiguilles n'est plus qu'un œil de bronze inutile, à l'agglomération d'élévateurs à grain délabrés. Il n'y a que deux caboteurs amarrés à un quai dans une glace anémique, le bastingage, les palans, la passerelle, rongés par la rouille, le pont jonché de chaînes, de barils et de planches. Jost marche lentement dans le désert, savourant la solitude, le froid et le silence. Elle regarde le passage ouvert au milieu des glaces, un filet bleu qui, trois jours plus loin, rejoindra la mer.

D'un hiver à l'autre, l'intervalle est vite oublié. De quoi faut-il se plaindre? Que ça ne finisse pas? Ou plutôt, qu'il soit si long d'en finir? Ce n'est pas qu'on s'épuise et se dessèche avec la neige, voilà le cours naturel des choses. L'impatience vient de l'entêtement d'une saison qui se répète en n'offrant plus qu'une parodie d'elle-même, un discours qui se prolonge alors que l'orateur n'a plus rien à dire. Ce qui n'a plus d'avenir devrait disparaître, laisser la place à ce qui va naître, mais les générations coexistent pour un temps, le temps de s'écorcher, de gâcher la sortie de l'une et grever de servitudes l'essor de l'autre. Cela se fait en sourdine, de sorte que restent sourds ceux qui ne veulent rien entendre. Les saisons de l'Orchestre symphonique et de l'Opéra sont fidèles à elles-mêmes : le chef est russe, les musiciens américains, la diva est brésilienne, les chanteurs grecs, bulgares et suédois; la musique n'a pas de frontières; les diplômés du Conservatoire national jouent dans le métro. Le Musée des beaux-arts mène avec succès une souscription pour l'achat d'une œuvre d'un maître américain qui a révélé au monde la séduction tactile des vibrisses, une acquisition essentielle au maintien de la «réputation internationale» de la ville. On remplit régulièrement le stade de pré-adolescentes précoces et de post-adolescents attardés pour les «World Tour Spectaculars» des vedettes de la cacophonie de l'année. Les planètes d'un même système ont des courses différentes; si leurs orbites se croisent, c'est sur un plan fictif, une représentation linéaire; en réalité, chacune crée autour d'elle-même un champ de répulsion qui la protège et la rend en même temps inoffensive; les chocs sont rares et n'affectent guère l'ensemble, ce sont des faits divers.

Les sociétés, pourtant, ont des humeurs.

Sylvie Mantha avait composé en gothique et produit sur son imprimante deux phrases que Sauriol lui avait dictées; la feuille était épinglée au-dessus de la table de travail de Gravel : «Les hommes s'irritent plus de subir l'injustice que la violence… Il vaut mieux pour un État avoir des lois mauvaises mais inflexibles que d'en avoir de bonnes qui n'aient aucune efficacité. Thucydide.»

Gravel avait levé les sourcils.

— Rien d'Hérodote?

Sauriol prit le parti de rire.

— Tu vois, plus ça change... Les pouvoirs qui n'ont plus de légitimité font toujours les mêmes erreurs...

Il y avait entre eux la connivence de combattants portés par une irrésistible marée alors qu'autour d'eux tout chavire.

Dans le Faubourg, c'était l'impasse, le quadrilatère demeurait zone interdite. Les commandos armés d'une bande de trafiquants de drogue qu'on avait tenté d'arrêter occupaient les barricades dressées dans la rue, faites de voitures de police incendiées, de pavés et de monts de terre que la neige fondante puis le gel avaient durcis. Les barrages de police étaient en retrait. Un blocus qui coulait comme une passoire; des observateurs du Comité des droits et libertés, de la Commission du multiculturalisme, deux ministres protestants et un prêtre catholique assuraient qu'il n'y ait pas d'entrave à la libre circulation des ravitaillements, y compris la livraison des chèques de la rente sociale aux assiégés. Les bandits n'étant pas des Blancs, et la plupart de récents immigrants, la Ligue contre le racisme dénonçait «le harcèlement» pratiqué par la police contre «des gens dont le crime est d'avoir des valeurs culturelles différentes». Une affaire en or pour la télévision. La première ministre était catégorique : «Le gouvernement assume ses responsabilités. La seule solution raisonnable passe par la négociation. Il y a des femmes et des enfants derrière les barricades. Nous sommes fermement opposés à la violence. La violence est inacceptable, nous ne voulons pas de bain de sang. Il faut à tout prix éviter le bain de sang. Je fais appel à la population afin qu'elle fasse preuve de patience. Nous avons la situation bien en main. Nous allons négocier.»

La bande armée réclamant l'amnistie totale et la liberté de poursuivre en paix son commerce, le gouvernement avait besoin de temps; il lui fallait mettre des formes à son éventuelle capitulation, grimer l'abdication pour lui donner l'apparence d'un triomphe de l'art de gouverner.

Heureusement, sur les entrefaites, les étudiants de l'Université Nationale avaient déclenché une grève générale, expulsé les administrateurs et occupé leurs locaux. Appel aux tribunaux, injonctions, «le désordre public n'a pas de place dans notre société!», intervention policière. En moins d'une heure, on avait délogé les étudiants avec d'autant plus de vigueur qu'ils n'étaient pas armés, et mis une centaine d'entre eux en état d'arrestation. La majesté de la loi s'était manifestée, la population pouvait être rassurée.

Comment fixer sa place dans le chaos?

— Sais-tu de quoi on a l'air? Des enfants d'école.

Eddy Dufresne n'avait pas besoin de parler fort. Les personnes réunies dans le bureau de Sauriol étaient aussi conscientes que lui du problème. Mais Sauriol était inébranlable.

— Où sont nos ennemis? Qui sont-ils? C'est la question fondamentale. Il ne faut pas se laisser distraire par les petits épisodes...

Croteau coupa :

— L'affaire du Faubourg, un petit épisode?

— Minuscule. Parce qu'il passera et qu'il n'aura rien changé. Quelle importance pour nous qu'on arrête, ou qu'on déporte, ou qu'on relâche dans la nature de petits gangsters?

Croteau avait fini par comprendre que ses interventions déplaisaient moins à Sauriol qu'aux autres; elles servaient de repoussoir.

Il revint à la charge.

— De faux réfugiés politiques. Des immigrés clandestins. Des indésirables!

— Ils ne sont pas là par l'opération du Saint-Esprit. Qui les a fait venir? Qui les nourrit? Qui les protège? Les politiciens! La conjuration des partis!

Dufresne ne retenait que ses doléances, issues de la grogne qui couvait chez ses troupes.

— On a l'air de quoi? D'autres groupes s'organisent spontanément ici et là. Du monde ordinaire qui font des barricades dans les rues. Partout, ça grouille. C'est plein qui viennent me voir : aidez-nous, on a besoin de vous, contre les bandits, contre la police. Je leur dis quoi? C'est pas nos troubles! Lisez notre journal!

Justin Gravel, qui avait été muet jusque-là, laissa tomber :

— Exactement.

Dufresne jeta sur lui un regard méprisant. Sauriol se déplaça jusqu'à Eddy, lui mit la main sur l'épaule.

— Je comprends, dit-il. Je comprends l'agitation de tes gens. On les sollicite parce que les institutions de l'État ont abandonné les honnêtes gens; on ne protège plus que les droits des terroristes et des criminels de tout acabit. Alors les honnêtes gens sont prêts à vous faire confiance. Mais pour quoi, Eddy? Réfléchis. Pour des niaiseries, un refuge pour sans-abri, une clinique pour les gais, l'interdiction de démolir trois taudis, la fermeture d'une piquerie, les coupures d'électricité, la réouverture d'une usine et deux grèvettes. Les gens sont dans la rue parce qu'on leur a montré que la force est le seul argument valable. Mais ils ne tiennent qu'à leur petite cause particulière. Leur ferveur est mince, elle s'effritera à la première concession, chacun rentrera chez lui. Tout recommencera ailleurs la semaine suivante. On jouera la même comédie... Je ne veux pas qu'on associe les meilleurs d'entre nous, nos groupes d'élite, à des causes éphémères et sans effets sur les maux de la société.

Dufresne avait baissé la tête et il se redressa. Il n'avait pas tout compris, mais il n'y avait pas de réprobation dans le ton de Sauriol.

— La banqueroute du système politique. Voilà la source du mal. Pourquoi contribuer à perpétuer l'illusion que «ça finit toujours par s'arranger»? Rien ne s'arrange et tout pourrit. Notre devoir n'est pas de poser des cataplasmes sur un moribond mais de l'enterrer. Il s'agit d'instaurer un pouvoir qui fasse régner l'ordre et la justice, le pouvoir de l'Alliance populaire. Oui, lisez le journal! Joignez nos rangs! Prenons le contrôle de la rue, nous prendrons le contrôle de l'État!

C'est une chose étrange que personne ne percevait dans ces propos une grandiloquence plutôt gratuite. La position de l'Alliance sur la scène politique était loin d'être capitale. Le mouvement avait grandi de quelques milliers d'adhérents, d'une dizaine de bâilleurs de fonds; Dufresne avait donné à ses camelots une organisation paramilitaire qu'il avait nommée Groupe de protection et dont la marque était le casque noir. Mais les progrès n'étaient guère apparents; tous les médias étaient hostiles, aucune «personnalité» n'aurait songé à se rapprocher publiquement de ce qu'on dénonçait comme une bande de voyous. Et pourtant... l'isolement de l'Alliance ne faisait que renforcer la cohésion et ce que les commentateurs appelaient le fanatisme de ses membres; ils avaient le sentiment de brandir un flambeau dans la nuit et de voir clair là où le reste de l'humanité restait plongé dans les ténèbres. La vision que leur proposait Sauriol n'avait donc rien de déraisonnable. Même Croteau en arrivait, sur le coup, à endormir la crainte qui le tourmentait chaque fois qu'il essayait de pénétrer l'avenir.

Les considérations de stratégie et de tactique étaient étrangères à Physique; il attachait moins de prix aux idées qu'à ses rapports personnels avec les individus. Imperceptiblement, il s'était éloigné de Gravel pour se rapprocher de Sauriol; il avait avec lui de longues et curieuses conversations où il était question du Bien selon les Évangiles, que Sauriol n'avait jamais lus, et selon Aristote, dont Physique ne connaissait pas le premier mot, et qui faisaient fuir Gravel autant que Dufresne. «Ça me repose», disait Sauriol.

Les relations de Gravel et de Sauriol étaient d'une autre nature, mais peut-être plus étroites. Chacun des deux avait trouvé dans l'autre un complément nécessaire. C'était comme l'éclosion de destinées parallèles, chacune appuyant sur l'autre son propre élan.

Justin Gravel n'avait jamais voulu faire autre chose qu'écrire, et avec d'autant plus de ténacité qu'il n'avait pas trouvé à sa portée d'autre chemin vers la réussite dont il avait une soif ardente; il ne se reconnaissait aucun autre talent particulier et il était conscient que son handicap physique lui imposait, en dépit de toutes les belles politiques antidiscriminatoires, des limitations. L'écriture brise le silence sous lequel étouffe la foule; elle était pour lui un instrument d'affirmation. Les véritables handicapés sont ceux qui ne peuvent donner une forme tangible, matérielle à la vitalité qui bout en eux. Gravel échappait à cette condition. L'écriture est tangible et matérielle; on la fabrique avec des outils, la reproduit, l'emballe, la manipule, la transporte, la distribue; on la donne et on la vend; elle survit ou disparaît comme toute matière. Ainsi était-ce la matérialité de l'écriture qui séduisait Gravel; par elle, il se définissait lui-même et pour lui-même au sein de la société alors que la plupart des hommes subissent d'être définis par les reflets distordus que leur renvoie le miroir des autres. Il n'avait que dérision pour les intellectuels qui confèrent à l'écriture quelque emploi d'introspection individuelle. Des gens qui utilisent de grands mots pour dire de petites choses. Il avait, lui, la geste de l'humanité pour matériau; il a été présent à la conception de l'Alliance, il a rédigé le manifeste du mouvement, il dirige *L'Ordre*, il mobilise, il entraîne; demain, il inspirera le régime nouveau. Il façonne les événements et la saison n'a pas d'emprise sur lui.

Pour Sauriol, la succession des jours est détachée de la saison. Que peuvent la tempête, le froid, les frissons, la lassitude du corps contre l'effervescence de l'âme? Sauriol est soulevé par une marée montante. Tout le sert, le marasme économique, la turbulence sociale, la rivalité des groupes ethniques camouflant les guerres de gangs, la veulerie du gouvernement, la frivolité des médias. La désorientation morale suinte dans les esprits; plus on reconnaît les droits des uns, plus on limite la liberté des autres, bientôt il n'est plus permis de ne pas tolérer : le dernier mot reste à qui est armé. L'Alliance populaire était seule à rejeter les tractations et les aménagements; elle avait l'arme de l'intransigeance. Sauriol n'avait aucune intention de concurrencer les partis sur le plan électoral, c'est-à-dire de faire la cour à tous les groupuscules de pression, de virer à tous les vents, de flatter les vaniteux, de rouler les naïfs, et de tendre une carotte imaginaire à l'avidité de chacun. Il ne faisait pas mystère de son objectif : forger un instrument pour la prise du pouvoir. Comment cela serait-il accompli? Il ne fallait pas le presser sur les détails; le temps, l'occasion, le destin y verraient. Il en avait cependant la certitude, c'était inéluctable.

Sauriol ne songeait plus à se désespérer de ne pouvoir écrire, de manier si pauvrement les mots dans le carcan de l'écriture tandis qu'il en jouait si habilement à l'air libre de la parole. Au début, il s'était étonné que Gravel, qui lisait peu, écrivît avec tant de facilité alors que lui, qui lisait tout, y eût tant de mal. Il avait fini par conclure que le talent de Gravel était celui d'une éponge : il écoutait, s'imbibait pour ainsi dire de la pensée ambiante et la dégorgeait sur le papier : ses écrits avaient la saveur de ce qu'il avait absorbé. Sauriol trouvait dans le journal l'expression d'idées qu'il avait lancées mais qu'il eût été incapable d'énoncer si clairement et avec tant de force s'il avait dû les écrire : il était le premier à reconnaître combien Gravel lui était utile à cet égard, et c'était entre eux un lien additionnel.

Il reste que le compte rendu, tout brillant fût-il, d'un de ses discours était une coquille enfermant une substance édulcorée. Peut-on reproduire un réquisitoire enflammé contre «les ennemis du peuple»? Les mots s'alignent correctement sur la page mais comment rendre la passion qui charge les mots d'un poids défini par l'instant unique, la communion de l'orateur et de la foule au même verbe qui, arraché d'eux-mêmes, rentre en eux et les possède? Ce qui est dit s'attache à la parole et meurt avec elle, mais l'écho s'amplifie dans le silence du cœur. Il y a entre l'écrit et le lecteur la sèche distance de la réflexion et des procédés techniques; chacun est seul en sa fonction. Le rapport de l'orateur et de son auditoire est immédiat, intime, chacun lié à l'autre par une dépendance mutuelle qui, dans le même temps, est une libération. Ceux qui se pressaient dans les salles pour entendre Sauriol se libéraient de leurs tribulations et de leurs angoisses, du joug de leur impuissance; Sauriol les assumait pour eux. Ils remplissaient, eux, le même ministère auprès de Sauriol. Petite salle, amphithéâtre ou stade, le forum est un univers clos où la volonté collusoire domine le chaos. Quand cette volonté se prolonge dans la rue par l'action des casques noirs, elle transporte avec elle ses propres frontières, étanches à tout ce qui n'est pas elle-même. Tout est possible.

Pendant combien de temps peut-on lancer dans le vent les mêmes exhortations passionnées puis rentrer tranquillement chez soi?

Une fois ouverte la digue, comment endiguer le torrent? «Lisez le journal!» Mais quand on a tout lu et qu'on n'apprendra rien demain qu'on ne sache déjà? «Venez à nos réunions!» Pour entendre aujourd'hui ce qu'on entendait hier? On applaudit, on crie, on exalte la fougue collective, on expulse brutalement les chahuteurs du Cartel intersyndical, on envahit la rue, on fracasse quelques vitrines, la police charge, on se disperse. À la semaine prochaine. Même jour, même heure.

Les adversaires ont beau jeu.

«Le seul programme de la soi-disant alliance soi-disant populaire est la vitupération, la haine des institutions démocratiques, un nouveau fascisme qui n'ose pas dire son nom…», etc.

Parce qu'on vérifie chaque jour l'efficacité des incantations sur la masse. On fait peur au monde. Qui affronterait des blindés fuit devant les mots.

Sauriol, dans ses discours, relevait les attaques.

«Un programme? Ils aimeraient qu'on discute du prix des tomates? De contrats de voirie? De la taxe de vente? Ils aimeraient qu'on patauge avec eux dans le cloaque électoral? Eh bien, merci! Pas pour nous! Notre programme est clair et simple : dehors la racaille!»

Les médias faisaient grand état du refus de Sauriol, de Gravel et des autres dirigeants de l'Alliance d'accorder des interviews ou de participer à des tables rondes où l'on se serait employé à les démolir : «Ils ont peur de la confrontation! La liberté de presse! Le droit à l'information!»

Sauriol s'en amusait : «Des fulminations d'enfants gâtés, stupéfaits et humiliés qu'on ne leur fasse pas la cour. La liberté de presse? Ils sont parfaitement libres. Qu'ils parlent de nous, qu'ils nous ignorent, c'est du pareil au même. Notre journal informe la population de ce que nous avons à dire et de ce que nous faisons; nous n'avons pas besoin d'interprètes. Ce que ces gens-là appellent l'information n'est que du show-business. Grand bien leur fasse, on s'en balance!»

Applaudissements de l'auditoire. Quand même, chez soi, on regarde, on lit. Les journaux traînent dans le nouveau local des casques noirs, tout près de la permanence de l'Alliance, de l'autre côté de la rue; la télévision y est toujours ouverte. Le temps coule et l'impatience commence à germer. Ceux qui se contenteraient de l'espérance d'une victoire lointaine ou d'une récompense dans l'autre monde ont déjà rallié d'autres causes, épousé d'autres religions. Dufresne attendrait parce que Sauriol lui a dit d'attendre mais son instinct lui souffle que la foi politique a besoin elle aussi, non seulement de promesses, mais encore de prodiges.

Un quotidien a ressuscité Cruciani, une page complète dans l'édition du dimanche pour rappeler les antécédents de Sauriol, un simple commis de bureau qui se prétendait comptable, un froussard qui avait quitté son emploi à la suite d'un petit incident, un fait divers, qui avait placé sa mère dans une institution où elle était morte abandonnée, un type sans diplôme qui avait eu des prétentions de poète mais n'avait jamais trouvé d'éditeur, un fourbe qui s'était insinué dans ses bonnes grâces à lui, Cruciani, pour lui ravir une association respectable et respectée dont il avait fait un refuge pour des ratés comme Justin Gravel et des gorilles comme Gros-Delard Dufresne. Une présentation journalistique, donc objective.

Sauriol avait lu l'article sans émotion; il s'était même un peu moqué de l'indignation de Gravel, qui se laissait toujours chatouiller par les allusions aux déboires de son passé. Pour Eddy Dufresne, les écrits avaient la réalité friable du papier; ce qu'on pouvait écrire sur son compte ne l'atteignait pas. Curieusement, un seul paragraphe l'a fait réagir.

— Pour ta mère, c'est pas correct.

Sauriol dit :

— Ça fait si longtemps. J'avais pas un sou.

— C'est pas correct. Maudits journalistes.

Et il était revenu à la charge.

— On tourne en rond...

Dufresne avait flairé avant les autres qu'on arrivait au bout de la parole.

La saison n'a plus de rôle. Elle n'effraie pas, elle ennuie. C'est à peine un embarras, trop mince pour inspirer autre chose que des ronchonnements chétifs. On peste par habitude contre un hiver anémique. Une bordée de neige inattendue paraît dérisoire; que pourrait-elle changer à ce qui se prépare?

Patrick O'Leary a convoqué les responsables des Régions de la Section IV. Il est perché comme un oiseau à la tête déplumée à un bout de la longue table autour de laquelle sont groupées une dizaine de figures impassibles. Il n'y a pas d'uniformes. Des mallettes anonymes sont placées entre les fauteuils, toutes à la même distance et au même angle de la table. Chacun a devant soi un bloc-notes dont les feuilles quadrillées restent vierges. Des regards s'échangent sans qu'un rétrécissement de la paupière ou une courbure des lèvres ne trahissent le message. O'Leary parle lentement, mais avec de petits sprints toutes les quatre ou cinq phrases, les yeux par moments baissés, par moments fixés devant lui.

— ... la restructuration ne touche donc pas nos services et ne change rien à nos opérations. Donc... et premièrement...

Un briefing parfaitement inutile. La rumeur s'était chargée depuis des semaines de répandre ce qu'O'Leary leur annonçait aujourd'hui, et il en était parfaitement conscient. Mais on respecte les formes; on fait couler dans les canaux de la voie hiérarchique l'information qui avait déjà épuisé sa course dans le réseau informel des ambitions et des connivences.

— Des questions? Commentaires?

Victor Thomas porta la main devant un long bâillement. Des hiéroglyphes avaient fait leur apparition sur quelques blocs-notes. On attendait. Et, comme d'habitude :

— Je me demande...

Toujours le même. Toujours le premier et, le plus souvent, le seul.

— ... s'il y a des développements à propos des tarifs pour le kilométrage de nos voitures privées en temps supplémentaire.

O'Leary n'avait jamais pu décider si l'homme était vraiment stupide ou s'il le narguait. Comment percer ce masque de bonne foi frétillante?

— Non.

— Pensez-vous que...

De toute façon, personne ne livrerait ici ce qu'il avait dans la tête. O'Leary pas plus que les autres.

— Non.

On maintient des rapports civils parce qu'on se tait. Parce qu'on ne pourrait ouvrir la bouche sans se mouiller; la contestation est tout aussi ridicule que le zèle, mais il n'y a ni mines ni pièges sur le terrain des indemnités de déplacement, on peut s'y engager sans péril, et on laisse loin derrière le jugement qu'on porte en secret sur l'apothéose de Douglas Fraser. Tout le monde a compris la portée de la restructuration : les petites zones d'autonomie préservées sous Dufour allaient sous Fraser être rendues sans combat aux politiciens. Le chancre de la pétulance politique aurait libre cours, conséquence normale de la frousse et de la vacillation. Le fossé se creuserait davantage entre le discours :

«L'État ne peut souffrir que... Il faut mettre un terme à... Cela a déjà trop duré!

... et la suite : l'État souffre que, il n'y a pas de terme à, et cela dure.»

Malheur au naïf qui aura interprété le discours comme la résolution d'agir. Au premier froncement de sourcils du premier protestataire, il sera désavoué. Alors, on se tait.

— S'il n'y a pas d'autres questions... Le prochain point. L'Alliance populaire. La direction générale a établi une priorité...

En clair : les politiciens s'énervent.

Deux heures plus tard, après le tour d'horizon, l'évaluation, les décisions, on récapitule et on s'ébroue.

— ... quelques groupes en province. Les grandes villes seulement. Du bruit, des bagarres et...

— Au moins, ils savent ce qu'ils veulent.

Quelqu'un s'est échappé. Un froid. Thomas intervient.

— Il ne se passera rien en province. La tête est ici. Si on peut parler de tête.

L'aversion est évidente.

— Mais ils ont de bons bras...

— Oui, ma chère!

Avec un petit mouvement cassant du poignet.

— À commencer par le chef...

— Sauriol?

— Non, Dufresne, alias Gros-Delard. Sauriol, c'est les putes.

Qui épie les gens ne surprend qu'une pantomime.

Thomas a fait rire, le rire endort la méfiance. On oublie O'Leary qui reste immobile, les bras posés sur la table, guettant le moment de mettre un terme à des échanges auxquels il n'est pas invité.

— Eh, le maître Jost, qui défendait les casques noirs la semaine dernière, c'est pas?

— Justement.

— La grande Jojo?

— En personne.

— Ça te donne une place sur le banc des joueurs, non?

— Non.

Thomas savait qu'il n'obtiendrait pas de collaboration de Me Jost. Il n'en voulait pas, mais ça ne regardait que lui.

— Ah...

On ne va pas plus loin. Chacun ses oignons.

O'Leary plonge dans le premier silence.

— Merci, messieurs.

Il se lève et quitte la salle. L'oiseau s'est envolé. On s'affaire, les mallettes sont sur la table, les blocs-notes disparaissent.

— Certains font de l'insomnie. Probablement...

Le plus jeune, avec la suffisance que semblent justifier les puériles illusions des vieux :

— Le vent souffle fort sur les hauteurs. Dans la vallée, c'est une brise.

Thomas évite de le regarder. La nouvelle génération ne pense qu'à se mettre à l'abri dans la vallée, où l'échine complaisante se plie sans effort. La fatuité de la médiocrité triomphante. Ainsi, la colère n'est jamais en peine d'aiguillons; elle s'aiguise sur tous les mollusques pour qui la survivance est la grande affaire. Thomas ne salue personne et s'échappe.

Il faudra sans doute, un jour, rendre compte de l'attention qu'on aura accordée à la priorité de la direction générale; on ne peut se fier qu'elle sera bientôt remplacée par une autre, et que l'effort d'aujourd'hui n'apportera demain aucun crédit, qu'il risquerait même, si on faisait parade, de signaler aux supérieurs leur propre inconstance. Une priorité n'est pas rescindée simplement parce qu'une autre lui succède; on recouvrera le document en cas de crise pour l'édification de quelque commission d'enquête. Comment soutenir qu'on a mésestimé le problème? Où sera la faute lorsque le pouvoir, embarrassé par les conséquences de son propre aveuglement, aura besoin de se disculper? Qui sera coupable?... On survit quand on sait ériger autour de soi une palissade de directives, plans, rapports, notes de service, derrière laquelle on se retranche. Qu'importe que le travail soit stérile.

Donc on s'affole dans la Zone? On prend au sérieux les déclamations de l'Alliance : «Puisque vous avez renoncé à gouverner, partez!» Les menaces : «Si vous ne partez pas, nous vous chasserons!» Et les fanfaronnades : «Nous saurons, nous, exercer le pouvoir, rétablir l'ordre et la justice!»

Drôle de spectre. Ils étaient une dizaine, ils sont quelques milliers. Et après? Sauriol a eu des rencontres, qu'il a crues secrètes, avec certains hommes d'affaires? Ce sont des placements à fonds perdus. Des conciliabules avec des parasites de la politique, des ambitieux déçus, des véreux malhabiles, des faux futés, une smala de laissés-pour-compte qui s'accroche à toutes les caravanes dans l'espoir de sortir du désert et d'arriver quelque part. Beaucoup de monde et personne, un brouillard d'aspirations discordantes qu'un coup de vent balaiera. Des conversations clandestines avec un Américain qui se dit journaliste, dont on sait qu'il travaille pour un service secret à Washington?

On s'inquiétera quand l'interlocuteur sera un attaché d'ambassade, mais ce n'est pas pour demain. Les casques noirs? Des troupiers d'opéra-comique dont l'intervention tactique ne ferait qu'une bouchée. Seulement voilà, la directive est formelle : «Pas d'affrontement. Pas de persécution. Pas de martyrs.» En bref : «Débarrassez-nous de l'Alliance sans impliquer le gouvernement.»

— Rousseau, Ginette…

Qui n'est pas vulnérable à travers quelqu'un d'autre?

Pour Victor Thomas, maintenant, c'est la routine. Son adjoint a fait le déblayage.

— … call-girl. Le réseau Tyrrell.

— Connais pas. Je devrais?

— Supposément huppée, la clientèle. De toute façon, elle a été barrée. Drogue, paraît-il.

— C'est une blague?

— Sur l'ouvrage, si je peux dire. Il y a eu des plaintes… Aujourd'hui, elle est au bar Le Pussy Chauve.

— Le bordel du beau-frère…

L'expression usuelle pour les entreprises louches appartenant à des policiers : le propriétaire officiel est toujours un beau-frère.

— Le sergent… Parfait.

Il y a un mépris qui est au-delà de la nausée.

— Service complet à la table. On fournit les condoms.

C'est aller à la pêche dans une cuvette.

— Je veux des photos.

— Facile d'arranger ça avec le beau-frère…

— Ensuite, un raid, on cherche de la drogue. C'est l'affaire de…

— Je lui parlerai.

Un petit service entre sections. D'autant plus raisonnable qu'on n'a pas l'intention d'embêter le beau-frère; on n'aura qu'à le prévenir.

— Organise ça pour qu'on en trouve dans les effets de la fille. On l'arrête, les formalités d'usage et on la relâche. En douceur. Pas de publicité.

Jusqu'à ce qu'on lance un journaliste sur la piste d'un scoop. Le public a le droit de savoir.

De quoi satisfaire O'Leary, qui contentera Fraser, qui apaisera la première ministre. Priorité. Thomas sait que plusieurs de ses collègues ne sont pas contrariés de la montée de l'Alliance populaire et de la frousse qu'elle inspire au gouvernement; la conjoncture est favorable à la générosité budgétaire. Pendant que les criminels s'ébattent en liberté avec la bénédiction du système judiciaire et que l'anarchie contrôle la rue, on s'alarme des harangues d'un tribun de ruelle, des diatribes d'un pamphlétaire à la manque et d'un ramassis de clowns casqués de noir... qui n'ont lésé aucun citoyen de ses droits, attenté gratuitement à la vie de quiconque, rien volé ni extorqué. Absurdité? Non, au contraire. La violence faite aux petites gens, la culpabilisation des victimes, le dorlotement des criminels, la trivialisation de la corruption, rien de tout cela ne menace le pouvoir. Le criminel ne prive aucun politicien de sa limousine, de son portefeuille, de son fonds de pension, encore moins du péculat et de la reconnaissance des bénéficiaires des largesses de l'État. Le criminel ne change rien au système. Il ne met pas de frein à la générosité du pouvoir envers lui-même, il n'est pas dangereux pour les politiciens. L'Alliance populaire, par contre, menace de les chasser de l'auge à laquelle ils s'abreuvent. Le privilège en péril devient vigoureux : la liberté est en danger! Sonnez, trompettes éditoriales! Battez, tambours télévisés! Ralliez-vous, défenseurs de nos droits!... Et qui dépêche-t-on en première ligne contre le nouvel Antéchrist?

Si Thomas n'était aveugle ni sur les tireurs de ficelles ni sur les pas qu'on lui faisait danser, qu'est-ce qui le retenait de reconnaître que ses vues étaient tout au moins parallèles à celles de Sauriol et de l'Alliance? Il y avait davantage que la difficulté de concéder une identité nouvelle à un individu qu'il avait vu désemparé, aux abois, prêt à vendre ses services et qu'il avait lui-même, d'une certaine façon, mis au monde. C'était surtout une méfiance profonde de tout ce qui se proclame et s'affiche, sollicite des appuis, prétend rassembler et conduire. C'est-à-dire de tout ce qui se condamne à l'avance à manœuvrer, louvoyer, tergiverser; à édulcorer l'action purificatrice dans les calculs de la politique. Sauriol avait trop de contacts avec trop de personnages interlopes; il se révélerait semblable aux autres. Sauriol était même plus déshonnête parce qu'il arrivait à donner le change aux innocents. Thomas n'avait aucun scrupule à lui tendre un traquenard.

Que comptait-il accomplir? La ruine de Sauriol? Par voie de conséquence, la débâcle de l'Alliance? Quelque effet prodigieux d'une cause si négligeable? Fracassez le miroir et l'image disparaît? Comme s'il n'y avait de substance que dans le verre étamé. Comme si Sauriol et l'Alliance avaient engendré à eux seuls les courants profonds qui secouaient le pays, au lieu d'en être la création, et qu'il suffirait pour mater la tempête de démonter un fragile assemblage d'os et de chair. Coupez la tête de la plante dont les racines plongent dans le sol et... Justement. C'est affaire de moment. Le printemps n'est jamais la suite de l'automne; tout ce qui s'endort sous la neige ne se réveille pas aux premières chaleurs et ce qui renaît a oublié ce qui fut. Le héros se fane en sa saison; la neige n'en sait rien, ni les bourgeons d'avril. La Nature se renouvelle en sa propre mort; l'homme se répète, il n'a rien compris. Alors, à quoi bon le zèle? À quel profit? Il est arrivé à Thomas de s'interroger sur son travail : que sert de s'agiter pour servir ce qu'on hait, le pouvoir des impuissants, la domination des faibles, le faste du Mal? Mais pourquoi faudrait-il justifier ce qu'on fait sans y croire? Cela ne compte pas, on est la roue minuscule dans le vaste engrenage, vite disparue, vite remplacée. Il n'y a pas de courage à refuser le Mal quand le Mal ne s'en porte pas plus mal. Rien n'accommode le Mal autant que le dédain des Justes aux mains nettes; il prospère alors sans entrave. Le courage est de répondre de ce qu'on fait librement. L'individu n'est jamais coupable ou innocent qu'envers lui-même. C'est une responsabilité pénible à assumer, alors qu'il y a tant de réconfort à s'immerger dans une responsabilité collective, rétroactive et universelle qui n'engage à rien et n'exige rien... La réflexion pourrait se poursuivre mais que déterrerait-elle, au bout du compte, sinon le doute? La réflexion est le domaine de l'ambiguïté : il n'est pas de grande entreprise dont elle n'expose l'ultime vanité, pas de noble pensée qu'elle ne réduise en fadaise. L'action, par ailleurs, est certitude; elle crée sa propre moralité.

Il a neigé une neige grasse et mouilleuse. Les flocons s'accolent et s'agrègent les uns aux autres, édifient des ouvrages de passementerie, cordons et galons argentés, sur les surfaces étroites suspendues entre les plans horizontaux où ils s'affaissent. Sur les conifères, les flocons s'accrochent aux bouquets d'aiguilles, s'accumulent en mottes pesantes qui, à l'improviste, s'échappent et déboulent à travers les étages de rameaux. L'air s'adoucit comme si l'hiver s'attendrissait sur son propre sort. La nuit met fin à la mièvrerie; on entend le bruit sec du bois qui casse sous le gel, le fracas cristallin des nappes de glace qui se fracturent sur les toits et s'écrasent en avalanches sur le sol; la lune en couvre les fragments de la pâleur de son halo, passe, et les renvoie dans l'obscurité. Il y a des pannes d'électricité, on sort les bougies des tiroirs de cuisine et on attend. Il ne faut pas espérer de complaisance de la saison, ni en accorder aux émotions.

Un jour suffit à rétablir l'équilibre, et le Talion se manifeste. Pour Thomas, tout est clair. La Nature recycle elle-même ses déchets, elle leur confère un rôle utile. L'humanité, elle, s'embarrasse de ses ordures, les préserve, les choie, les offre à la commisération générale, insensible à la putrescence qu'elles génèrent dans la société. Que faire de ceux par qui le scandale arrive? Trois hommes ont fait irruption au petit matin dans l'appartement d'un individu qui venait d'être jugé «apte à la réinsertion sociale»; il avait attaqué deux femmes dans leur demeure, les avait violées et tuées à coups de couteau; les spécialistes avaient découvert que l'agresseur était lui-même victime d'une enfance privée d'affection et d'une adolescence frustrée; on s'était donc employé à lui expliquer que ce qu'il avait fait, c'était pas gentil, et l'individu avait compris, il avait promis de ne pas recommencer, et on lui avait trouvé un emploi. Quoi de plus éclairé? de plus civilisé? Les trois hommes ont saisi l'individu, l'ont bâillonné et ligoté, dans un silence total, ils lui ont cassé les jambes et tailladé les deux bras avec un couteau à viande, afin qu'il meure lentement et qu'il ait conscience de sa mort.

Rien ne prime l'austère contentement de la rétribution. On le porte en soi, un ronronnement intérieur qui persiste tout le jour et, même le soir venu, rend Victor Thomas sourd aux considérations triviales.

— Tu ne m'écoutes pas.

Comme d'habitude, pensait Ilsa Storz.

— Mais oui.

Tant de mots vides.

— Je t'écoute.

Avec effort, Thomas l'entendait à travers une cloison qui filtrait les sons. Ilsa était assise sur le bout de son fauteuil, le corps incliné en avant, les avant-bras sur les genoux. Elle aussi faisait un effort.

— Je voudrais que tu comprennes...

Par loyauté pour ce qui avait été.

— Das ist mein Fehler. In a sense. Mais est-ce qu'on peut parler de faute? Mon père avait émigré... pourquoi? Fuir un pays ravagé, échapper à la misère, goûter à la liberté, bâtir une nouvelle vie... Et quoi encore, qu'il nous a peut-être caché?

Thomas se retenait de bâiller. De quoi parlait-elle?

— ... petit à petit, tu t'interroges : que fais-tu de tout ça? Wohlstand und Freiheit. Wealth and Liberty. Et ça ne suffit pas.

Le truc, c'est de tenir les yeux ouverts alors que l'esprit sommeille, de regarder l'autre sans oublier de cligner les paupières de temps à autre. Thomas n'a pas de difficulté à raidir les épaules, c'est un réflexe élémentaire.

— Tu sais, le refrain? Il n'y a plus de patries, mais des marchés. Plus de citoyens, mais des consommateurs. Soyez heureux puisque vous achetez...

Un discours qui s'égarait. Il n'avait pas le goût d'en suivre les méandres. Il se dit, comme ça, une pensée insolite, qu'il ne lui avait jamais dit «Je t'aime»; elle non plus.

— L'être humain n'est-il vraiment que l'inventaire des biens qu'il possède? Et qui ne lui survivront même pas? Quoi d'autre? Dans ce pays, il n'y a rien d'autre. Rien qui te sollicite, qui t'élève, te transporte. There's no Spirit. No center. Rien qui rassemble. Verstehen? Tu ne vois pas?

On ne se connaît pas plus après tant de nuits qu'au premier jour. N'est-ce pas la règle? On s'accommode de soi-même sans se connaître une vie entière; pourquoi s'attarder à l'autre? Qui se cherche se perd parce que la quête est vaine; on n'est que ce qu'on fait et il n'y a rien à découvrir qui n'ait déjà été accompli.

— … Cette terre est à tout le monde et personne n'y est chez soi. On ne fait pas de racines dans le parking d'un centre commercial. Je ne suis pas chez moi, je n'y serai jamais. J'ai besoin…

Qu'arrive-t-il? Ilsa a changé. Quelle bizarrerie d'implorer «Comprends-moi». Lorsqu'il faut comprendre, on ne s'entend plus. Si l'on désirait s'astreindre au devoir de comprendre, pourquoi celle-là plutôt qu'une autre qui se révélerait peut-être, une fois comprise, plus captivante? Les candidates à la compréhension sont légion, et ce jeu-là n'a pas de terme. Il n'a jamais demandé, lui, à être compris.

Ilsa s'est enfoncée dans le fauteuil, ramenant les bras devant la poitrine, les jointures sous le menton. Quelle réaction avait-elle espérée de Thomas? Le début d'un dialogue? Elle était prête à parler, à expliquer, à faire le tour d'un jardin qu'elle-même n'avait qu'à demi exploré. Il lui avait semblé qu'ils se devaient l'un à l'autre de… Quoi? Sans doute s'était-elle méprise, car elle ne percevait qu'indifférence dans le silence de Thomas.

— … alors de retourner en Allemagne. J'ai besoin de savoir qui je suis. De savoir ce que c'est d'être Allemande. De trouver une identité. Peut-être un… Volksgeist, une aspiration, un élan plus valable, plus noble que…

Elle ouvrait l'espace à des commentaires qui ne venaient pas.

— … les arrangements pour la clinique et l'hôpital. Je voulais te le dire avant que…

— Oui.

Ce qui meurt si facilement a-t-il vraiment vécu?

La neige folle a disparu de la ville, et avec elle les rêvasseries et chimères. On ne trouve que des plateaux de croûtes fendillées, des mornes de glace remplis de griffures ou polis, poncés, par le verglas; dans les déclivités, des champs de glace bulleuse et blafarde se contractent, s'étriquent et fondent sur les bordures du béton. La saleté rabattue tout au long de l'hiver est figée dans les engelures du sol et des matériaux; il n'est pas un lieu qui ne soit souillé. La saison a perdu sa prodigalité, l'atrophie l'a rendue mesquine.

— Mais oui, tu te souviens, Lafferty? J'ai retrouvé ça en rangeant de vieux papiers...

Hubert Rocheleau se contenta de sourire. Il gardait ses doigts potelés croisés sur le ventre. Il écoutait. Jacques Dufour était sur une lancée.

— Lafferty avait élaboré une théorie : nos Celtes offrent une résistance naturelle au changement parce que leurs ancêtres étaient de gros mangeurs de porridge. Il prétendait que le porridge produit un acide qui réduit la circulation de l'oxygène dans le sang, ce qui entrave l'élimination du dioxyde de carbone, quelque chose du genre. Résultat : ils sont lents, lourds et rigides. Alors, Fraser...

— Il n'avait pas de théorie sur les effets de la soupe aux pois?

Dufour se pencha, tapota l'épaule de Rocheleau.

— Tu penses que je radote?

Rocheleau n'avait songé qu'à alléger l'atmosphère Les murs étaient sombres, l'éclairage parcimonieux, les meubles fades. Un endroit où l'on ne fait que passer.

C'est Dufour qui avait fait l'invitation : «J'ai gardé un appartement en ville, on jasera...» et Rocheleau avait été malheureux de ne pouvoir refuser.

— Je faisais le ménage dans mes boîtes; des coupures de journaux, des carnets de notes, même des vieux rapports. C'est étrange, ce qu'on ramasse. On accumule, on entasse, et ça sert jamais. J'ai réfléchi là-dessus et je me demande : pourquoi est-il si difficile de se dépouiller de l'inutile et de l'encombrant? Tu le sais, toi?

Rocheleau avait eu honte de son hésitation. Il s'était dit qu'il aurait tort d'imaginer que l'ancien patron tente d'intervenir dans les opérations. Certes, il n'y avait eu aucune élégance dans le renvoi de Dufour, mais les règles du jeu sont connues : les subordonnés du temps du pouvoir ont changé de maître.

— Qu'est-ce qui nous attache à l'inutile? La réponse fuit, on court après et on s'enfarge dans d'autres questions. Quand on s'arrête, on est comme étourdi, on regarde autour de soi, où suis-je? et on est revenu au point de départ. Où est l'essentiel? Est-ce qu'on l'a perdu quelque part en chemin?

Quand l'un s'en va, on retire les dossiers, on reprend les clés et la carte d'accès au Bunker, on change les codes. Mais dans quel placard remise-t-on l'amitié?

Rocheleau offre ce qu'il croit être la consolation de la confidence, un peu de commérage, un moyen d'interrompre les divagations de la solitude. Il a déjà oublié qu'il avait demandé qu'on s'assure de la «salubrité» de l'appartement. Pas de caméras ni micros, seulement des voisins absents et inoffensifs. Comme si «quelqu'un» avait pu s'intéresser encore à Dufour.

— Je craignais le pire. Le p'tit chose, là, machin... Eh bien, j'avais tort.

Il rit doucement, un rire rondelet, quasi enfantin. Il se prend à sa propre mascarade.

— Je l'écoute respectueusement, je glisse toutes les trois phrases «Qu'en pensez-vous?» et «J'espère que vous êtes d'accord?», et je lui dis «J'attendrai votre autorisation pour...» Je suis à plat ventre.

Il se bouchonne les doigts de la main droite dans la paume de la main gauche. Ses yeux pétillent.

— C'est un imbécile.

Dufour tente de se rappeler si Rocheleau lui a jamais servi la même salade. Il ne se souvient pas. Il est un peu déçu. Il aurait aimé parler de concepts et de théories maintenant qu'il n'était plus attelé au quotidien. Mais comment reprocher à Rocheleau d'être encore en selle? C'est lui qui l'a fait monter.

Rocheleau est détendu. Un peu plus, il serait expansif.

— Je réponds à toutes ses questions mais il n'apprend rien parce qu'il ne sait pas quoi demander. Alors, il crâne. Il observe le ton, voilà ce qu'il apprécie, le ton, le respect, l'obéissance. Au début, c'était la première ministre par-ci, la première ministre par-là, qui désire, qui demande et qui réclame. Le fortifiant de l'autorité, n'est-ce pas, au cas où je me serais avisé d'être réticent. Maintenant le p'tit chose, c'est je désire, je demande et je veux. La première ministre n'est plus dans le décor.

Les œillères des uns, celles des autres. Dufour songe qu'il a sans doute les siennes. S'était-il donné la peine d'écouter Rocheleau quand il lui suffisait que Rocheleau lui soit utile? Qu'y aurait-il gagné à cette époque? Qu'y gagnerait-il aujourd'hui?

— Ainsi, rien de changé?

Rocheleau croit savoir ce que Dufour veut entendre; il est prêt à le satisfaire.

— Non. Pas vraiment.

Ceux qui sont partis aiment qu'on les rassure : leur œuvre leur survivra, les disciples en préserveront l'intégrité, le baume sur les plaies de l'inconsistance et de l'effacement.

— Même que... On ne découvrira rien de nouveau. Ça revient toujours à des histoires d'argent, des histoires de fesses. Mais il y a une nouvelle obsession, l'Alliance populaire.

— Ah...

Il ne déplaît pas à Rocheleau d'afficher qu'il a su, non seulement défendre son territoire après le départ du patron, mais encore l'élargir.

— Priorité : surveiller comment Fraser, O'Leary, et jusqu'à Thomas, s'acquittent de leur mandat d'abattre l'Alliance.

Son rire est presque silencieux.

— Thomas, je l'aurai dans ma poche, bien ficelé, quand je voudrai.

— Tu vois, nous avons eu raison de le ménager.

Le regard qu'échangent les deux hommes est tout léger d'une immense satisfaction. Rocheleau ne s'inquiète pas d'avoir trop parlé. On est revenu aux belles années; on retrouve cet accord qui a la saveur vaguement illicite d'un acoquinement, nous seuls contre tous, créatures de l'ombre, invisibles et toutes-puissantes, dont les interventions sont secrètes et les aboutissements débrouillés d'elles seules.

— Même Fraser?

— Carte blanche. Surtout Fraser…

L'œil de Rocheleau est goguenard.

— Naturellement, il me faut plus de ressources. N'est-ce pas? Budget, personnel.

Cela se déguste dans le silence. Puis Dufour soupire longuement.

— C'est vrai qu'ils sont stupides.

— Tant mieux.

— Tant mieux. Tant pis. Parfois, on regrette d'avoir raison. Parce que ça impose d'agir alors qu'on s'en passerait. Vraiment, on s'en passerait.

Rocheleau s'était laissé aller, il était rendu trop loin; il n'était pas question pour lui de se soumettre, en souvenir des bonnes années, à quelque directive ni d'ouvrir la porte à quelque implication de Dufour. L'amitié qui ne se trace pas de bornes n'est plus de l'amitié mais de la présomption, une prétention à un droit naturel de l'un sur l'autre. Rocheleau se renfrogne et reste muet. Il secoue les épaules et les bras, change de position dans son fauteuil, comme quelqu'un qui se prépare à se lever.

Dufour a saisi d'un coup la réaction. Il aurait envie de dire : «Comment peux-tu si mal me connaître?» Il n'avait pas un instant songé à parler d'opérations, il n'était pas intéressé aux opérations. Mais comment Rocheleau, enveloppé dans la chaleur de ses exploits, concevrait-il que Dufour n'en voie maintenant que la frivolité?

— Je t'ai invité, tu sais… pour le plaisir de te voir, naturellement, mais aussi… j'aurais besoin de toi.

Sans trop d'assurance, mais sans plus de gêne. Une contenance qui ne présume pas plus de l'acquiescement que du refus, et qui désarme Rocheleau. Dufour eût préféré se rendre au bout de sa pensée, amener l'autre pas à pas dans le chemin qu'il avait déjà exploré, déployer devant lui le paysage, l'entraîner au sommet de la montagne pour lui en montrer l'autre versant. Il se rappela qu'il n'avait pas choisi Rocheleau, dans le temps, pour l'audace de son imagination : comment lui reprocher d'être demeuré ce qu'il a toujours été? Il se détachait de Rocheleau, le laissait loin derrière lui; bientôt, il le perdrait de vue.

— Tu es le seul à qui je peux demander... Et ça te serait peut-être utile. Tu jugeras.

On met du temps à quitter la ville. L'automobile avance par soubresauts d'un feu rouge à l'autre. L'essuie-glace balaie dans le pare-brise l'eau crasseuse qui chute du haut des voies élevées. Tout ce qui bouge s'éclabousse. Les trottoirs sont sales, les piétons rares. Physique emprunte de petites rues mal éclairées, couloirs de murs ténébreux dans lesquels même les coquilles de lumière ont un air maussade. Sauriol se laisse conduire. Les deux hommes se taisent. Il n'y a rien à dire. Si toute cette affaire est un piège, ils y sont déjà tombés, et la fin n'est plus qu'un détail insignifiant. Par contre... Un coup de dés. Chaque fois qu'il amorce un virage, Physique lève les yeux dans le rétroviseur; il retrace une partie de son chemin tout en gagnant vers le nord; il est maintenant certain qu'on ne le suit pas. Qu'aurait-on besoin de le suivre en pleine ville? C'est un vaste entonnoir; qu'importent les cabrioles, l'espace sans cesse rétrécit et ne sera au bout du tube qu'une seule route, droite d'abord, ensuite sinueuse et grimpante. Il refuse de croire que les dés sont pipés; on met le hasard à l'abri de l'accident.

On passe un pont. On traverse le quartier commercial d'une banlieue anonyme, un carrelage de charpentes basses et disjointes, de vitrines aux néons criards, de vitrines sombres dans lesquelles on distingue mal des affiches «À LOUER» qui ont désespéré de leur mission; on n'est pas sûr qu'il y ait quelque substance derrière ces façades où alternent les trous obscurs et les animaux de carton, les fleurs de soie, les guirlandes, les ballons, les mannequins figés dans leur ennui. Le panneau-réclame d'un bar de danseuses nues, une silhouette de nymphe, taille cambrée, sein agressif, le revêtement de bakélite craquelé sur toute la longueur. Une boîte de frites plantées dans un tas de grumeaux crayeux arrosés d'une sauce brunâtre, surplombant le mot POUTINE. Des sacs d'ordures forment des tronçons d'estacades le long des trottoirs entre les bosselures de glace. Le jour est sans doute témoin d'activités humaines; la nuit n'en préserve que les détritus. La banlieue s'effiloche en projets de construction domiciliaire abandonnés en cours de réalisation, des espaces vidés de leurs arbres et nivelés, où gît la carcasse rouillée d'une pelle hydraulique. Le temps a tout recouvert d'une sorte de pulvérulence stérile, une patine de lassitude et d'atonie. On traverse un pont sur une rivière gelée. Physique a fait un crochet, l'automobile s'engage sur une voie en surplomb puis dans une bretelle de l'autoroute.

La campagne est un autre pays.

Petit à petit, à mesure qu'on avance, la neige reprend les droits dont la ville l'a spoliée; elle s'étend dans les champs, tranquille et blanche comme la nuit; elle couve patiemment les toits solitaires dispersés entre les massifs de conifères et les boisés dénudés; des lueurs lointaines clignotent sur elle un moment, sont avalées par les ténèbres, ressurgissent un peu plus près, un peu plus loin, éphémères et impérissables. La neige que rien n'agresse est sereine, sûre d'elle-même, presque chaleureuse; elle n'a rien contre les hommes et ne menace ni leurs amours ni leurs ambitions.

La plaine se termine brusquement, la route grimpe à flanc de montagne et se déroule en tortuosités de corniches en vallons. Les angles des quartiers bleutés de la nuit se croisent et se chevauchent, plus obscurs, plus clairs; une courbe fait jaillir une muraille de noirceur que l'on contourne à l'instant où l'on s'y écrasait. Il n'y a plus de scintillation dans la profusion d'étoiles; elles ont toutes le même regard fixe. Des chapelets de lumières marquent le tracé des pistes dans les stations de ski; les canons à neige lancent des bouffées de brouillard frimassé qui retombent avec indolence sur les pentes. L'air devient plus froid; l'ascension l'a purifié. Il n'y a de repère que le reflet des phares sur les garde-fous de l'autoroute; le reste de l'univers a perdu sa matérialité; il semble qu'il n'y ait rien qui puisse interrompre la descente, rien qui puisse retenir l'envol, et qu'on pourrait à tout moment s'engager dans l'une ou l'autre, et poursuivre à jamais une course vers des confins sans cesse reculant. Vertige de la montagne enneigée dans la nuit d'hiver.

Sauriol est désorienté.

La ville n'a d'horizon qu'à portée de bras, qu'à hauteur de clôture; il y a des grilles, des impasses, des panneaux, des feux de circulation, des espaces définis, une géométrie élémentaire; le trajet d'un point à un autre est établi, il y a des étapes, une séquence nécessaire, une logique; on n'infléchit pas le mouvement selon sa fantaisie; on est otage des ornières déjà posées. On s'y retrouve.

La montagne, elle, n'a pas de balisage. Il n'y a pas de droites parallèles, ni de polygones, ni de cercles, mais l'ondoiement d'échappées de ciel entre des crêtes qui se suivent, se rattrapent, se dépassent, tournoient et repartent au gré des défilés et des couloirs; on tournerait en rond sans jamais revenir au même point.

Sauriol aurait le choix de rebrousser chemin, mais il n'y songe pas. Il a fermé les yeux; ce n'est pas le moment de laisser quelque emprise à l'énervement et de réclamer de la nuit un indice prémonitoire. Les étoiles sont borgnes et muettes, mais elles sourient à ceux qui ne leur demandent rien. Il faut agir d'instinct, empoigner le risque et foncer; l'erreur est préférable à l'inertie. Quoi de plus amer que le remords des occasions noyé dans le puits de la réflexion?

L'homme s'était présenté à la permanence de l'Alliance; il avait insisté pour voir Sauriol seul à seul. Il avait donné un nom et une adresse dont Sylvie Mantha avait dûment pris note, se doutant bien que l'un était faux et l'autre inexistante; il s'était laissé fouiller par les deux gardes de service.

L'individu avait tendu vers Sauriol une feuille de papier qu'il avait retenue fermement dans la main.

— Auriez-vous l'obligeance de prendre connaissance…

Sans préambule ni explication.

Sauriol avait lu.

L'homme dit :

— Vous comprendrez que je ne peux rien ajouter.

Sauriol l'avait considéré en silence.

— Votre réponse?

Comme si tout cela lui était indifférent. Ce qui était probablement la vérité. Sauriol fit un signe de la tête.

— Je peux transcrire?

— Certainement.

Sauriol griffonna quelques mots sur un bloc-notes. L'homme replia la feuille de papier et la remit dans son veston.

— Merci.

Il était sorti comme il était entré, un murmure qui passe et ne trouble même pas le feuillage. Sylvie était dans la porte.

— J'inscris quelque chose?

Dans le registre des visiteurs qu'elle tenait depuis quelques mois.

— Non.

Fallait-il croire à l'incroyable?

Sauriol a réuni Gravel, Physique et Dufresne dans l'arrière-boutique de Benoît Mantha; on était sûr qu'il n'y avait pas d'écoute électronique.

— Personne! Vous entendez, personne d'autre ne doit être au courant!

On savait où on en était : on commence à patauger dans le bourbier des petits désaccords quotidiens et des grandes espérances toujours reportées; les ouvriers de la première heure s'essoufflent et ceux de la onzième s'impatientent; l'enlisement menace. Et voilà que tout à coup, tombant du ciel…

Les trois temps de la valse.

Le transport. Il faut d'abord expliquer à Physique qui est Jacques Dufour. «Tu vois ce que ça veut dire?» L'imagination nourrit l'enthousiasme : le nom, l'image, l'influence. L'accession à une respectabilité qu'on raille quand elle échappe et qu'on prise dès qu'elle se rend. On dira : «Désormais...» C'est la secousse qui précipite l'avalanche.

Après le transport, la délibération. Pourquoi lui? Il n'a rien à gagner. À cheval donné, regarde bien la bride et sonde les entrailles, surtout s'il est de bois. On s'emballe, mais à quel propos? Un inconnu montre une invitation qui ne porte pas de signature et qu'il rapporte avec lui; des instructions sur un bout de papier pour atteindre un chalet perdu en forêt. De la pure fiction. Un piège? Une embuscade? N'importe quel point sur une centaine de kilomètres, et le choix des armes, le canard de tôle au kiosque de tir de la kermesse, on décapite l'Alliance, il y aura peut-être des suspects, mais jamais d'accusés. Et ainsi de suite...

Après la délibération qui ne peut rien régler, l'acte de foi. De quelle mère est née l'appréhension? De l'incrédulité enfantée dans l'anémie de l'imagination. Une porte s'ouvre sur la terre promise et on hésiterait à franchir le seuil? Un risque? Ce n'est pas le risque qui perturbe, mais la proximité de la victoire. La victoire recèle plus de frayeurs que la défaite; quand elle passe, la plupart des hommes s'écartent pour ne pas la voir. Le courage est de la saisir au collet.

On a traversé le sommet de la chaîne des monts et l'on redescend. L'autoroute a pris fin brusquement; elle s'est fondue dans un chemin étroit qui serpente vers la plaine. Les raidillons sont traîtres. Physique conduit lentement, surveillant à la fois la route et l'odomètre. «... roulez 12,6 kilomètres. Exactement. À gauche, il y a une barrière de bois. C'est là. Refermez la barrière derrière vous.» Les approches ont été nettoyées à la souffleuse; la neige a été projetée sur un côté où le choc l'a moulue, pulvérisée en particules globulaires de grosseur inégale; elles ont chu sur le banc de neige durcie comme une pluie d'astéroïdes. Sur le côté opposé, la neige polie par le vent est demeurée lisse. Le chemin grimpe, s'incurve et se redresse devant une maison longue et basse, blottie sous un toit à deux versants; les murs sont de maçonnerie brute et recouverts de crépi de façon irrégulière, ce qui laisse voir ici et là des parements de pierre. Il y a trois travées de lumière, trois fenêtres à carreaux, à deux vantaux, dans des chambranles de bois. Au bout de la maison, une dépendance dont on a fait un garage. Physique descend de l'automobile en s'étirant les bras et les jambes; il était fourbu. Il se balance en se frappant les bottes, le regard tourné vers le ciel, ému par le silence qui enveloppe l'univers.

Sauriol ne voit rien. Pendant le voyage, il a fait le vide dans son esprit.

— Allons.

La porte est de plain-pied avec le sol. Elle s'ouvrit comme Sauriol allait sonner.

La haute silhouette de Jacques Dufour remplit toute l'embrasure.

— Je vous ai vus à la barrière...

Sauriol doit lever la tête pour l'entendre.

— Votre paletot... Là, pour les bottes... Un système de sécurité qu'on avait installé dans le temps. On a dû l'oublier. Il fonctionne toujours. Pour ce qu'il sert maintenant.

— Je suis Allen Sauriol.

— Oui.

— Un ami... Philippe Roberge.

Une brève inclinaison de la tête.

Dufour observa que Sauriol avait à la main un sac de papier brun, contenant un objet plat.

— Vous avez bien fait de ne pas venir seul. Les chemins, en hiver...

Le vestibule occupait toute la largeur du bâtiment. On apercevait sur la gauche ce qui devait être la salle à manger, d'où l'on passait à la cuisine dont elle n'était séparée que par un encadrement de bois; une lampe à suspension éclairait une table au centre de laquelle se trouvait un pot d'aloès aux pattes charnues.

Dufour indiqua la droite.

— Je vous prie.

Le passage n'était pas au centre de la maison, mais longeait le mur qui faisait face à l'entrée. Des portes étaient à demi fermées sur le cabinet de toilette, la salle de bains, une chambre à coucher, et l'on entrait dans une grande pièce dominée par une cheminée adossée au mur pignon dont le foyer était constitué de deux piédroits et d'une plate-bande en pierre taillée; de grosses bûches y brûlaient en crépitant avec de brefs jaillissements d'incandescence.

— Je vous sers quelque chose, monsieur Sauriol?

Le plafond était fait de planches à couvre-joint reposant sur des poutres; le plancher, de bois franc, recouvert au milieu d'une catalogne qui s'arrêtait aux fauteuils et au canapé bas et profond. Trois lampes, sur de petites tables devant les fenêtres, créaient avec le feu du foyer un cercle de lumière. On voyait à peine l'étagère reculée sur laquelle reposaient un système de son, un écran de télévision, et une console dont les voyants rouges clignotaient discrètement. Penché sur une table où étaient disposés des verres et des bouteilles de boisson, Dufour était juste à la périphérie du halo, presque dans l'ombre.

— La maison est construite sur une sorte de falaise. En bas, c'est la rivière. En hiver, quand les arbres sont dénudés, on voit le village dans le tournant. Les nuits de pleine lune, évidemment, lorsqu'il n'y a pas de nuages.

Physique, gagné par la fatigue, avait allongé les jambes vers le foyer et fermé les yeux. Sauriol se sentait compassé avec le veston et la cravate qu'il avait cru de mise de porter, alors que Dufour était en pull cendré sous une chemise à carreaux rouges et noirs. Le vieil homme le scrutait de ses petits yeux gris avec un détachement qui était peut-être plus déroutant que n'eût été la hauteur.

— Votre ami s'est endormi...

Il tendit un verre à Sauriol et se laissa choir dans un fauteuil. Il avait eu jusque-là le contrôle de la situation et Sauriol n'avait pas résisté. Dufour était chez lui, il avait pris l'initiative de l'invitation, et maintenant il se taisait, mais le prologue n'était pas encore terminé. Sauriol dit :

— Le procédé était original.

— Je ne vous connaissais pas.

— Votre messager, très efficace.

— Je ne le connais pas.

L'homme avait un sourire de vieillard serein qui invite son interlocuteur à sourire avec lui des cocasseries de l'existence.

— J'ai demandé à... un ancien collègue un petit service. Pour éviter les embêtements de part et d'autre. Vous auriez pu refuser.

— J'y ai pensé.

— Un piège?

— J'y ai pensé.

— J'aurais eu la même réaction.

Sauriol, qui jusque-là s'était tenu droit, se laissa enfoncer les épaules dans le dossier du canapé.

— Et vous seriez là?

— Probablement... Si j'avais jugé que j'avais plus à gagner qu'à perdre.

Avec la mine désarmante du retors qui amorce une trappe pour le faux innocent. Sauriol prit le paquet qu'il avait gardé sur les genoux : il était prêt.

— C'est à l'oiseau de choisir l'arbre. Comment l'arbre choisirait-il l'oiseau?

Il se leva, remit le paquet à Dufour et retourna s'asseoir.

— Confucius.

Le vieil homme examinait le livre qu'il avait retiré de son enveloppe. Sauriol était satisfait de lui-même. Le veston et la cravate ne le gênaient plus.

— *Les Analectes...* Je voulais vous offrir quelque chose qui me dispense de rabâcher mes discours. Pour Confucius, la nécessité morale est la fin nécessaire de nos actions, quelle qu'en doive être l'issue temporelle. Il abhorre la lâcheté et le désordre qui en est la conséquence... Un pont entre vous et moi.

N'était-ce pas ce qu'il fallait dire? Qu'on ne s'inquiète pas de perdre et ne rêve pas de gagner? Fais ce que dois. L'objectif est de séduire.

— Un autre lien, Confucius a occupé des fonctions à peu près semblables aux vôtres; il a été chef de police dans une province de Chine où ses maîtres n'ont pas su l'entendre.

L'affaire n'est pas de convaincre, de persuader de quelque vérité qui aurait été jusque-là méconnue, mais de tendre à l'autre un miroir où il se reconnaisse. Plus grand, plus droit, plus généreux, plus désintéressé qu'il ne sera jamais.

Sauriol n'a qu'à écouter. Dufour s'est engagé dans un monologue.

— On n'entend que ce qu'on écoute, et on n'écoute que ce qui plaît. Je suppose que c'est normal... Je ne cherche rien pour moi-même. À quoi pourrais-je aspirer? Que demander sinon d'être fidèle au devoir? Il n'y a que la mort qui dispense du devoir. Le devoir est donné à chaque être humain comme prix et condition de son humanité. C'est la seule chose qui distingue l'homme de l'animal et de la machine, tout le reste est interchangeable. Tout le reste est instinct... L'État dépérit, il ne sera bientôt qu'une caricature, la propriété d'une cabale de petits profiteurs qui se passent l'assiette au beurre. De toutes petites gens aux horizons minuscules : un dézonage, un terrain de golf et dix condos, le contrat de papier de toilettes pour les écoles, une sinécure à Paris. Si vous saviez avec quelles babioles on achète les âmes... Et pourquoi pas? L'État n'incarne plus de valeurs... Alors?

L'interrogation s'adressait à son interlocuteur, comme si de la réponse dépendait la suite. Sauriol ne donnerait pas dans le panneau.

— Depuis le début des temps, les âmes généreuses ont désespéré de l'État...

Sauriol parlait à voix basse. Dufour devait tendre la tête pour le comprendre.

— ... les idéologies, les partis, les gouvernements trahissent toujours les espoirs qu'ils font naître, c'est dans la nature des choses, et pourquoi tout est toujours à recommencer. Qu'est-il advenu du communisme? Un rêve bâti sur les élucubrations de Jean-Jacques Rousseau : on allait changer la nature humaine, créer un homme nouveau, tout l'édifice reposait là-dessus. Sur la négation du péché originel. Le péché d'orgueil. Ce qui lui conférait un aspect satanique aux yeux des chrétiens.

Dufour parut un moment interdit.

— Une métaphore. L'homme n'a pas besoin de Satan pour se perdre.

Était-il vraiment nécessaire d'expliciter la conclusion?

— Alors, vous-même ne croyez pas...?

— Je ne crois pas que nous ferons l'éternité.

Sauriol s'était engagé à tâtons en terre inconnue : il sentait maintenant le sol ferme sous ses pieds.

— Le temps d'une génération, nous garderons le sens de l'espoir. D'autres suivront, et peut-être... un jour que nous ne verrons pas... Mais qu'importe? Nous aurons fait au jour présent ce qu'il nous était donné de faire.

Sauriol était satisfait de la résonance des mots. C'est un jeu. À dire les choses, on les tire du néant. Il n'y a pas de mensonges puisque le jeu, lui, est vrai. La sincérité est dans le jeu.

Physique s'est réveillé, mais il n'a pas bougé, il garde les yeux clos. La conversation se déroulait dans l'affabilité; il était question des Américains, de la Coalition du patronat, de cabinet de transition, de présidence de l'État, de personnages dont les noms ou les fonctions paraissaient avoir de l'importance. Physique s'endormit de nouveau... Quand on le secoua, Dufour et Sauriol étaient debout.

— J'ai une chambre libre, disait Dufour, vous retournerez dans l'avant-midi.

— Merci, vraiment. On s'inquiéterait. D'ailleurs...

La main sur l'épaule de Physique.

— Monsieur Roberge est reposé. Je dormirai en chemin.

Après leur départ, Dufour enfila une vieille pelisse de chat sauvage, des bottes fourrées et une toque de loutre. Dehors, il emprunta le sentier qu'il avait lui-même pelleté, contourna la maison et suivit la descente jusqu'à une corniche suspendue à mi-hauteur de la falaise. Il avait les mains derrière le dos, les épaules redressées, immobile. Il ne s'endormait pas. Il regardait le contour de la rivière le long de la rive opposée, le moutonnement des boisés dans la nuit, cet enclos de pays auquel il avait pris tant de plaisir. Chaque arbre, et il les connaissait tous, était bien à sa place, même les morts que la bourrasque avait abattus. Il pourrait indiquer du geste, sans les voir, les lignes parallèles et gaufrées de ses raquettes reliant les deux rives, les pistes qu'empruntent les lièvres, les arbres au faîte desquels dorment les écureuils dans leurs nids de brindilles et de feuilles séchées. Tout cela continuerait quand il ne serait plus, mais pour combien de temps? Il éprouvait un détachement tranquille de ce monde dont il réalisait qu'il était aussi passager que lui. C'était bien à lui seul de déterminer les conditions de son passage et d'en assumer les conséquences. Il ne pensa ni à sa femme ni à ses enfants; leur saison était achevée. Il prit quelques respirations profondes et remonta vers la maison. Dans le silence de cette nuit sereine, dans ce paysage que rien d'humain ne troublait, tous les scénarios urbains devenaient aussi irréels que plausibles. L'attente des événements ne serait pas longue.

Au loin, une nappe grise se détache sur la neige de la rivière gelée; c'est la première cloche du glas de l'hiver. Le soleil en fait une cuvette d'eau bleue scintillante. Puis, par coups, d'autres étangs nés d'un givre furtif apparaissent dans des concavités dispersées; les gouttes d'eau s'étirent en ruisselets paresseux d'une mare à une autre durant le jour, se résorbent la nuit et renaissent à l'aurore. Lentement ou brusquement, selon l'intervention du soleil, le ruisselet éclate en déluge minuscule, en mince cataracte, et se précipite de la mare à l'étang où il s'apaise aussitôt.

La glace qui tolère ces manigances n'est déjà plus la glace, quelle que soit son obstination le long des rives et dans les baies peu profondes; elle s'accroche en vain à quelques plateaux échoués et coincés entre les troncs d'arbres et les rochers. La rivière, gonflée par la fonte des neiges, entreprendra sa course vers le fleuve; elle jaillira au-dessus des rapides, emportera les embâcles, se fraiera un chemin avec la pointe de son courant, pourfendant, déchirant la glace, utilisant la glace contre elle-même en charriant des blocs qu'elle projette sur les lignes de résistance. Un assaut brutal qui pourtant ne triompherait jamais si les mares et les ruisselets anodins n'avaient déjà grugé et débilité l'hiver.

Dans le passé, les deux côtés de la rue abritaient une suite de petits commerces au rez-de-chaussée et, sur un ou deux étages, des logements miteux. On avait construit non loin de là une énorme tour à bureaux et un complexe culturel; les politiciens avaient parlé avec éloquence de «la nouvelle vocation» du quartier, de «renouveau» et «d'essor dynamique». La spéculation avait fait grimper les coûts des terrains et des loyers; les résidents avaient fui, les petits commerçants s'étaient envolés, expulsés par le progrès. Ils avaient été remplacés par des salles de jeux électroniques, sex-shops, magasins de films pornographiques, petits cinémas «pour adultes, avec cabines privées», saunas pour hommes seulement, bars avec danseuses et danseurs nus, chaque établissement ayant son petit comptoir de drogues. Il s'y produisait sporadiquement des accrochages aussi impromptus que féroces entre les gangs blancs, noirs, asiatiques qui se disputaient le contrôle du territoire; on abandonnait quelques cadavres dans les ruelles. Certains regrettaient l'époque révolue où une branche de la Mafia américaine imposait le respect de l'ordre.

Dans le matin sans soleil, la rue a l'aspect des espaces ravagés puis abandonnés par les hommes. Des trottoirs raboteux où la glace emprisonne des traînées de sable et de déchets surpris par le gel. Une clôture de planches placardée d'affiches de spectacles. Des murs lézardés, des façades enclavant des escaliers de bois aux marches croulantes; des portes déboîtées dans leurs franges de neige. La désolation couvre les vitrines embuées derrière leurs grilles rouillées. Même les voies transversales n'offrent pas d'allègement à la mélancolie des lieux; elles s'ouvrent sur des culs-de-sac enserrés dans des ruines ou sur des terrains vagues hérissés de blocs de béton. La rue est une région frigide d'où la vie s'est retirée. Il faudra que l'avant-midi s'écoule pour que le désert se peuple; le clochard sorti de quelque trou entreprend son errance quotidienne; la putain rejoint son poste sous l'enseigne «Chambre à louer, à l'heure»; dans la gargote voisine, l'Iranien à la moustache sauvage allume le gaz sous les réchauds où il déposera ses frites et ses saucisses. Un à un, les figurants entrent en scène, prennent place; en vérité, la pièce ne les concerne pas.

Le Pussy Chauve est à l'étage d'une bâtisse de brique rouge, au-dessus de boutiques délabrées; on a abattu les cloisons de quelques logements pour en faire une vaste salle, obturé les fenêtres et tout peinturé de noir. Ginette Rousseau gravit l'escalier, le pied lourd, dans un passage à demi éclairé où survit par plaques le souvenir de couches successives de couleurs. Elle n'a pas pris de petit déjeuner, elle n'a jamais faim au lever; elle a de moins en moins faim au long du jour, cela ne l'intéresse pas. Rien ne l'intéresse. Le seul résidu d'émotions qui subsiste en elle est une sorte de terreur où s'entremêlent deux hantises distinctes et indissociables, celle de manquer de drogue, et celle d'être démasquée, condamnée, châtiée. Il lui est tout aussi impossible de continuer que de s'arrêter dans sa chute. L'instant qui vient occupe la totalité de l'instant, et l'instant d'après de même, comme des maillons qui n'ont pas de chaîne et qu'on pourrait disperser à la volée. Ginette n'est pas consciente d'être en retard; elle n'est pas consciente de l'amabilité huileuse avec laquelle Ronnie, qui avait guetté son approche à travers le judas de l'entrée, lui a ouvert la porte. Normalement, il l'aurait engueulée par-dessus le tintamarre qui faisait office de musique, lui aurait extorqué une amende, parce que la discipline est la première règle du business. Ronnie se plaît à faire respecter la discipline; corpulent, le front bas, le regard cauteleux, la bouche molle, il a l'âme reptilienne du garde-chiourme. Devant Ginette, il se contente de froncer les sourcils, mais sans conviction; il la suit des yeux jusqu'à ce qu'elle disparaisse dans la petite pièce située derrière le bar où les filles se déshabillent. Le bar est le coin le moins sombre de la salle avec ses étagères de bouteilles multicolores sous des néons, dont la fonction est principalement décorative; on vend presque uniquement de la bière. Ronnie échange un coup d'œil avec la barmaid; elle lui tend le téléphone et reporte son attention au petit écran de télévision encastré sous le comptoir.

— Hello. It's me. Yeah. She's here.

Ronnie retourne derrière le judas. La barmaid remet le téléphone à sa place. Elle a l'humeur maussade; si l'avertissement de Ronnie n'est pas une autre de ses farces plates, on lui fera sûrement manquer le film de l'après-midi. Elle n'a jamais aimé cette fille qui se fait appeler Martine, qui se donne des airs, pour laquelle on allait emmerder tout le monde, et pourquoi? Ronnie a beau afficher la mine de celui qui ne peut pas parler, il n'en sait sûrement pas plus long qu'elle. Si on ne devait jamais revoir la supposée Martine, personne ne s'en plaindrait. À part, inexplicablement, quelques clients réguliers, ce qui illustre la stupidité fondamentale des hommes.

Quand Ginette revient dans la salle, elle est nue, si on oublie le léger foulard de soie noué autour du cou, les souliers à talons hauts et une large ceinture tombant sur les hanches, retenant une petite bourse où elle dépose son argent, une boîte de condoms et la clé de son locker. La barmaid lui remet le plateau rond sur lequel est collée une bande de papier lustré avec le nom Martine.

Il faut toujours quelques minutes pour que l'œil s'habitue à l'obscurité. Le soir, on éclaire une scène où s'exhibent des «couples érotiques» et la lumière est propagée par le grand miroir situé à l'arrière-plan. Dans l'après-midi, on se contente des luminaires placés le long des murs, dont les globes en fleurs de lotus laissent filtrer vers le plafond des îlots de pénombre. Il y a des tables au centre de la pièce mais elles ne sont jamais occupées le jour, excepté parfois par de simples voyeurs qui signifient par ce choix leur propension; tant qu'ils renouvellent leurs commandes de boisson, on les laisse tranquilles. Les vrais clients s'installent toujours le long des murs parce qu'on y risque moins d'être dérangé. Certains sont, pour ainsi dire, en orbite dans la galaxie des bars, ils ne croisent Le Pussy Chauve qu'une ou deux fois par année; d'autres sont des satellites qui ne tentent pas d'échapper à l'attraction d'une seule planète, on les revoit chaque semaine, choisissant toujours la même table, sinon toujours la même fille. Les connaisseurs privilégient l'après-midi parce qu'il n'y a jamais de groupes, pas de tapageurs, pas de fanfarons ni de soûlards, mais des hommes seuls et discrets, «a better class of people», comme dit Sandra, qui a toujours refusé de travailler le soir. Sandra est une jeune Noire joviale pour qui ce labeur semble une rigolade; sur sa peau, on ne distingue pas les ecchymoses dont elle ne parle à personne, à chacune sa vie privée. Sandra est assise sur les genoux de son client qu'elle masturbe pendant qu'il lui suce le sein. Ginette passe à côté d'elle, regarde, ça ne gêne personne, l'homme a les yeux fermés et Sandra se concentre sur son travail. Deux tables plus loin, Nancy est agenouillée entre deux jambes écartées, la tête oscillant au rythme du vacarme qui explose des haut-parleurs. Nancy est dans son élément. «C'est sale ici», dit-elle souvent, «c'est un trou, ça pue, j'aime ça!», parce qu'il n'y a dans ce lieu rien d'inconnu, de mystérieux, de menaçant, rien qui ne la dépasse ou qu'elle ne puisse, d'une façon ou d'une autre, dominer. Elle a déjà confié à Ginette : «V'là mon meilleur qu'arrive. Tout ce qu'il veut, c'est que je pisse dans son pantalon.

Deux minutes, bonjour. Ça, ça paie.» Pour se libérer d'un importun, elle parle de «mon chum qu'a pogné le sida», ce qui est peut-être, mais peut-être pas, une invention.

Pour Ginette, les deux ou trois premières heures ne sont pas trop difficiles; c'est plus tard que la nervosité s'installera, puis l'angoisse, les tressaillements, l'agitation intérieure si péniblement contenue jusqu'à ce que... Elle a repéré un homme assis de l'autre côté de la salle qui lui fait de la main des appels timides. Elle n'a pas à feindre l'indifférence; elle prend son temps, s'insinue entre les tables en décrivant un crochet qui l'éloigne, puis un crochet qui la ramène vers l'individu. Elle se penche pour entendre sa commande; une main s'est posée sur sa fesse, l'autre main monte vers un sein, Ginette se redresse et se dirige vers le bas; elle a appris que certains, fouettés par l'indolence, excités par la froideur, se font un défi d'arracher une soumission, qu'elle soit réelle ou factice. Un plaisir qui coûte plus cher, naturellement... Ginette est revenue à son client; on parlemente, elle met l'argent dans sa bourse; il frotte ses mains contre les cuisses de Ginette, le ventre, le pubis, glisse ses doigts entre les poils. Debout, Ginette garde les bras ballants comme si elle n'était pas en cause; l'homme lui enserre les fesses, l'attire vers lui, l'assied sur ses genoux, lui pose une main sur la fermeture éclair de son pantalon. Ginette se laisse manipuler. L'homme doit tout faire, enfiler le condom, soulever la fille et la rasseoir en tâtant pour trouver l'ouverture. Il se presse la tête contre les seins. Ginette bâillerait volontiers; ce n'est pas par charité, mais parce qu'elle a hâte d'en finir, qu'elle amorce un trémoussement... à l'instant même qu'éclatent des éclairs qui se succèdent en rafales.

— T'es mieux de te rhabiller, ma belle.

Le feu d'artifice est terminé. Le photographe est déjà reparti.

Ils sont quatre policiers seulement. En civil. Ginette, encore éblouie, ne voit rien. Même pas le pauvre homme pétrifié sur sa chaise, le condom flasque suspendu dans le vide.

Elle s'est levée. On l'entoure.

Un policier observe Nancy à genoux sur le plancher et lui lance :

— Travaille pas trop fort.

Personne ne s'occupe de Sandra.

— Tu vas nous montrer ton locker, ma belle.

On escorte Ginette à travers la salle. Personne n'est pressé. Tout se passe au ralenti mais rien ne s'enregistre dans la tête de Ginette, la pellicule est noire, le mécanisme est bloqué.

— Ta clé? Tu l'as sûrement, voyons.

Les hommes sont autour d'elle mais aucun ne la touche ni même la frôle.

Quelqu'un lui tend ses vêtements. Quelqu'un d'autre tient par un coin, entre deux doigts, un petit sac transparent contenant une matière blanche.

— Eh ben, faut t'amener, tu comprends. C'est la routine.

Une voix qui n'a pas de couleur, ni hostile, ni offensante, ni... Rien. Une voix qui récite un texte qui l'ennuie.

— Une heure ou deux, c'est tout. Tu pourras revenir...

On se tourne vers Ronnie, accoudé au bar, qui joue le blasé.

— On voudrait pas nuire aux affaires.

La raison ne refuse jamais de fabriquer pour le cœur déréglé des raisons qu'elle prétend ensuite ne pas connaître. Ce n'est ni malice ni fourberie. C'est que la raison n'est pas si raisonnable; elle est facilement dupe des ombres et des mirages. En vérité, comment serait-elle sourde et aveugle au tumulte de la place publique?

«Chassons la canaille!» scande la foule massée dans le parterre et les gradins du stade.

Où est la résistance? Des chahuteurs se sont infiltrés dans l'assemblée; à l'entrée de Sauriol, ils ont commencé à lancer des cris, «À bas...» ceci et cela, qu'on ne comprenait pas très bien. Aussitôt les casques noirs sont intervenus, les manifestants ont été réduits au silence et expulsés sans ménagement. L'incident a mis tout le monde de bonne humeur, Sauriol y a trouvé prétexte à des variations nouvelles sur le thème «Chassons la canaille!», l'auditoire a repris à son compte l'action symboliquement purificatrice du service d'ordre. Comment ne pas raisonner que la ferveur engendrée dans cette enceinte se répand en longue ondulation à travers la ville?

Le jour n'a plus la même mesure. Le soleil se lève derrière une bande effilochée de nuages tendue au bout de l'horizon; une fulmination d'incarnat le précède, l'introduit et se retire, mais reviendra dans le crépuscule en nappes roses et mauves qui alors s'étirent, s'étendent et languissent pendant que le vent pousse la nuit sur elles. Comment l'intervalle aurait-il une gloire comparable?

L'eau sale coule le long des trottoirs et tombe en cascades bruyantes dans les bouches d'égout; elle charrie les débris de l'hiver avant même que l'hiver n'ait lâché prise, comme si elle devinait qu'il n'a plus la force d'exercer de représailles et qu'on peut le harceler sans péril.

Le temps pourrit les résolutions anémiques, les combines timorées, les calculs indécis. Le gouvernement s'enfonce dans le merdier de velléités contradictoires : un coup de barre à gauche, les cris s'élèvent, on panique, un coup de barre à droite, les protestations éclatent, on panique, on revient au point de départ. L'impotence de l'État excite les groupes antagonistes, échauffe la rivalité des intérêts; on se tiraille dans la rue comme dans les antichambres des ministres. Ce n'est pas que les autorités soient muettes ou que la presse se taise, au contraire, elles n'ont jamais tant exhorté, imploré, menacé même : des ballons qui montent à quelques mètres du sol et s'affaissent aussitôt. Chaque jour fait la preuve que le discours est débile quand les armes se font entendre. Personne n'ose affronter une violence qui se réclame des «droits et libertés»; on atermoie, on tergiverse, on se replie, cédant chaque jour un peu plus de terrain.

La neige aussi recule; elle fond partout où il y a un mur, une bordure, un tronc d'arbre, tout ce qui retient un peu de chaleur; elle s'amaigrit, s'étiole, et se liquéfie sur les talus. Les morceaux de terrain découverts sont autant de dépotoirs; les déchets que l'hiver avait ensevelis et qu'on avait oubliés surgissent. La blancheur des neiges était une chimère.

Comment ne pas raisonner que ce qui se dérobe a renoncé? La bête est acculée à son dernier retranchement, l'Alliance populaire n'a qu'à frapper. Les assemblées se multiplient, les auditoires grandissent, la clameur devient pressante. «Chassons la canaille!» Même Croteau s'est abandonné à l'étrange logique des événements; il marche la tête haute, parle fort, rabroue sa femme lorsqu'elle se plaint qu'il a si peu de temps pour elle; il ne retourne pas les appels téléphoniques de Cruciani, il ne se souvient pas d'avoir été complice de Cruciani, quel Cruciani? de toute façon, il n'a pas le temps, l'imprimerie est plus occupée que jamais avec le journal, les manifestes, les tracts, les affiches. Il court les occasions d'être photographié près de Sauriol, à côté ou légèrement en retrait de façon à mettre en évidence sa haute taille et sa moustache, qui ne descend plus sur la lèvre mais s'allonge, agressive, vers les joues. Il est devenu encore plus impatient qu'Eddy Dufresne. Que reste-t-il à peser? Que faut-il mettre encore dans la balance? Croteau est le baromètre, le tube vide qui enregistre les variations de pression. Alors que fait-on quand l'aiguille se bloque? Il suffirait de taper du doigt sur l'instrument à petits coups secs pour obtenir une lecture fidèle, mais qui doutera de l'évidence? On n'a même pas besoin de fabuler, les faits sont patents, on publie les statistiques, on cite les sondages : le chaos se répand comme une insidieuse maladie qui paralyse ses victimes. La raison dit que la raison s'insurge contre le chaos, sinon il faudrait désespérer de la raison et il n'y aurait plus de place pour elle; on douterait même qu'il n'y en eût jamais eu. Alors? Sauriol ne pouvait indéfiniment reporter à quelque plus tard l'entreprise dont il s'était fait le prophète. Des milliers d'hommes et de femmes y croyaient parce qu'il leur était nécessaire de croire que l'état de la société est un dérèglement passager, qu'ils ont prise sur leur univers, qu'ils ont un rôle dans une grande œuvre collective et que la vie n'est pas une énigme insensée. La foi ne serait pas la foi si elle n'était mise à l'épreuve : la foi exige qu'on en témoigne.

Sauriol n'a pas ébruité sa rencontre avec Dufour. Seuls ses proches collaborateurs ont été mis au courant sous le sceau du secret. On ne diluerait pas l'impact des développements prochains dans de petites activités de quartier ou des réunions de province. L'entrée en scène de Jacques Dufour coïnciderait avec ce que Sauriol appelait encore dans ses discours «la victoire de l'ordre et de la justice», mais qu'il nommerait alors, en engageant la bataille décisive, la prise du pouvoir. Dans son esprit, Dufour serait la caution providentielle, il assumerait la direction de l'État, Sauriol serait son premier ministre. Comment dire plus clairement que les honnêtes gens n'auraient rien à craindre? Au contraire, elles seraient débarrassées de la racaille, et c'est alors que... Un scénario triomphaliste; on rédige sans peine le premier acte et on ne s'embarrasse pas d'ébaucher la suite, la suite est entière dans le commencement. Pourquoi l'hésitation? Parce que la réussite est le terme de l'espérance? La réussite a une dimension finie, des bornes : voici ce qu'elle contient et dont on doit se satisfaire. Le destin accompli n'est plus le destin mais déjà le passé, l'embaumement dans l'Histoire et les archives. La coda d'une existence... À moins que la faveur du concert de circonstances ne soit un leurre. Il n'y aurait pas d'auspices complaisants dans tout ce qui se déroule depuis des mois mais enchevêtrement d'épisodes sans attaches, d'incidents discordants, auquel l'imagination a imposé une harmonie factice. On a rêvé, on rêve encore. Mais y a-t-il substance ou confort en dehors du rêve? L'erreur est de répudier le rêve au nom de quelque faculté raisonneuse qui désarme l'esprit et débilite le cœur. Assez! il ne sera plus question de s'interroger : est-ce l'heure propice, le bon endroit? Sauriol choisira l'heure et l'endroit, sa volonté harnachera les événements, il en sera le maître.

— Vous n'avez pas été suivi?
— Non. J'ai garé la voiture... par là.
— Jamais trop de précautions.
— Je sais.
— Surtout vous...

Hubert Rocheleau bourdonnait, trottinait d'une fenêtre à l'autre; il écartait du doigt les lamelles des stores vénitiens pour scruter la rue. Une fourgonnette bigarrée de tons clairs était stationnée à peu de distance.

— Rien de suspect.

Le chef de cabinet de la première ministre déroulait le foulard avec lequel il s'était dissimulé la moitié du visage et déposait son paletot sur une chaise.

Rocheleau répéta :

— Surtout vous.

Le petit chose se rengorgeait.

— Parfaitement. Je comprends.

Il frissonnait de plaisir. La clandestinité produit une sensation de danger; le danger ennoblit qui le confronte; l'intrépidité qui le surmonte est la marque du héros. Le petit chose était flatté. Comment aurait-il percé le jeu de Rocheleau, ce bonhomme rondelet, chauve, aux doigts courts et potelés, qui manifestait pour lui l'empressement du parfait fonctionnaire? Évidemment, il avait été suivi. Par le service dont les effectifs avaient été doublés sous ce que Rocheleau appelait «le nouveau régime». Qui d'autre y eût-il pu avoir sur la piste du petit chose... à part les hommes de Victor Thomas? Et Thomas avait d'autres priorités. Ainsi, les sollicitudes et les façons derrière les vénitiens, c'était une mise en scène, arrangée à l'origine pour signifier à l'envahisseur l'étrangeté du territoire et la nécessité du guide. Appâté, le poisson s'était persuadé qu'il tenait le pêcheur au bout de la ligne; Rocheleau ne l'avait pas détrompé.

On tourne le moulinet pour tendre un peu la corde.

— Important que vous sachiez...

Il regarde son homme droit dans les yeux.

— Avec grand effort. Et des risques. Quand même, j'ai senti qu'il ne fallait pas lésiner sur les moyens. J'espère que vous approuverez.

On relâche la tension. L'autre réagit comme prévu.

— J'ai confiance en votre jugement.

L'hameçon s'était enfoncé dans la gueule. Il n'y a plus qu'à tirer.

— Voilà. Dufour, Jacques, qui fut président de la Commission nationale... et auparavant...

L'autre écoutait, frétillant. Le bon chien de chasse trouve une proie grasse qui lui vaudra la satisfaction de sa maîtresse.

— ... ce qu'ils ont conclu, forcément, je n'en sais rien. Pour le moment, mais...

Le petit chose est devenu grave. Il hoche la tête, les yeux mi-clos, mesurant en son for intérieur les implications de cette affaire. Il a compris l'essentiel en un éclair : la première ministre sera informée avant que la nouvelle ne lui parvienne par Fraser; peut-être même l'apprendrait-elle à Fraser. C'est ainsi que se manifeste l'omnipotence du pouvoir, rien de tel pour installer la crainte et stimuler l'ardeur des troupes.

Rocheleau le ramène sur terre.

— Si la chose sort prématurément...

Le petit chose écoute sans broncher. L'Alliance populaire fut une blague, une curiosité, puis un malaise. Maintenant, c'est une crise. La première ministre avait tout pressenti.

— ... en péril un informateur qui pourrait se révéler encore plus utile dans l'avenir.

— Un informateur?

— Très bien placé.

— Ah?

Il y a dans l'attitude du petit chose une interrogation que Rocheleau choisit de ne pas voir. Il importe que le tour de passe-passe soit enrobé de mystère : comment respecter le magicien qui révèle la facilité de ses trucs? Rocheleau avait bien appris la leçon. Il ne s'étonnait même plus de ses succès dans une fonction à laquelle il n'aurait jamais songé avant l'invitation de Dufour, et qu'il remplissait de façon étroitement administrative avec des procédures, des contrôles, des répertoires, des index, et les formes les plus élémentaires d'opération. Rien de flamboyant, rien de romantique, mais des ficelles, des boîtes à double fond, des fausses poches, des marmites pour les colombes et les lapins, la mécanique de la prestidigitation. Rien de plus banal. Tout est dans le baratin et la dextérité. Du temps de Dufour, Rocheleau n'avait pas eu à se préoccuper de distraire l'attention des spectateurs, le vieux s'en était chargé; c'était à lui maintenant qu'incombait la corvée.

Le petit chose ne réussit pas à simuler le flegme qu'il croit de rigueur.

— C'est important. Très important.

— Peut-être la première secousse qui prépare l'avalanche.

— Il y a des complicités partout...

— Sans parler des girouettes...

Rocheleau est retourné à une fenêtre, puis à l'autre. La fourgonnette n'a pas bougé, la cabine du conducteur est toujours vide; il est impossible de déceler que les lettres roses épelant *Fleuriste* sur les côtés de la caisse sont des trous d'observation recouverts de plexiglas. Il serait temps, pense Rocheleau, de repeinturer le véhicule et de changer la désignation.

Le rapport n'est pas terminé.

— ... sa nièce. Demeure à la même adresse. Arrêtée il y a deux jours. Prostituée. Possession de cocaïne, intention de trafiquer. Un coup monté par les services d'O'Leary.

— En voilà un, enfin, qui sert à quelque chose.

— Il y a des photos.

L'enveloppe change de mains.

Le petit chose inspecte le contenu.

Il rougit.

Le dégoût. Au bord de la nausée. Il n'avait pas besoin de voir ça. Une chair humiliée, blafarde, lugubre comme celle des quartiers de viande accrochés dans les abattoirs. L'indignité du corps offensé par la lumière, violé par le regard, dénudé de l'âme. C'est nécessaire, bien sûr. Il faut des gens pour ce genre de travail comme il faut des avorteurs, mais on ne les fréquente pas. Il n'a pas besoin de voir ça.

L'enveloppe rechange de mains.

— Ce sera publié?

On ne doit pas confondre politique et morale privée.

— Dans une semaine ou deux. Dans *Crime-Info*.

Une feuille qui appartient à un avocat et qu'alimente la police, moyen de pression, outil de change, une affaire lucrative. Une fange devant laquelle on se bouche le nez et ferme les yeux. On a des principes : la liberté de presse est sacrée.

Le petit chose est pressé de partir.

— ... s'il n'y a rien d'autre?

— Tous nos efforts, vous le savez, sont employés à...

L'homme a remis son paletot, enroulé son foulard autour du menton.

— Je suis satisfait. Du beau travail.

— Alors, je vous fais signe aussitôt que...

— Du beau travail.

La neige se meurt dans l'indifférence générale. Dans les stationnements des centres commerciaux, refoulée le long des clôtures, elle s'est empâtée, condensée, durcie en chaînes de glaciers, en calottes inégales grisâtres et parsemées de crevasses; le soleil la fait couler ici et là en lacets de glace dépolie qui s'étiolent sur l'asphalte. Des reliquats de neige survivent dans les coins obscurs. L'hiver semble avoir abandonné le combat; il n'a pas eu raison de l'homme mais il n'y a nulle part de célébration. Où est la victoire? Les parcs sont désolés, les rues sales, les trottoirs verglacés; le ciel est renfrogné, le vent bougon. Certains jours, une brume s'élève sur les espaces ouverts, ondoie d'un côté, de l'autre, pâle et fragile, et s'évade aussi doucement qu'elle est survenue. La Nature, même percluse, n'est sensible qu'à son propre rythme. L'épaisse fourrure des écureuils est devenue terne et cotonnée, mais le temps de la mue n'est pas arrivé, alors les petites bêtes attendent, patientes dans leurs arbres, la longue queue rabattue sur le dos. On voit rarement des oiseaux, mais parfois, longeant une haie, on surprend un piaillement maigrelet qui se répète, s'allonge, s'amplifie, se répand dans l'embrouillement des branchettes, émanant de partout et de nulle part, des notes aiguës qui se répondent, se relancent et se fondent dans une exubérante euphonie. La Nature n'a pas besoin de l'homme et il est le seul animal à s'inquiéter de sa propre survivance; comment concevrait-il que la Terre se porte mieux sans lui? Il disparaîtra lui aussi dans l'indifférence générale. Il n'aura jamais compris la vanité des tourments qui l'agitent.

— Le temps est venu d'ouvrir le dialogue…

Il y en a toujours un qui se fourvoie. En ouvrant la réunion, la première ministre avait dit :

— C'est une situation de crise.

Et le ministre a renchéri :

— … et d'éviter l'effusion de sang.

La position traditionnelle du gouvernement, la marque de commerce, pour ainsi dire, de la première ministre. Comment exprimer plus clairement sa loyauté alors que d'autres grommellent dans les coulisses? On peut compter sur lui! Il n'avait rien compris.

— Un coup de force se prépare.

Le ton à lui seul annonçait le tournant. Il n'est pas difficile pour les finauds d'être au diapason.

— C'est une insurrection.

— Subversion criminelle.

Le plafond est bas, l'éclairage cru. Les fauteuils sont dispersés autour d'une grande table ovale emboîtée dans un assemblage de montants, de traverses et de panneaux hautement colorés, comme on en trouve au Salon de la cuisine moderne; quelque architecte avait voulu, sans doute, exploiter les propriétés apaisantes de la couleur dans cette salle enfouie sous terre, réservée au conseil des ministres et à ses comités. L'effet était plutôt déconcertant quand on y pénétrait pour la première fois, cela semblait frivole après les contrôles de sécurité, l'examen des mallettes, les portes et les ascenseurs blindés; on était tenté de chercher dans quelque coin la piscine et le parasol de patio; les habitués, eux, ne s'intéressaient qu'aux caprices du système de ventilation qu'on n'était jamais parvenu à régler convenablement.

Aujourd'hui, on aurait peine à déterminer l'influence de la polychromie de l'aménagement sur les humeurs des membres du «comité de crise» créé par la première ministre.

— Pas de rhétorique, dit-elle. D'abord des faits. Qu'est-ce qui se trame?

Le directeur générale de la Sûreté, Douglas Fraser, a la parole. Il a amené O'Leary, qui est assis derrière lui, une mallette sur les genoux.

— … Leur plan est donc établi. Nous le connaissons. Dans huit jours exactement, à l'occasion de l'anniversaire de la mort d'un nommé Valade, l'Alliance populaire tiendra une manifestation…

On l'écoute sans l'interrompre, dans un silence non pas hostile mais distant, renfrogné; s'il avait fait son travail, on n'en serait pas là.

Fraser est parfaitement à l'aise. Une tête ronde, un crâne chauve, une demi-couronne de cheveux gris, un regard impénétrable. Il a atteint le sommet qu'il avait ambitionné. Il savait tout ce qu'il y avait à savoir sur ces personnes qui croyaient le tenir sur la sellette, y compris les combines malodorantes du fils aîné de la première ministre. Elle aurait besoin de lui plus qu'il n'aurait désormais besoin d'elle.

— ... de là, ils marcheront sur l'Assemblée nationale qu'ils ont l'intention d'investir, pour décréter ensuite la déchéance du gouvernement actuel...

Un ébrouement de dérision vibre autour de la table.

— ... et proclamer l'instauration d'un gouvernement provisoire.

La première ministre avait attendu le moment. Elle laisse tomber sèchement :

— Présidé par Jacques Dufour.

Fraser n'a pas sourcillé.

— Vous ne saviez pas?

Comme si ça changeait quelque chose. Fraser est impassible. La première ministre poursuit :

— Qui d'autre? Quels sont les complices? Où sont-ils? Dans quelles fonctions?

O'Leary tend à Fraser des papiers qu'il a tirés de sa mallette.

— Êtes-vous seulement sûr de vos propres services?

Fraser a-t-il conscience qu'on le bouscule? Il en faudrait davantage pour le déconcerter. Il va répondre aux questions une à une puisqu'on les lui pose, même à la dernière, qui serait plutôt folichonne.

— Il y a ceux qui ont promis leur appui en principe...

O'Leary a rangé les noms sur deux colonnes.

— ... mais ne bougeront pas tant que l'issue sera douteuse.

On reconnaît les noms, qui font ricaner.

— Ceux qui se sont engagés à participer directement, derrière Sauriol...

— Et Dufour.

Fraser ne mord pas. Il se contente de décliner les noms, prénoms et fonctions des individus inscrits sur sa liste. Un palmarès plus court et assurément dérisoire, des gueux, des ratés, des fumistes. Personne ne signale l'absence du nom de Dufour, Jacques, ex-président de l'ex-Commission nationale de la protection publique, à la retraite. À quoi bon? Il suffisait de le savoir ainsi acoquiné; qui lui prêterait encore quelque prestige?

— Quant à nos propres services...

Fraser lève lentement les bras, comme pour prendre le ciel à témoin de l'extravagance, sinon de l'indécence, de tout doute sur la loyauté de la Sûreté.

Il s'est produit autour de la table une sorte de relaxation. Personne ne s'est laissé aller à soupirer de soulagement mais l'atmosphère est déjà moins tendue. Il sera possible d'exorciser le démon.

Les grandes peurs ne requièrent pas nécessairement de grands calmants. Au contraire, plus sombre est la nuit, plus brillante est la moindre lueur.

Qu'y avait-il donc à craindre tant? Quelle catastrophe? La plus terrible. Quel malheur? Le plus funeste. Plus effroyable à contempler que la mort : l'exclusion des parages du pouvoir. Toute autre épreuve est supportable. La curée des places et des contrats, les prévarications, la dilapidation des biens publics, la dégradation du milieu, le pullulement de la violence, tout cela est regrettable, assurément. Qui ne déplore les misères publiques et privées? Mais après? La presse peut y aller de ses papelardises. «C'est le prix à payer pour la démocratie!» On sait ce qu'on paie, que reçoit-on en échange? «La liberté!» Rien dans les mains, rien dans les poches, et hop! l'illusionniste triomphe, il a berné son auditoire : qui menace la canaille politique menace la liberté! Il faut le dire, le redire et le répéter, il en reste toujours quelque chose. Sus aux ennemis de la liberté!

Le crâne chauve de Fraser produit un effet émollient sur les transes de ses interlocuteurs.

— En invoquant la loi sur la sécurité de l'État, insurrection appréhendée, et le reste, on peut écrouer tous ces gens-là. Ce n'est pas une grosse affaire.

Il regarde la première ministre avec l'expression attentive du bon serviteur.

Ce n'est pas, en effet, une grosse affaire. Il ne sera pas nécessaire d'avoir recours à l'Armée. C'est comme si le danger était déjà passé. Mais qu'est-ce donc qui avait tant agité les esprits? Certes pas les dirigeants de l'Alliance populaire et leur milice d'opéra bouffe, quelques milliers d'adhérents anonymes et des alliés falots. L'Alliance n'a aucun appui dans les milieux qui comptent. Alors? On avait été assourdi par la cacophonie d'une panique qui ne bouillonne, en vérité, que dans les cocottes-minute de l'information. Les politiciens, stoïques devant une détresse quotidienne dont ils sont les auteurs, s'affolent devant un article de journal, un commentaire à la télévision. Tous leurs cauchemars ont un air de famille; la masse paraît inerte et silencieuse mais elle entend, elle observe; elle épie les manœuvres des gangs qui se disputent le droit de la tondre, se réjouit secrètement quand l'un trébuche et se résigne à ce qu'il soit remplacé par un sosie; ses colères sont réprimées, son ressentiment reste sourd, mais elle demeure à l'affût des signes de faiblesse, des premières failles dans la résolution de ses gouvernants, elle guette l'instant où la bête sera suffisamment désemparée pour être transformée de prédateur en proie, ce moment imprévisible où la masse, passive hier encore, soudain se soulève et, surgie de partout, de nulle part, déferle dans la rue, irrépressible, aveugle, balayant tout dans sa ruée; elle a cessé d'avoir peur parce que l'instinct lui dit que l'autorité s'est effondrée. Voilà le spectre à conjurer; il n'est pas moins affolant parce qu'imaginaire.

La première ministre voit plus loin que Fraser. Le danger ne réside pas dans l'Alliance mais dans la réponse du gouvernement à l'Alliance.

— À quoi servirait d'arrêter maintenant quelques centaines de personnes? Il faudra les relâcher le lendemain, une semaine plus tard, qu'importe, le résultat est identique. Leur organisation reste intacte. Des procès politiques qui s'éternisent et s'enlisent. On leur donne la une des journaux. La télévision lance des vedettes, fabrique des héros...

Quel sera le spectacle, sinon celui de l'impuissance du gouvernement?

Les membres du comité sont interloqués.

C'est à Fraser que s'adresse la première ministre.

— Vous en êtes sûr, ce n'est pas un bluff? Ils marcheront sur le Parlement?

— Oui, madame.

— Armés?

— Non. Enfin, des bâtons.

— Il serait utile qu'ils aient des armes.

La première ministre s'est penchée vers le petit chose, assis en retrait à sa droite.

— Pas de notes.

Elle promène son regard autour d'elle et reconnaît les signes : ministres et fonctionnaires seront satisfaits de n'avoir pas à se prononcer. Il n'y aura pas de tour de table, ce n'est pas dans son style; elle ne joue pas la comédie du sondage des cœurs; elle n'a jamais prétendu qu'elle pourrait être à l'écoute d'avis qu'elle n'aurait pas sollicités. Sa décision est prise, il suffit qu'elle la leur communique. Et cela les arrange, autant ministres que fonctionnaires. Ils approuveront de la tête et de propos dont la syntaxe torturée prêtera à toutes les interprétations. Quand ils publieront leurs mémoires dans dix ou quinze ans, ils se souviendront de ce qu'il conviendra qu'alors ils eussent dit. On affirmera qu'on avait pressenti les conséquences des événements, on aura perçu l'erreur tragique marquant le commencement de la fin, et on aura offert en vain une mise en garde; ou au contraire, mais avec la même prescience, on aura supporté sans réserve la politique qui a sauvé le régime : la vérité sera telle que la peindront les intérêts de l'époque.

Ainsi, tout est prêt.

Il y a quelque chose d'irréel dans ce projet de coup d'État annoncé comme une représentation théâtrale. Le jour et l'heure sont inscrits sur les placards collés aux murs à travers la ville, avec les slogans ORDRE — JUSTICE — TRAVAIL. Personne n'ose y croire ni ne pas y croire.

Le film des événements aurait la cohérence des rêves : des figures connues qui sont quelqu'un d'autre, des lieux familiers qui sont ailleurs; les comédiens font leur apparition à tour de rôle et tous ensemble donnent la réplique à des harangues qu'ils n'ont pas entendues, jurent leur éternelle loyauté jusqu'à demain, versent des cris, poussent des larmes, font des cabrioles et se transforment en vapeur. Ils sont tous là, le Cartel intersyndical, la Coalition du patronat, le Conseil œcuménique, les banquiers et les mouches du coche, intervenants sociaux, universitaires, apôtres des droits et libertés, les uns discrets, les autres criards. En public, c'est la surenchère de la dévotion à «nos institutions»; il importera dans l'après-crise de n'être pas apparu moins fervent que le voisin. En privé, la piété est moins ardente, mais personne ne se soucie des restrictions mentales, des impatiences ni même des petites hérésies qui voltigent dans les esprits : l'heure est à l'union sacrée de tout ce qui naît, se développe et s'engraisse du régime. Il n'y aura pas de défection tant que la défection ne sera pas payante.

En Chambre, les trois partis se sont entendus : on siégera comme à l'ordinaire le jour en question, on verra à ce que tous les députés soient présents, même les malades qu'on transportera en ambulance. La première ministre a reçu l'ambassadeur des États-Unis à sa résidence de la Zone; rien n'a transpiré de leur entretien. Les dirigeants du Cartel intersyndical ont offert de «se charger de l'Alliance» en organisant une contre-manifestation; on les a remerciés tout en insistant qu'ils s'abstiennent; le gouvernement ne voulait pas leur devoir son salut. Le chef de l'opposition a proposé à la première ministre, avec de vives protestations de désintéressement, la formation d'un gouvernement de coalition dans lequel son parti se contenterait de deux ou trois ministères. «Si vous m'assurez que vous en ferez autant, je m'engage», lui répondit la première ministre, «à ne pas ébruiter une idée aussi ridicule, qui vous ferait le plus grand tort.» Elle a enregistré le message qui passera aux chaînes de télévision : «Des éléments terroristes se proposent d'attenter demain à vos libertés...»

Il n'y avait plus qu'à attendre. Ni elle ni ses ministres, ni les hauts fonctionnaires, ni la ribambelle des sous-fifres jusqu'au dernier barreau de l'échelle, celui des attachés de presse, ni même Fraser, ni O'Leary, ne descendront dans l'arène; pas plus que les propriétaires des organes d'information, leurs commis, les éditorialistes, les chefs de pupitre : ils sont là pour pointer la cible, sonner la charge, stimuler les troupes... et déguster les marrons; ils ne sont pas dans la joute, d'autres sont payés pour ça.

Dans la cohue des locaux de l'Alliance, Sylvie Mantha a passé les derniers jours au téléphone avec les organisateurs régionaux. Les conversations sont évidemment captées sur les tables d'écoute de la Sûreté, on n'en doute pas, mais les esprits, excités par les bouffées d'allégresse d'une victoire assurée, sont insensibles aux périls. On n'avait rien à cacher; on ne pouvait, de toute façon, rien cacher : à telle heure le rassemblement, à telle heure la cérémonie en hommage au premier martyr de la cause, à telle heure le signal de la marche qui empruntera tel parcours jusqu'à la Place du Parlement. Tout cela se trouvait non seulement dans *L'Ordre*, mais encore dans des milliers de tracts distribués à travers la ville.

On comptait entraîner derrière les militants de l'Alliance une foule telle que la résistance serait impossible. Les rapports des quartiers fortifiaient la confiance. Les chefs de section qui se succédaient dans le bureau de Dufresne annonçaient tous un afflux de volontaires. Une poussée s'était déclenchée, s'accélérait et serait demain irrésistible. On le sait puisqu'on le répète et qu'il n'y a personne pour contredire. L'armée qu'on croit avoir rassemblée est un champ de bannières, peuple, colère, courage, résurrection, dans lequel se tapissent de petites âmes frileuses. Mais qui peut flairer le piège? Charles Croteau est courtisé par la famille de sa femme : qui sait s'il n'aura pas demain quelque parcelle de pouvoir? Benoît Mantha a laissé sa boutique aux soins d'une gérante; peu à peu, il a pris charge des finances de l'Alliance : il n'a pas le temps de débiter les contingences et de comptabiliser les impondérables. Il eût pu en être autrement pour Sylvie; si son oreille avait été plus sensible, elle aurait peut-être détecté des notes, non pas discordantes exactement, mais équivoques : les contingents de province ne seraient pas aussi nombreux qu'on avait estimé, les organisateurs régionaux demandaient d'être rassurés qu'il n'y aurait pas de modifications au programme, qu'on irait jusqu'au bout, que la ville était toujours aussi militante. Il eût suffi de pousser un peu pour découvrir qu'ils auraient accepté sans mauvaise grâce que l'affaire soit reportée à une date ultérieure, préférablement vague. Combien d'entre eux se déroberaient à la dernière minute? Sylvie n'entendit pas; même si une voix intérieure lui avait soufflé quelque avertissement, elle l'eût étouffée. Dans toute aventure, il arrive une étape où la lucidité est un encombrement.

Justin Gravel et Eddy Dufresne avaient, eux, les œillères de leurs obligations; ils étaient emportés dans un tourbillon de détails, une activité fiévreuse qui menaçait à tout moment d'éclater en initiatives intempestives, des fragments et des parcelles d'efforts qui dispersaient l'énergie. L'objectif était simple, le plan bien établi, mais il ne se passait guère une heure sans qu'un chef de section ne préconise un changement dans le lieu de rassemblement qui lui avait été fixé, dans l'ordre de marche; l'un aimerait qu'on avance, l'autre qu'on recule le moment du départ. Dufresne a défendu la politique tracée par Sauriol, «Pas d'armes!», par loyauté plus que par conviction, mais il comptait sur la discipline de ses hommes. Dans cette pause qui sépare la décision de combattre du premier engagement, chacun donne à l'avenir prochain la configuration de ses fantasmes. À quoi servirait la lucidité quand on fabrique soi-même sa propre réalité?

Le temps n'a pas d'âge. Il ne pousse ni ne retient, il ne se passera rien qui ne soit déjà passé. L'homme éphémère, lui, s'est imposé le calendrier, les petites boîtes alignées les unes à la suite des autres, les autres au-dessous des unes, un jeu de parchési dont on a retiré les échelles et les serpents, qu'on joue avec un seul dé dont les six faces ont un seul point, où il n'y a que des perdants.

Allen Sauriol n'a plus qu'à attendre.

Il est trop tard pour ce qui n'a pas été fait et trop tôt pour ce qu'il faudra faire.

Il n'a pas lu les journaux ni regardé la télévision; pourquoi s'y intéresserait-il? Il sait qu'il a eu raison de rejeter les recommandations de ceux qui voulaient qu'on occupe les bureaux des principaux médias. Une diversion inutile. Les médias n'ont de crédibilité qu'une fois muselés; on leur attribue alors des vertus imaginaires; en liberté, ils sont inoffensifs.

On a convenu que les dirigeants de l'Alliance ne coucheront pas à leur domicile ce soir au cas où la police tenterait de faire échouer l'entreprise en les coffrant. Précaution symbolique, car on estime la partie déjà gagnée. Sauriol rejoindra donc Physique, qui le conduira chez un partisan discret où il passera la nuit. Après, les jours suivants, on verra; cela est si près dans la case voisine du calendrier, et pourtant si loin. Il a entassé des effets dans un sac. Il s'esquivera tout à l'heure par la ruelle dont il connaît tous les recoins; les deux casques noirs en faction devant l'entrée du logement seront remplacés à l'heure habituelle pour donner le change.

Est-ce tout ce qu'on fait la veille d'un dénouement douteux? Quoi, il n'y aura pas de veillée d'armes avec les fidèles compagnons? Sauriol n'ira pas, déguisé, partager l'insomnie des troupes qui attendent dans leurs bivouacs que le soleil de la Saint-Crispin se lève sur Agincourt, «O God of battles, steel my soldiers' hearts. Possess them not with fear». Il ne sera pas poursuivi par des fantômes qui souhaiteront sa mort à Bosworth Field, «O coward Conscience! how dost thou afflict me?» La compassion, le scrupule, le remords, ce sont des sentiments de poète; on ne les rencontre qu'au théâtre, les apparitions n'effraient que les enfants. Sauriol n'entraîne à l'aventure personne qui ne le suive librement; il n'est responsable que de lui-même comme chacun l'est de soi. Quel spectre hanterait sa nuit? Son destin se manifeste, il s'y livre avec sérénité.

Il est debout au milieu de la cuisine. Au moment de la quitter, il l'observe pour la première fois depuis longtemps avec un esprit libre de tensions. La table, les chaises, la tasse sur le comptoir près de l'ouvre-boîte, l'essuie-main déposé sur le robinet au-dessus de l'évier, des miettes de provenance incertaine témoignent d'un abandon déjà ancien, figé sous des couches d'indifférence. Il voit dans un éclair ce qui lui a si longtemps échappé : l'image d'une solitude, d'une sécheresse, enfouies sous le délaissement.

La porte de la chambre de Ginette est fermée. Sauriol tend l'oreille et n'entend que le silence. Il n'ose ouvrir la porte; la jeune femme dort, sûrement. Pudeur d'une tendresse qui jaillit dans le cœur, cette tendresse qu'on ressent pour une amie restée fidèle et qu'on se reproche d'avoir négligée. Il se dit qu'après la victoire il la sortira de ce vieux logement aux couleurs tristes, l'installera dans le confort et la lumière, la récompensera de sa patience et de sa loyauté. Il aurait aimé qu'elle paraisse maintenant afin qu'il puisse lui dire... Les mots arrangeraient tout. Il éprouvait pour elle en ce moment une affection fraternelle affranchie du désir et il lui semblait qu'il en avait toujours été ainsi. S'il en avait gardé le souvenir, aurait-il eu honte de l'atmosphère trouble qu'il avait entretenue autour d'elle comme une sorte de violence? En avait-il jamais eu conscience? Le long voyage des derniers mois s'était fait sans bagages.

Il fallait partir. Physique était déjà au rendez-vous. Sauriol lui demandera de revenir au logement et d'amener Ginette quelque part où elle sera en sécurité. On veillera sur elle et demain, après-demain, la suite enterrera la vieille saison et ne subsistera que la douceur de la nouvelle. Sauriol est heureux du bonheur qu'il apportera; il est reconnaissant à Ginette d'en être l'occasion. Il est insensible au délabrement du lieu comme à la lourdeur malsaine du silence. La porte qu'il referme derrière lui enclôt le passé.

Physique attendit qu'il fasse nuit pour retourner chez Sauriol.

Les deux hommes de faction devant la porte n'avaient rien à signaler. Il n'y avait eu aucune activité à l'intérieur, et rien dans la rue qui ait été hors de l'ordinaire. S'il devait se produire quelque attaque ou provocation policière, ce serait au petit matin, mais comment y croire? L'adversaire était en déroute. Les médias résonnaient encore des appels enfarinés, avertissements mielleux, menaces ronflantes des uns et des autres : autant de courants d'air. Ce serait demain le soulèvement du peuple; on occuperait la rue, on mettrait en fuite la racaille parlementaire, et commencerait alors la saison du soleil. Les hommes étaient enthousiastes et bavards, impatients de terminer leur quart; ils avaient hâte de rejoindre leurs camarades de section.

Physique entra sans bruit.

Il s'arrêta dans le vestibule.

Le commutateur, les crochets auxquels on pend les manteaux, le plateau sur lequel on range les bottes, l'ouverture du corridor qui s'enfonce dans le noir, tout est à sa place et tout lui est étranger, hostile, comme si les choses familières ne lui reconnaissaient plus de place parmi elles. Il alluma le plafonnier dans le bureau d'Allen; son entrée a provoqué un léger frisson de poussière sur le plancher; les livres sur leurs étagères forment un rempart contre son intrusion; la pièce est morne et respire la malveillance. La salle de bains est lugubre, les rebords de la vieille baignoire sur pied, écaillés; les serviettes, entassées sur une seule barre; un torchon gît derrière la cuvette des cabinets; une brosse à dents dans un verre embrumé d'une pellicule calcaire, un récipient à savon dans lequel des alluvions anciennes ont laissé un limon blanchâtre. Physique allait tirer le miroir de la pharmacie… Pourquoi? Pourquoi inspecter avec tant de soins les lieux, relever un à un, pour ne rien omettre, les détails les plus insignifiants, s'absorber dans une activité aussi vide alors que…? Physique réalisa qu'il cherchait à retarder le moment où il lui faudrait apprendre ce qu'il avait su au moment de pénétrer dans le logement, et qu'il savait, en vérité, depuis ce lointain soir d'hiver… La Providence ne fait pas de secret du sort des êtres, il est inscrit au grand jour dans les actions quotidiennes. Le mystère est dans la finalité et nul ne l'a jamais percé.

Il poussa la porte de la chambre.

Ginette reposait sur le lit.

La seringue était près du corps.

Physique aperçut les photos éparses et l'enveloppe brune qui avait été adressée simplement «A. Sauriol».

Il regarda une photo. Il les ramassa toutes, ainsi que l'enveloppe, les brûla dans la salle de bains et se débarrassa des cendres dans les toilettes.

Physique revint dans la chambre.

Il resta debout au pied du lit. Pauvre enfant, elle n'a fait de mal à personne, ne demandait rien et n'a rien reçu, a tout subi sans comprendre et la mort aura été sa seule amie.

Il fit une prière : «Vierge Marie, conduisez-la dans la maison de votre Fils, Jésus, Notre Seigneur. Qu'il reçoive l'âme de sa créature et qu'il lui permette, dans son infinie miséricorde, de connaître enfin le repos de l'innocence.»

Que faire maintenant?

Physique s'assit à la table de cuisine; il voyait devant lui, comme en ce jour si long passé, l'ombre de Ginette, les mains jointes, de lourdes larmes silencieuses coulant sur ses joues.

La pitié qu'il ressentait était pour Allen : quel triomphe calmera la douleur de survivre?

Physique se tairait.

Jusqu'au lendemain soir.

Il est évident qu'il ne neigera plus. Inutile de roidir les membres contre les morsures d'un froid édenté. Le ciel est plus haut, la couche des nuages a des trous; inutile de garder la tête penchée vers le sol. La prudence est désarmée, la raison devient téméraire. C'est le temps pour la saison de régler ses comptes avec les hommes.

La foire est ouverte.

Des caméras ont été placées à l'avance à proximité du lieu de ralliement de l'Alliance populaire et en divers points du parcours projeté. On ne veut rien manquer du spectacle. Télé-Cité a nolisé un hélicoptère dont le vacarme a noyé le discours de Sauriol, mais la parole n'a plus d'importance; les gestes sont désormais superflus. Du haut des airs, quelques milliers de personnes sont à peine une foule; on a montré l'arrivée des renforts de province, si minces qu'ils ont été absorbés dans le rassemblement sans le gonfler.

L'attroupement flotte comme une marée indécise, tantôt d'un côté, tantôt de l'autre; des filets d'hommes coulent vers lui, s'étiolent en gouttes isolées. Le flot se tarit. On attend.

Tout est fini à l'instant même du commencement.

Le soulèvement populaire n'aura pas lieu.

Où sont-ils, les exploités, les offensés, les indignés, les méprisés, les révoltés, les fanfarons, les crâneurs? Devant leur télévision, une bière à portée de la main. N'était-ce pas le rôle que Sauriol leur avait assigné? Par quel étrange aveuglement avait-il pu escompter autre chose? Il avait été transporté par l'euphorie de ses propres rêves. Il avait oublié Aristote. «La totale servilité des masses se manifeste dans leur préférence pour une existence bovine.» Tous les rêveurs oublient Aristote. De quelle utilité est le savoir qui meurt avec chaque génération?

La brumasse du matin a disparu; il s'est produit des éclaircies, des percées de soleil, puis une grisaille anémique a recouvert la ville. Dans les studios de télévision, les experts invités occupent les intervalles entre les «Récapitulons les événements...», les bouts de films d'archives, et les «À vous, Milos, avec les manifestants...»

«Voilà, Solveig, il semble qu'on va enfin donner le signal du départ. Incessamment. Voilà, justement, les casques noirs...»

On s'est mis en marche.

Tout le monde est petit à la télévision. Il n'y a de place que pour l'image, l'enveloppe des choses, réduite à la vision du caméraman, coupée, fracturée, raboutée par le régisseur. C'est bien ainsi. Qu'importent désormais les émotions des uns et des autres? Personne n'en tiendra compte. L'événement échappe à ses progéniteurs.

Allen Sauriol est au centre du premier rang, tête nue, un trench-coat boutonné jusqu'au cou, la ceinture corsetant la taille. À sa droite, Jacques Dufour, en capote bleue de parade. À côté de lui, Justin Gravel, petit et malingre, soutenu par une canne. Philippe Roberge, dit Physique, est à la gauche de Sauriol, en jeans et chandail de laine au col roulé. Puis, Georges Mantha, qui a revêtu un paletot neuf et porte un chapeau neuf. On n'aperçoit Dufresne que par éclairs, il est ici, là, partout.

Les précédant d'une dizaine de mètres, un caméraman, spécialiste des courses cyclistes, est assis à l'arrière d'une moto, l'objectif braqué sur Sauriol et Dufour.

Charles Croteau est là, lui aussi, au départ.

Peu à peu, à mesure que progresse le défilé, il glissera au deuxième rang et bientôt, avec des mines d'essoufflement, jusqu'au milieu de la troupe pour échouer enfin dans l'entrée d'une ruelle et disparaître sans attirer l'attention.

C'est Dufour qui règle le pas. Les épaules redressées sous les épaulettes, la tête coiffée du képi aux galons dorés, il marque la cadence de la cérémonie funéraire; le pan de sa capote se soulève au genou et retombe, se soulève et retombe.

L'œil de la caméra sait ce qu'il faut saisir : l'engorgement de la rue qui comprime le flot humain, le resserre et le distend; les poings brandis qui scandent les slogans lancés par une dizaine de mégaphones; l'impatience dans les rangs qui bouleverse l'ordre de marche; l'apathie du couloir où déferle l'inconscience encore enthousiaste, les sacs d'ordures en monceaux sur les trottoirs, les murs froids, les façades renfrognées, les vitrines sombres, les écrans de planches devant les immeubles désaffectés, l'incongruité des affiches de spectacles divers et de croisades évangéliques; l'objectif lambine sur deux fesses évidemment féminines débordant le drapeau du pays, la pub du film *Ville interdite*. Sur un balcon, au troisième, un homme en short, le torse nu, gratte une guitare, sourd et aveugle à tout ce qui se passe dans la rue.

La télévision tolère mal de n'avoir rien à dire. La marche est lente, les cris se répètent et les voix s'enrouent, alors on meuble la diffusion, les reporters accrochent des badauds.

— Êtes-vous en faveur de l'Alliance?

— De quoi?

— Les manifestants qui défilent derrière nous?

— Des funérailles? Connais pas.

Et plus loin :

— En prison, madame, en prison!

— Qui voulez-vous mettre en prison?

— Les politiciens, madame. Tous!

— Vous approuvez le putsch?

— Pas du tout. Absolument pas. Quel putsch?

Assis au fond d'une brasserie, deux verres vides sur la table, Croteau fixe l'écran géant; le son est tordu dans le bourdonnement des monologues qui s'entrecoupent autour de lui. Le son n'ajouterait rien. Le caméraman est installé sur une plate-forme érigée au milieu de l'esplanade du Parlement, derrière la phalange du Groupe d'intervention tactique. On repère clairement les armes automatiques et les masques à gaz, les coffres contenant les grenades lacrymogènes, les chevaux de frise et les spirales de fils de métal aux lamelles tranchantes, le char blindé armé d'un canon à eau. Sur le terreplein, les effectifs gardés en réserve et les ambulances. La caméra balaie la façade du Parlement; on a fermé tous les volets des fenêtres.

La tête du défilé débouche sur la place.

Sauriol et Dufour ne pressent ni ne ralentissent le pas. Libérées du goulot de la rue, les troupes de l'Alliance se déploient et découvrent ce qui les confronte.

Qu'est-il possible de croire? Qu'il suffira à Sauriol de lever le bras pour que s'écartent les eaux de la mer? De souffler dans une trompette pour que tombent les murs de la forteresse?

Les policiers postés sur le toit du Parlement, surplombant la scène, apprécient d'un coup d'œil l'inégalité pathétique des forces en présence.

Un homme surgit près de Mantha, l'écarte brusquement, prend un élan, lance vers les policiers une bouteille qui explose dans l'air et se replie dans la foule.

Quelque part derrière Sauriol, une bousculade, une confusion brève, vite étouffée, pendant laquelle on aperçoit en gros plan le canon d'un fusil… On voit tomber un policier, aussitôt emporté.

Ces images passeront toutes les demi-heures à la télévision : on n'aura pas à douter de la menace qui avait plané sur l'État.

On ne doutera pas de la convenance de la riposte.

Une salve de grenades lacrymogènes fait surgir du sol un banc de fumée qui couvre la place.

On entend une volée d'armes automatiques.

Le nuage se lève, se dilue, s'effrite.

Les manifestants fuient en désordre.

Du fond de la brasserie, les yeux rivés sur l'écran, Croteau reconnaît Physique accroupi au-dessus de Sauriol qu'il saisit par les aisselles et traîne vers l'arrière. Un autre corps, peut-être celui de Mantha, et d'autres, gisent, abandonnés.

Seul au milieu de la place, dressé sur toute sa hauteur, la tête droite, d'un pas qui n'a pas fléchi, Jacques Dufour avance vers le barrage.

Des lambeaux de fumée s'étirent en bouffées nonchalantes et s'évaporent.